21世纪高等院校教材

实变函数与泛函分析

宋叔尼　张国伟　王晓敏　编著

科学出版社

北京

内 容 简 介

本书第 1 章至第 6 章为实变函数与泛函分析的基本内容,包括集合与测度、可测函数、Lebesgue 积分、线性赋范空间、内积空间、有界线性算子与有界线性泛函等. 第 7 章介绍了 Banach 空间上算子的微分,第 8 章介绍了泛函极值的相关内容. 本书循着几何、代数、分析中熟悉的线索介绍了泛函分析的基本理论与非线性泛函分析的初步知识.

本书可用作数学与应用数学、信息与计算科学、统计学专业的本科生教材,也可供相关专业的教师及工科研究生参考.

图书在版编目(CIP)数据

实变函数与泛函分析/宋叔尼,张国伟,王晓敏编著 .—北京:科学出版社,2007

(21 世纪高等院校教材)

ISBN 978-7-03-018804-5

Ⅰ. 实… Ⅱ. ①宋…②张…③王… Ⅲ. ①实变函数-高等学校-教材 ②泛函分析-高等学校-教材 Ⅳ. O17

中国版本图书馆 CIP 数据核字(2007)第 042941 号

责任编辑:李鹏奇 王 静/责任校对:郑金红
责任印制:徐晓晨/封面设计:陈 敬

科 学 出 版 社 出版
北京东黄城根北街 16 号
邮政编码:100717
http://www.sciencep.com

北京建宏印刷有限公司 印刷
科学出版社发行 各地新华书店经销
*

2007 年 5 月第 一 版 开本:B5(720×1000)
2018 年 9 月第五次印刷 印张:12 1/4
字数:232 000
定价:**39.00 元**

(如有印装质量问题,我社负责调换)

前　言

　　实变函数起源于对连续而不可微函数以及 Riemann 可积函数等的透彻研究，在点集论的基础上讨论分析数学中一些最基本的概念和性质，其主要内容是引入 Lebesgue 积分并克服了 Riemann 积分的不足. 它是数学分析的继续、深化和推广，是一门培养学生数学素质的重要课程，也是现代数学的基础. 我们选取了实变函数中 Lebesgue 测度、可测函数和 Lebesgue 积分的主要内容. 泛函分析起源于经典的数学物理边值问题和变分问题，同时概括了经典分析的许多重要概念，是现代数学中一个重要的分支，它综合运用了分析、代数与几何的观点和方法研究分析数学和工程问题，其理论和方法具有高度概括性和广泛应用性的特点. 我们精选了泛函分析的基本概念和理论，融入了 Banach 空间中算子微分的概念，介绍了泛函的极值与微分方程的变分原理.

　　随着科学技术的迅速发展，许多学科相互渗透，大学数学课程的设置发生了很大变化，对于数学与应用数学专业和信息与计算科学专业的学生，要求在理解实变函数与泛函分析基本理论的基础上，强调泛函分析的应用. 因此，本书尽最大努力突出那些体现实变函数与泛函分析基本特征的思想，注重系统性和科学性的同时，尽量避免内容烦琐冗杂，降低课程的难度.

　　本教材是作者在东北大学数学系多年讲授实变函数与泛函分析的基础上编写的. 它的出版获得了科学出版社的大力支持，获得了东北大学教育科学研究"十一五"规划立项、东北大学教材建设计划立项项目"实变函数与泛函分析教材建设"以及东北大学学位与研究生教育科学研究计划的大力支持，在此向他们表示感谢. 同时，惠答真老师在该课程的教学过程中给出了许多宝贵的建议，在此我们表示衷心的感谢.

　　本书由宋叔尼负责统稿并编写了第 8 章. 张国伟编写了第 1～3、7 章，王晓敏编写了第 4～6 章.

　　欢迎读者对书中错误和不足之处提出宝贵意见.

作　者

2006 年 8 月

目　录

第1章 集合与测度

1.1 集合及映射

1. 集合及其运算

集合是最基本的数学概念之一，通常称具有一定性质的对象的全体为集合，集合中的对象称为该集合的元素. 一般用大写字母 A,B 等表示集合，用小写字母 x,y 等表示元素. 如果 x 是集合 A 的元素，称 x 属于 A ，记为 $x\in A$. 如果 y 不是集合 A 的元素，称 y 不属于 A，记为 $y\notin A$. 通常用 **R** 表示全体实数集合，**Q** 表示全体有理数集合，**N** 表示全体正整数集合，**C** 表示全体复数集合. 不含任何元素的集合称为空集，记为 $\varnothing$. 空集和只含有有限多个元素的集合称为有限集. 不是有限集的集合称为无限集. 以集合为元素的集称为集族.

设 A,B 是两个集合，如果 A 的每个元素都属于 B，称 A 是 B 的子集，记作 $A\subset B$ 或 $B\supset A$，读作 A 包含于 B 或 B 包含 A. 显然任何集合 A 都是自己的子集，即 $A\subset A$. 约定空集 $\varnothing$ 是任何集合的子集. 如果 $A\subset B$ 且 $B\subset A$ ，称 A 与 B 相等，记为 $A=B$，这时 A 与 B 所含元素完全相同. 如果 $A\subset B$ 且 $A\neq B$，称 A 是 B 的真子集.

设 A 是非空集合，以 A 的所有子集为元素的集族称为 A 的幂集，记为 2^A，即
$$2^A = \{S \mid S \subset A\}.$$

在讨论某一问题时，如果所有涉及的集合都是一个集合 X 的子集，则称 X 为全集.

设 A,B 是两个集合，集合
$$\{x \mid x \in A \text{ 或 } x \in B\}$$
称为 A 与 B 的并集，记为 $A\cup B$；集合
$$\{x \mid x \in A \text{ 且 } x \in B\}$$
称为 A 与 B 的交集，记为 $A\cap B$；集合
$$\{x \mid x \in A \text{ 且 } x \notin B\}$$
称为 A 与 B 的差集，记为 $A\backslash B$. 如果 X 为全集，集合
$$\{x \mid x \in X \text{ 且 } x \notin A\}$$
称为 A 的余集或补集，记为 A^c 或 $C_X A$. 当 $A\subset B$ 时，差集 $B\backslash A$ 称为 A 关于 B 的余集，记为 $C_B A$，显然 $C_B A = B\cap A^c$.

设 $\{A_\alpha \mid \alpha\in I\}$ 是一集族，这里 I 是一个指标集. 集合

$$\{x \mid 存在\ \alpha_0 \in I, 使得\ x \in A_{\alpha_0}\}$$

称为这一族集合的并集,记为 $\bigcup\limits_{\alpha \in I} A_\alpha$ 或 $\bigcup\{A_\alpha \mid \alpha \in I\}$;集合

$$\{x \mid x \in A_\alpha, \forall \alpha \in I\}$$

称为这一族集合的交集,记为 $\bigcap\limits_{\alpha \in I} A_\alpha$ 或 $\bigcap\{A_\alpha \mid \alpha \in I\}$.

定理 1.1　设 $\{A_\alpha \mid \alpha \in I\}$ 是一集族, B 是任一集合,则

$$\Big(\bigcup\limits_{\alpha \in I} A_\alpha\Big) \bigcap B = \bigcup\limits_{\alpha \in I} (A_\alpha \bigcap B), \Big(\bigcap\limits_{\alpha \in I} A_\alpha\Big) \bigcup B = \bigcap\limits_{\alpha \in I} (A_\alpha \bigcup B).$$

证明　我们只证 $\Big(\bigcup\limits_{\alpha \in I} A_\alpha\Big) \bigcap B = \bigcup\limits_{\alpha \in I} (A_\alpha \bigcap B)$.

设 $x \in \Big(\bigcup\limits_{\alpha \in I} A_\alpha\Big) \bigcap B$,则 $x \in B$,且存在 $\alpha_0 \in I$,使得 $x \in A_{\alpha_0}$,于是

$$x \in A_{\alpha_0} \bigcap B \subset \bigcup\limits_{\alpha \in I} (A_\alpha \bigcap B),$$

从而 $\Big(\bigcup\limits_{\alpha \in I} A_\alpha\Big) \bigcap B \subset \bigcup\limits_{\alpha \in I} (A_\alpha \bigcap B)$.

反之,如果 $x \in \bigcup\limits_{\alpha \in I} (A_\alpha \bigcap B)$,则存在 $\alpha_0 \in I$,使得 $x \in A_{\alpha_0} \bigcap B$,此即 $x \in B$ 且 $x \in A_{\alpha_0}$,从而 $x \in \bigcup\limits_{\alpha \in I} A_\alpha$,所以 $x \in \Big(\bigcup\limits_{\alpha \in I} A_\alpha\Big) \bigcap B$,故又有 $\bigcup\limits_{\alpha \in I} (A_\alpha \bigcap B) \subset \Big(\bigcup\limits_{\alpha \in I} A_\alpha\Big) \bigcap B$.

综上可得, $\Big(\bigcup\limits_{\alpha \in I} A_\alpha\Big) \bigcap B = \bigcup\limits_{\alpha \in I} (A_\alpha \bigcap B)$.

定理 1.2(De Morgan 对偶律)　　如果 X 为全集, $\{A_\alpha \mid \alpha \in I\}$ 是 X 的子集族,则

$$\Big(\bigcup\limits_{\alpha \in I} A_\alpha\Big)^C = \bigcap\limits_{\alpha \in I} A_\alpha^C, \Big(\bigcap\limits_{\alpha \in I} A_\alpha\Big)^C = \bigcup\limits_{\alpha \in I} A_\alpha^C.$$

证明　我们只证 $\Big(\bigcap\limits_{\alpha \in I} A_\alpha\Big)^C = \bigcup\limits_{\alpha \in I} A_\alpha^C$.

设 $x \in \Big(\bigcap\limits_{\alpha \in I} A_\alpha\Big)^C$,则 $x \in X$ 且 $x \notin \bigcap\limits_{\alpha \in I} A_\alpha$. 于是存在 $\alpha_0 \in I$,使得 $x \notin A_{\alpha_0}$,故 $x \in A_{\alpha_0}^C \subset \bigcup\limits_{\alpha \in I} A_\alpha^C$. 所以 $\Big(\bigcap\limits_{\alpha \in I} A_\alpha\Big)^C \subset \bigcup\limits_{\alpha \in I} A_\alpha^C$.

反之,设 $x \in \bigcup\limits_{\alpha \in I} A_\alpha^C$,则存在 $\alpha_0 \in I$ 使得 $x \in A_{\alpha_0}^C$,于是 $x \in X$ 且 $x \notin A_{\alpha_0}$,当然 $x \notin \bigcap\limits_{\alpha \in I} A_\alpha$,这意味着 $x \in \Big(\bigcap\limits_{\alpha \in I} A_\alpha\Big)^C$,从而 $\bigcup\limits_{\alpha \in I} A_\alpha^C \subset \Big(\bigcap\limits_{\alpha \in I} A_\alpha\Big)^C$.

综上可得, $\Big(\bigcap\limits_{\alpha \in I} A_\alpha\Big)^C = \bigcup\limits_{\alpha \in I} A_\alpha^C$.

推论　设 X 为全集, $A \subset X$. 如果 $\{A_\alpha \mid \alpha \in I\}$ 是 X 的子集族,则

$$A \setminus \Big(\bigcap\limits_{\alpha \in I} A_\alpha\Big) = \bigcup\limits_{\alpha \in I} (A \setminus A_\alpha), A \setminus \Big(\bigcup\limits_{\alpha \in I} A_\alpha\Big) = \bigcap\limits_{\alpha \in I} (A \setminus A_\alpha).$$

定义 1.1　设 $\{A_n \mid n \in \mathbf{N}\}$ 是一列集合,简记为 $\{A_n\}$. 称集合 $\bigcap\limits_{n=1}^{\infty} \bigcup\limits_{k=n}^{\infty} A_k$ 为 $\{A_n\}$ 的上限集,记为 $\varlimsup\limits_{n \to \infty} A_n$ 或 $\lim\limits_{n \to \infty} \sup A_n$;称集合 $\bigcup\limits_{n=1}^{\infty} \bigcap\limits_{k=n}^{\infty} A_k$ 为 $\{A_n\}$ 的下限集,记为 $\varliminf\limits_{n \to \infty} A_n$ 或

$\lim \inf A_n$. 如果 $\varliminf_{n\to\infty} A_n = \varlimsup_{n\to\infty} A_n$, 则称集列 $\{A_n\}$ 收敛, 并称这个集合为集列 $\{A_n\}$ 的极限集, 记为 $\lim_{n\to\infty} A_n$.

定理 1.3 设 $\{A_n \mid n \in \mathbf{N}\}$ 是一列集合, 则

$$\varlimsup_{n\to\infty} A_n = \{x \mid \text{存在无穷多个 } A_n, \text{使得 } x \in A_n\},$$

$$\varliminf_{n\to\infty} A_n = \{x \mid \text{存在 } N \in \mathbf{N}, \text{使得当 } n \geqslant N \text{ 时}, x \in A_n\}$$

$$= \{x \mid x \text{ 至多不属于} \{A_n\} \text{ 中有限个集}\}.$$

从而 $\varliminf_{n\to\infty} A_n \subset \varlimsup_{n\to\infty} A_n$.

证明 $x \in \varlimsup_{n\to\infty} A_n \Leftrightarrow x \in \bigcap_{n=1}^{\infty} \bigcup_{k=n}^{\infty} A_k$

$$\Leftrightarrow \forall n \in \mathbf{N}, X \in \bigcup_{k=n}^{\infty} A_k$$

$$\Leftrightarrow \forall n \in \mathbf{N}, \text{存在 } k_n \geqslant n, \text{使得 } x \in A_{k_n}$$

$$\Leftrightarrow x \text{ 属于集列} \{A_n\} \text{中无穷多个集}.$$

所以 $\varlimsup_{n\to\infty} A_n = \{x \mid \text{存在无穷多个 } A_n, \text{使得 } x \in A_n\}$.

$$x \in \varliminf_{n\to\infty} A_n \Leftrightarrow x \in \bigcup_{n=1}^{\infty} \bigcap_{k=n}^{\infty} A_k$$

$$\Leftrightarrow \text{存在 } N \in \mathbf{N}, \text{使得 } x \in \bigcap_{k=N}^{\infty} A_k$$

$$\Leftrightarrow \text{存在 } N \in \mathbf{N}, \text{使得当 } n \geqslant N \text{ 时}, x \in A_n.$$

所以 $\varliminf_{n\to\infty} A_n = \{x \mid \text{存在 } N \in \mathbf{N}, \text{当 } n \geqslant N \text{ 时}, x \in A_n\}$.

定义 1.2 设 $\{A_n \mid n \in \mathbf{N}\}$ 是一列集合. 如果

$$A_1 \supset A_2 \supset \cdots \supset A_n \supset A_{n+1} \supset \cdots$$

则称这列集合为单调递减集列, 简称为递减集列; 如果

$$A_1 \subset A_2 \subset \cdots \subset A_n \subset A_{n+1} \subset \cdots$$

则称这列集合为单调递增集列, 简称为递增集列. 递增集列与递减集列统称为单调集列.

容易验证单调集列收敛, 并且, 如果 $\{A_n\}$ 是递增集列, 那么 $\lim_{n\to\infty} A_n = \bigcup_{n=1}^{\infty} A_n$; 如果 $\{A_n\}$ 是递减集列, 那么 $\lim_{n\to\infty} A_n = \bigcap_{n=1}^{\infty} A_n$.

定义 1.3 设 X 为全集, $A \subset X$, 作 X 上的函数

$$\chi_A(x) = \begin{cases} 1, & x \in A, \\ 0, & x \notin A. \end{cases}$$

称 χ_A 为集合 A 的特征函数.

集合的运算可以用其特征函数的相应运算来表达.

定理 1.4 设 X 为全集, $A,B \subset X$, $\{A_\alpha \mid \alpha \in I\}$ 是 X 的子集族,则

(1) $A = X \Leftrightarrow \chi_A(x) \equiv 1, A = \varnothing \Leftrightarrow \chi_A(x) \equiv 0$;

(2) $A \subset B \Leftrightarrow \chi_A(x) \leqslant \chi_B(x), A = B \Leftrightarrow \chi_A(x) = \chi_B(x)$;

(3) $\chi_{\underset{\alpha \in I}{\cap} A_\alpha}(x) = \min_{\alpha \in I} \chi_{A_\alpha}(x), \chi_{\underset{\alpha \in I}{\cup} A_\alpha}(x) = \max_{\alpha \in I} \chi_{A_\alpha}(x)$;

(4) 如果 $I = \{1, 2, \cdots, n\}$, $\chi_{\underset{i=1}{\overset{n}{\cap}} A_i}(x) = \prod_{i=1}^{n} \chi_{A_i}(x)$, 当 $A_i (i = 1, 2, \cdots, n)$ 互不

相交时, $\chi_{\underset{i=1}{\overset{n}{\cup}} A_i}(x) = \sum_{i=1}^{n} \chi_{A_i}(x)$;

(5) $\chi_{\varlimsup\limits_{n \to \infty} A_n}(x) = \varlimsup_{n \to \infty} \chi_{A_n}(x), \chi_{\varliminf\limits_{n \to \infty} A_n}(x) = \varliminf_{n \to \infty} \chi_{A_n}(x)$;

(6) $\chi_{A^C}(x) = 1 - \chi_A(x)$.

定义 1.4 设 $X_1, X_2, \cdots, X_n$ 是 n 个非空集合. 称下列有序元素组的集合
$$\{(x_1, x_2, \cdots, x_n) \mid x_1 \in X_1, x_2 \in X_2, \cdots, x_n \in X_n\}$$
为 $X_1, X_2, \cdots, X_n$ 的 Descartes 乘积,简称为 $X_1, X_2, \cdots, X_n$ 的积集,记为
$$X_1 \times X_2 \times \cdots \times X_n.$$
特别地,记
$$\underbrace{X \times X \times \cdots \times X}_{n \text{个} X \text{的积集}} = X^n.$$

2. 映射

定义 1.5 设 X, Y 是两个非空集合,如果存在一个法则 f,使对任意 $x \in X$, 在 Y 中有唯一确定的元素 y 与之对应,则称 f 是 X 到 Y 的一个映射,记为
$$f : X \to Y.$$
y 称为 x 在映射 f 之下的像,记为 $y = f(x)$. X 称为映射 f 的定义域,记为 $\mathscr{D}(f)$. 集合 $\{y \mid y = f(x), x \in X\}$ 称为映射 f 的值域,记为 $\mathscr{R}(f)$. 当 $Y = \mathbf{R}$ 时,将映射 f 叫做函数. $X \times Y$ 的子集
$$\{(x, y) \mid x \in X, y = f(x)\}$$
称为映射 f 的图像,记为 $\mathscr{G}(f)$. 如果 $A \subset X, B \subset Y$,称 Y 的子集
$$\{y \in Y \mid 存在 x \in A, 使得 y = f(x)\}$$
为 A 在映射 f 下的像,记为 $f(A)$;称 X 的子集
$$\{x \in X \mid f(x) \in B\}$$
为映射 f 下 B 的原像,记为 $f^{-1}(B)$.

设 X, Y, Z 都是非空集合,映射 $f: X \to Y, g: Y \to Z$. 定义
$$(g \circ f)(x) = g(f(x)), \forall x \in X,$$
则 $g \circ f$ 是 $X \to Z$ 的映射,称为 f 与 g 的复合映射.

定义 1.6 设 X，Y 是两个非空集合，映射 $f:X \to Y$. 如果 $\forall x_1, x_2 \in X$，当 $x_1 \neq x_2$ 时，有 $f(x_1) \neq f(x_2)$，则称 f 是 X 到 Y 的单射；如果 $\mathcal{R}(f) = f(X) = Y$，则称 f 是 X 到 Y 的满射；如果 f 既是 X 到 Y 的单射，又是 X 到 Y 的满射，则称 f 是 X 到 Y 的双射，或称 f 是 X 到 Y 的一一对应.

容易看出，如果 X 中的集合 $A_1 \subset A_2$，则 $f(A_1) \subset f(A_2)$；如果 Y 的子集 $B_1 \subset B_2$，则 $f^{-1}(B_1) \subset f^{-1}(B_2)$.

定理 1.5 设 X，Y 是两个非空集合，映射 $f:X \to Y$. 如果集合 $A \subset X, B \subset Y$，$\{A_\alpha \mid \alpha \in I\}$ 是 X 的子集族，$\{B_\alpha \mid \alpha \in I\}$ 是 Y 的子集族，则

(1) $f^{-1}(f(A)) \supset A$，当 f 是单射时，$f^{-1}(f(A)) = A$；

(2) $f(f^{-1}(B)) \subset B$，当 f 是满射时，$f(f^{-1}(B)) = B$；

(3) $f^{-1}\left(\bigcup_{\alpha \in I} B_\alpha\right) = \bigcup_{\alpha \in I} f^{-1}(B_\alpha)$，$f^{-1}\left(\bigcap_{\alpha \in I} B_\alpha\right) = \bigcap_{\alpha \in I} f^{-1}(B_\alpha)$；

(4) $f\left(\bigcup_{\alpha \in I} A_\alpha\right) = \bigcup_{\alpha \in I} f(A_\alpha)$，$f\left(\bigcap_{\alpha \in I} A_\alpha\right) \subset \bigcap_{\alpha \in I} f(A_\alpha)$，当 f 为单射时，$f\left(\bigcap_{\alpha \in I} A_\alpha\right) = \bigcap_{\alpha \in I} f(A_\alpha)$；

(5) $f^{-1}(B^C) = (f^{-1}(B))^C$.

定义 1.7 设 A, B 是两个非空集合，如果存在一个 A 到 B 的双射 f，则称集合 A 与集合 B 对等，记为 $A \sim B$.

如果 A 和 B 是有限集，显然 $A \sim B$ 当且仅当 A 与 B 中有相同个数的元素. 约定空集 $\varnothing \sim \varnothing$. 对等是一种等价关系，即对任何集合 A, B, C 成立.

(1) 自反性：$A \sim A$；

(2) 对称性：如果 $A \sim B$，那么 $B \sim A$；

(3) 传递性：如果 $A \sim B$，$B \sim C$，那么 $A \sim C$.

例 1.1 如果记正奇数集合为 $\mathbf{N}_1$，正偶数集合为 $\mathbf{N}_2$，定义映射 $\varphi: \mathbf{N} \to \mathbf{N}_1$ 为 $\varphi(n) = 2n - 1$，显然 φ 是 $\mathbf{N}$ 到 $\mathbf{N}_1$ 的双射，所以 $\mathbf{N} \sim \mathbf{N}_1$. 可以定义 $\mathbf{N}_1$ 到 $\mathbf{N}_2$ 的双射为 $\varphi(n) = n + 1$，于是 $\mathbf{N}_1 \sim \mathbf{N}_2$. 利用传递性可见，$\mathbf{N} \sim \mathbf{N}_2$.

例 1.2 区间 (a, b) 对等于实数集 $\mathbf{R}$，即 $(a, b) \sim \mathbf{R}$. 实际上，我们可以定义双射 $f:(a, b) \to \mathbf{R}$ 为 $f(x) = \tan\left(\dfrac{x-a}{b-a}\pi - \dfrac{\pi}{2}\right)$.

例 1.1 和例 1.2 表明，一个无限集可以和它的一个真子集对等，而有限集不具备这个性质.

可用下面的 Bernstein 定理来判断两个集合对等.

定理 1.6（Bernstein 定理） 设 A, B 是两个集合. 如果 A 对等于 B 的一个子集，并且 B 对等于 A 的一个子集，则 A 与 B 对等.

这一定理的证明参见《实变函数与泛函分析概要》（郑维行，王声望 1989）.

3. 可数集合

定义 1.8　如果集合 A 与正整数集合 $\mathbf{N}$ 对等，那么称 A 是可数集或可列集. 如果 A 既不是有限集也不是可数集，则称 A 是不可数集.

为了方便，以后经常将有限集和可数集统称为至多可数集.

显然，集合 A 是可数集当且仅当 A 中的元素可以排成无限序列的形式

$$A = \{a_1, a_2, \cdots, a_n, \cdots\}.$$

定理 1.7　任一无限集中含有可数子集.

证明　设 A 是无限集，则 $A \neq \varnothing$，于是可以选取一个元素 $a_1 \in A$. 因 $A \backslash \{a_1\}$ 仍是无限集，可选取元素 $a_2 \in A \backslash \{a_1\}$. 同样 $A \backslash \{a_1, a_2\}$ 也是无限集，又可以选取元素 $a_3 \in A \backslash \{a_1, a_2\}$. 依此下去，构造出 A 的一个可数子集 $\{a_1, a_2, \cdots, a_n, \cdots\}$.

推论　可数集的每个无限子集也是可数集.

证明　设 A 是可数集，A_0 是 A 的无限子集. 根据定理 1.7 知，A_0 中含有可数子集与 A 对等. 显然 A_0 与 A 的子集 A_0 对等. 所以由 Bernstein 定理可知 A_0 与 A 对等，即 A_0 是可数集.

例 1.3　证明 $(a, b) \sim [a, b] \sim \mathbf{R}$.

证明　在无限集 (a, b) 中任取一个可数子集 $A = \{a_1, a_2, a_3, \cdots\}$，记 $B = (a, b) \backslash A$，作映射 $f : (a, b) \rightarrow [a, b]$ 为

$$f(a_1) = a, f(a_2) = b, f(a_n) = a_{n-2} (n \geqslant 3),$$
$$f(x) = x, \forall x \in B.$$

易见 f 为双射，故 $(a, b) \sim [a, b]$. 由例 1.2 可知 $(a, b) \sim [a, b] \sim \mathbf{R}$.

定理 1.8　可数个可数集的并集是可数集.

证明　设 $A_1, A_2, \cdots, A_n, \cdots$ 是一列可数集，$A = \bigcup\limits_{n=1}^{\infty} A_n$，把各个 A_n 中的元素写出来，可以排列成一个无限阵列

$$
\begin{array}{llllll}
A_1: & a_{11} & \rightarrow & a_{12} & a_{13} & \rightarrow & a_{14} & \cdots \\
A_2: & a_{21} & & a_{22} & a_{23} & & a_{24} & \cdots \\
A_3: & a_{31} & & a_{32} & a_{33} & & a_{34} & \cdots \\
A_4: & a_{41} & & a_{42} & a_{43} & & a_{44} & \cdots \\
& \vdots & & \vdots & \vdots & & \vdots &
\end{array}
$$

将阵列中的元素按箭头所指示的顺序排成一个序列，并去掉重复的元素，

$$\{a_{11}, a_{12}, a_{21}, a_{31}, a_{22}, a_{13}, a_{14}, a_{23}, a_{32}, a_{41}, a_{51}, a_{42}, \cdots\},$$

这样就得到了并集 A, 因此 A 是可数集.

定理 1.9 有理数集 $\mathbf{Q}$ 是可数集.

证明 每个正有理数 r 都可以表示成正整数的既约分数 $\dfrac{m}{n}$ 形式. 记

$$A_n = \left\{ \frac{1}{n}, \frac{2}{n}, \cdots, \frac{m}{n}, \cdots \right\} \quad (n = 1, 2, 3, \cdots),$$

则每个 A_n 都是可数集. 于是正有理数的集合 $\mathbf{Q}^+$ 可以表示为

$$\mathbf{Q}^+ = \bigcup_{n=1}^{\infty} A_n,$$

由定理 1.8 可知, $\mathbf{Q}^+$ 是可数集. 同理负有理数的集合 $\mathbf{Q}^-$ 也是可数集合. 于是有理数集 $\mathbf{Q} = \mathbf{Q}^+ \cup \{0\} \cup \mathbf{Q}^-$ 是可数集.

定理 1.10 区间 $[0,1]$ 是不可数集.

证明 假设区间 $[0,1]$ 是可数集, 那么可将 $[0,1]$ 中的所有元素排成无限序列的形式为

$$x_1, x_2, \cdots, x_n, \cdots$$

三等分闭区间 $[0,1]$, 显然 $\left[0, \dfrac{1}{3}\right]$ 和 $\left[\dfrac{2}{3}, 1\right]$ 中有一个区间不含有 x_1, 不妨设其为 $\left[0, \dfrac{1}{3}\right]$, 将这个闭区间记为 I_1. 再将 I_1 三等分, $\left[0, \dfrac{1}{9}\right]$ 和 $\left[\dfrac{2}{9}, \dfrac{1}{3}\right]$ 中有一个区间不含有 x_2, 将这个闭区间记为 I_2. 同样将 I_2 三等分, 得到不含有 x_3 的闭区间 I_3. 依此下去, 得到闭区间列 $\{I_n\}$, 满足

$$I_1 \supset I_2 \supset \cdots \supset I_n \supset,$$

并且 $x_n \notin I_n, n = 1, 2, 3, \cdots$. 由于区间 I_n 的长度为 $\dfrac{1}{3^n} \to 0$, 所以根据区间套定理, 存在 $\xi \in I_n \subset [0,1]$ $(n = 1, 2, 3, \cdots)$. 然而 $x_n \notin I_n$, 故 $\xi \neq x_n (n = 1, 2, 3, \cdots)$, 与 $\xi \in [0, 1]$ 矛盾.

由例 1.3 可得下面推论.

推论 任何区间 I (开区间、闭区间、半开区间、无限区间) 都是不可数集.

定理 1.11 如果集合 A 中的元素为直线上互不相交的开区间, 那么 A 是至多可数集.

证明 设 $A = \{(\alpha_i, \beta_i) \mid i \in I\}$ 是直线上一族互不相交的开区间, 在每个 (α_i, β_i) 中取一个有理数 r_i, 作映射 $\varphi: A \to \mathbf{Q}$ 为 $\varphi((\alpha_i, \beta_i)) = r_i$, 则 φ 是 A 到有理数集 $\mathbf{Q}$ 的子集 $\{r_i \mid i \in I\}$ 的双射, 故 A 对等于 $\mathbf{Q}$ 的一个子集 $\{r_i \mid i \in I\}$. 因 $\mathbf{Q}$ 是可数集, 它的任何子集都是至多可数集, 从而 A 是至多可数集.

1.2 度 量 空 间

在集合 $\mathbf{R}^n$ 中, 可以定义任意两个元素

$$x = (x_1, x_2, \cdots, x_n) \in \mathbf{R}^n, y = (y_1, y_2, \cdots, y_n) \in \mathbf{R}^n$$

的距离为

$$d(x,y) = [(x_1 - y_1)^2 + (x_2 - y_2)^2 + \cdots + (x_n - y_n)^2]^{\frac{1}{2}}.$$

这样的距离称为 Euclid 距离.

在这一节中,我们在任意非空集合中定义距离,也即度量,并讨论由此引出的一些概念和性质.

1. 度量空间的概念

定义 1.9 设 X 是非空集合,如果映射

$$d(\cdot, \cdot): X \times X \to \mathbf{R}$$

满足下列条件(称为度量公理):

(1) 正定性: $d(x,y) \geqslant 0, \forall x, y \in X,$ 且 $d(x,y) = 0 \Leftrightarrow x = y$;

(2) 对称性: $d(y,x) = d(x,y), \forall x, y \in X$;

(3) 三角不等式: $d(x,y) \leqslant d(x,z) + d(z,y), \forall x, y, z \in X$.

则称 $d(\cdot, \cdot)$ 是 X 上的距离函数或度量函数,非负实数 $d(x,y)$ 称为两点 x, $y \in X$ 之间的距离. 定义了距离的集合称为度量空间或距离空间,记为 (X, d). 如果不需要特别指明度量,简记为 X.

如果 X_1 是度量空间 (X, d) 的非空子集,显然 $d(\cdot, \cdot)$ 也是 X_1 上的度量函数,这时称 (X_1, d) 是 (X, d) 的子空间.

显然,在任意的非空集合 X 中都可以定义度量,例如

$$d(x,x) = 0, \forall x \in X; \; d(x,y) = 1, \forall x, y \in X, x \neq y.$$

容易验证这样定义的映射 $d(\cdot, \cdot): X \times X \to \mathbf{R}$ 满足度量公理,并且称这个度量空间为离散度量空间.

命题 1.1 $\mathbf{R}^n$ 中的 Euclid 距离满足度量公理.

证明 显然只需证明 $\mathbf{R}^n$ 中的 Euclid 距离满足三角不等式. 为此,我们首先证明 Cauchy 不等式

$$\left(\sum_{k=1}^{n} a_k b_k \right)^2 \leqslant \left(\sum_{k=1}^{n} a_k^2 \right) \left(\sum_{k=1}^{n} b_k^2 \right),$$

其中 $a_k, b_k \in \mathbf{R}(k = 1, 2, 3, \cdots, n)$.

事实上, $\forall \lambda \in \mathbf{R}$,

$$0 \leqslant \sum_{k=1}^{n} (a_k + \lambda b_k)^2 = \sum_{k=1}^{n} a_k^2 + 2\lambda \sum_{k=1}^{n} a_k b_k + \lambda^2 \sum_{k=1}^{n} b_k^2,$$

所以 Cauchy 不等式成立.

由 Cauchy 不等式可得

$$\sum_{k=1}^{n}(a_k+b_k)^2 = \sum_{k=1}^{n}a_k^2 + 2\sum_{k=1}^{n}a_k b_k + \sum_{k=1}^{n}b_k^2$$

$$\leqslant \sum_{k=1}^{n}a_k^2 + 2\left(\sum_{k=1}^{n}a_k^2\right)^{\frac{1}{2}}\left(\sum_{k=1}^{n}b_k^2\right)^{\frac{1}{2}} + \sum_{k=1}^{n}b_k^2$$

$$= \left[\left(\sum_{k=1}^{n}a_k^2\right)^{\frac{1}{2}} + \left(\sum_{k=1}^{n}b_k^2\right)^{\frac{1}{2}}\right]^2.$$

在 $\mathbf{R}^n$ 中取

$$x=(x_1,x_2,\cdots,x_n),y=(y_1,y_2,\cdots,y_n),z=(z_1,z_2,\cdots,z_n),$$

令

$$a_k=x_k-z_k,b_k=z_k-y_k \quad (k=1,2,3,\cdots,n),$$

即得三角不等式.

在 $\mathbf{R}^n$ 中可以定义其他的度量, 如 $\forall x=(x_1,x_2,\cdots,x_n)\in\mathbf{R}^n,y=(y_1,y_2,\cdots,y_n)\in\mathbf{R}^n$, 定义 $d_1(x,y)=\sum_{k=1}^{n}|x_k-y_k|$ 或 $d_2(x,y)=\max_{1\leqslant k\leqslant n}|x_k-y_k|$. 以后我们提到空间 $\mathbf{R}^n$, 除非特别声明, 都是指赋予 Euclid 距离的度量空间.

有了度量的概念, 我们就可以在度量空间中引入点列收敛的概念.

定义 1.10 设 $\{x_n\,|\,n\in\mathbf{N}\}$ 是度量空间 (X,d) 中的一个点列, $x_0\in X$. 如果 $d(x_n,x_0)\to 0(n\to\infty)$, 则称点列 $\{x_n\}$ 收敛于 x_0, 也称 x_0 是点列 $\{x_n\}$ 的极限, 记为 $x_n\to x_0(n\to\infty)$ 或 $\lim_{n\to\infty}x_n=x_0$.

定理 1.12 度量空间 (X,d) 中的极限具有唯一性.

证明 设 (X,d) 中的点列 $\{x_n\}$ 收敛于 x_0 和 y_0, 则 $\forall\varepsilon>0$, 存在 $N\in\mathbf{N}$, 使得当 $n>N$ 时,

$$d(x_n,x_0)<\varepsilon,d(x_n,y_0)<\varepsilon.$$

于是根据三角不等式, 可知当 $n>N$ 时,

$$d(x_0,y_0)\leqslant d(x_0,x_n)+d(x_n,y_0)<2\varepsilon.$$

由于 ε 是任意的, 所以 $d(x_0,y_0)=0$, 于是 $x_0=y_0$.

容易证明下面定理.

定理 1.13 设度量空间 (X,d) 中点列 $\{x_n\}$ 收敛于 x_0, 则 $\{x_n\}$ 的任意子列 $\{x_{n_k}\}$ 也收敛于 x_0.

命题 1.2 在度量空间 $\mathbf{R}^n$ 中, 点列 $x_m=(x_1^{(m)},x_2^{(m)},\cdots,x_n^{(m)})(m\in\mathbf{N})$ 收敛于 $x_0=(x_1^{(0)},x_2^{(0)},\cdots,x_n^{(0)})$, 当且仅当 $m\to\infty$ 时, $x_k^{(m)}\to x_k^{(0)}(k=1,2,3,\cdots,n)$.

证明 如果 $x_m=(x_1^{(m)},x_2^{(m)},\cdots,x_n^{(m)})(m\in\mathbf{N})$ 收敛于 $x_0=(x_1^{(0)},x_2^{(0)},\cdots,x_n^{(0)})$, 则 $\forall\varepsilon>0$, 存在 $N\in\mathbf{N}$, 使得当 $m>N$ 时,

$$|x_k^{(m)}-x_k^{(0)}|\leqslant\left[(x_1^{(m)}-x_1^{(0)})^2+(x_2^{(m)}-x_2^{(0)})^2+\cdots+(x_n^{(m)}-x_n^{(0)})^2\right]^{\frac{1}{2}}$$

$$= d(x_m,x_0)<\varepsilon \quad (k=1,2,3,\cdots,n).$$

所以当 $m\to\infty$ 时,$x_k^{(m)}\to x_k^{(0)}(k=1,2,3,\cdots,n)$.

反之,如果 $m\to\infty$ 时,$x_k^{(m)}\to x_k^{(0)}(k=1,2,3,\cdots,n)$,则 $\forall\varepsilon>0$,存在 $N\in\mathbf{N}$,使得当 $m>N$ 时,

$$|x_k^{(m)}-x_k^{(0)}|<\frac{\varepsilon}{\sqrt{n}}\quad(k=1,2,3,\cdots,n).$$

所以

$$d(x_m,x_0)=\left[(x_1^{(m)}-x_1^{(0)})^2+(x_2^{(m)}-x_2^{(0)})^2+\cdots+(x_n^{(m)}-x_n^{(0)})^2\right]^{\frac{1}{2}}<\varepsilon,$$

于是 $\{x_m\}$ 收敛于 x_0.

设 $f:X\to\mathbf{R}$ 是度量空间 (X,d) 上的函数. 如果 $x_0\in X$,并且对 X 中任意收敛于 x_0 的点列 $\{x_n\mid n\in\mathbf{N}\}$,都有 $f(x_n)\to f(x_0)$,则称 f 在 x_0 处连续. 如果 f 在 X 的每一点连续,则称 f 在 X 上连续.

2. 度量空间中的点集

设 $x_0\in X,\delta>0$,度量空间 (X,d) 中的集合

$$B(x_0,\delta)=\{x\in X\mid d(x,x_0)<\delta\}$$

叫做以 x_0 为球心 δ 为半径的开球,也称为 x_0 的 δ 邻域. 如果度量空间 X 中的子集 M 能被包含在一个开球中,则称 M 为有界集,否则称为无界集. 设 A 是 X 的非空子集,如果存在 x_0 的邻域 $B(x_0,\delta)\subset A$,则称 x_0 是 A 的内点,A 的全体内点的集合称为 A 的内部,记为 $\mathring{A}$. 如果存在 x_0 的邻域 $B(x_0,\delta)$,使得 $B(x_0,\delta)\cap A=\varnothing$,则称 x_0 是 A 的外点. 如果 $\forall\delta>0$,有

$$B(x_0,\delta)\cap(A\setminus\{x_0\})\neq\varnothing,$$

则称 x_0 是 A 的聚点,A 的全体聚点的集合记为 A',称为 A 的导集. 如果集合 A 的每一点都是它的内点,即 $A=\mathring{A}$,则称 A 为开集. 如果 $A'\subset A$,则称 A 为闭集. 记 $\overline{A}=A\cup A'$,称为 A 的闭包. 如果 $x_0\in A$ 但 x_0 不是 A 的聚点,则称 x_0 是 A 的孤立点. 如果 $\forall\delta>0$,有

$$B(x_0,\delta)\cap A\neq\varnothing,\quad B(x_0,\delta)\cap A^c\neq\varnothing,$$

则称 x_0 是 A 的边界点,A 的全体边界点的集合记为 ∂A.

易证开集的余集是闭集,闭集的余集是开集. 开球是开集,空集 $\varnothing$ 以及 X 本身既是开集也是闭集.

定理 1.14 开集和闭集具有下列性质:

(1) 任意多个开集的并集是开集,有限个开集的交集是开集;

(2) 任意多个闭集的交集是闭集,有限个闭集的并集是闭集.

注 任意多个开集的交集不一定是开集,任意多个闭集的并集不一定是闭集. 例如设 $G_n=\left(-\frac{1}{n},1+\frac{1}{n}\right)(n=2,3,\cdots)$,则 G_n 是开集. 但是

$$G = \bigcap_{n=1}^{\infty} G_n = \bigcap_{n=1}^{\infty} \left(-\frac{1}{n}, 1 + \frac{1}{n} \right) = [0,1],$$

G 为闭集. 再如设 $F_n = \left[\frac{1}{n}, 1 - \frac{1}{n} \right] (n \in \mathbf{N})$, 则 F_n 是闭集. 但是

$$F = \bigcup_{n=1}^{\infty} F_n = \bigcup_{n=1}^{\infty} \left[\frac{1}{n}, 1 - \frac{1}{n} \right] = (0,1),$$

F 是开集.

定理 1.15 设 F 是度量空间 X 中的子集, 则 F 是闭集当且仅当对 F 中的任意点列 $\{x_n \mid n \in \mathbf{N}\}$, 如果 $n \to \infty$ 时, $x_n \to x_0 \in X$, 那么 $x_0 \in F$.

证明 如果 F 是闭集, 那么 $F' \subset F$. 如果 F 中的点列 $x_n \to x_0$, 不妨设 $x_n \neq x_0$ ($\forall n \in \mathbf{N}$), 于是 $\forall \delta > 0$, 存在 $N \in \mathbf{N}$, 当 $n > N$ 时, $d(x_n, x_0) < \delta$, 所以

$$B(x_0, \delta) \bigcap (F \setminus \{x_0\}) \neq \varnothing,$$

故 $x_0 \in F' \subset F$.

反之, 如果 $x_0 \in F'$, 那么 $\forall n \in \mathbf{N}$,

$$B\left(x_0, \frac{1}{n}\right) \bigcap (F \setminus \{x_0\}) \neq \varnothing.$$

取

$$x_n \in B\left(x_0, \frac{1}{n}\right) \bigcap (F \setminus \{x_0\}),$$

于是 $d(x_n, x_0) < \frac{1}{n}$, 所以 $x_n \to x_0$. 由定理的条件可知 $x_0 \in F$, 因此 $F' \subset F$, 即 F 是闭集.

设 $x_0 \in X$, A 是度量空间 (X, d) 中的非空子集, 称 $\inf_{x \in A} d(x_0, x)$ 为点 x_0 到集合 A 的距离, 记为 $d(x_0, A)$.

定理 1.16 设 $x_0 \in X$, F 是度量空间 (X, d) 中的非空闭子集. 如果 $x_0 \notin F$, 则 x_0 到 F 的距离 $d(x_0, F) > 0$.

证明 如果 $d(x_0, F) = \inf_{x \in F} d(x_0, x) = 0$, 由下确界的定义, $\forall n \in \mathbf{N}$, 存在 $x_n \in F$, 使得 $d(x_0, x_n) < \frac{1}{n}$, 于是 $x_n \to x_0 (n \to \infty)$. 因为 F 是闭子集, 所以根据定理 1.15 可知 $x_0 \in F$, 矛盾.

1.3 Lebesgue 可测集

1. 直线 R 上的点集

在 $\mathbf{R}$ 中, Euclid 距离由绝对值来表示, 即 $\forall x, y \in \mathbf{R}, d(x, y) = |x - y|$. 这时对 $x_0 \in \mathbf{R}$ 和 $\delta > 0, x_0$ 的 δ 邻域为

$$N(x_0,\delta) = \{x \mid |x - x_0| < \delta\} = (x_0 - \delta, x_0 + \delta).$$

定义 1.11　设 G 是直线上的非空开集,如果开区间 $(\alpha,\beta) \subset G$ 且 $\alpha,\beta \notin G$,则称 (α,β) 为 G 的一个构成区间,其中 α 可为 $-\infty$, β 可为 $+\infty$.

定理 1.17（直线上开集的构造）　直线上的任何非空开集都是至多可数个互不相交的构成区间的并集.

证明　设 G 是开集, $x_0 \in G$,故存在 x_0 的邻域

$$N(x_0,\delta) = (x_0 - \delta, x_0 + \delta) \subset G.$$

令

$$\alpha = \inf\{x \mid (x,x_0) \subset G\}, \quad \beta = \sup\{x \mid (x_0,x) \subset G\},$$

显然 $x_0 \in (\alpha,\beta)$. 下面证明 (α,β) 是 G 的一个构成区间.

$\forall x \in (\alpha,\beta)$,如果 $\alpha < x < x_0$,取 α' 满足 $\alpha < \alpha' < x$,则由下确界的定义知 $(\alpha',x_0) \subset G$,从而 $x \in (\alpha',x_0) \subset G$.

如果 $x_0 < x < \beta$,取 β' 满足 $x < \beta' < \beta$,则由上确界的定义知 $(x_0,\beta') \subset G$,从而 $x \in (x_0,\beta') \subset G$.

由 $x \in (\alpha,\beta)$ 的任意性得 $(\alpha,\beta) \subset G$.

假设 $\alpha \in G$,因 G 是开集,故存在 α 的某个邻域 $(\alpha-\delta,\alpha+\delta) \subset G$,使得 $\alpha+\delta < x_0$,于是

$$(\alpha - \delta, x_0) = (\alpha - \delta, \alpha + \delta) \bigcup (\alpha, x_0) \subset G.$$

但 $\alpha - \delta < \alpha$,这与 α 的取法矛盾,故 $\alpha \notin G$. 同理 $\beta \notin G$. 于是 (α,β) 是 G 的一个构成区间.

由上述证明可知开集 G 中任一点必属于 G 的某个构成区间.

现在证明开集 G 的任何两个构成区间互不相交. 如若不然,假如有两个构成区间相交的,则必有某个构成区间的一个端点落入另一个构成区间内,从而属于 G ,这与构成区间的定义矛盾.

由定理 1.11 知,开集的构成区间至多可数个,所以 G 是至多可数个互不相交的构成区间的并集.

例 1.4（Cantor 三分集）　将闭区间 $[0,1]$ 三等分,挖去中间的开区间 $\left(\dfrac{1}{3},\dfrac{2}{3}\right)$,再将余下的两个闭区间 $\left[0,\dfrac{1}{3}\right]$ 及 $\left[\dfrac{2}{3},1\right]$ 各三等分,挖去中间的开区间 $\left(\dfrac{1}{9},\dfrac{2}{9}\right)$ 以及开区间 $\left(\dfrac{7}{9},\dfrac{8}{9}\right)$,然后将余下的四个闭区间同法处理,依此下去,剩下的集合 P 称为 Cantor 三分集. 被挖去的集

$$G = \left(\frac{1}{3},\frac{2}{3}\right) \bigcup \left(\frac{1}{9},\frac{2}{9}\right) \bigcup \left(\frac{7}{9},\frac{8}{9}\right) \bigcup \cdots$$

是一个开集,并且 $P = [0,1] \backslash G$. 显然 Cantor 三分集 P 非空,在 P 的构造过程中,被挖去的开区间的端点及 0 和 1 属于 P. P 是闭集并且没有孤立点. P 不包含任

何开区间,从而 Cantor 三分集 P 不含内点.

2. Lebesgue 测度

如果直线上的集合 A 是区间 (a,b),其长度是 $b-a$,这是集合 A 的一个度量. 如果集合 A 是非空开集,那么根据定理 1.17,A 是至多可数个互不相交的构成区间的并集,自然可以将所有构成区间的长度之和作为集合 A 的这种度量,一般情况下是一个级数. 下面我们对直线上集合引入测度的概念作为度量,它是区间长度概念的推广. 有很多方法可以构造出直线上集合的测度理论,我们省略这样的构造过程,直接给出下面的结论,其证明可参见《实变函数》(胡适耕　1999).

定理 1.18　存在 **R** 上的唯一子集族 $\mathscr{L}(\mathbf{R})\subset 2^{\mathbf{R}}$ 及集函数 $\mu:\mathscr{L}(\mathbf{R})\to[0,+\infty]$ 满足下面的性质:

$(P_1)\varnothing\in\mathscr{L}(\mathbf{R})$;

(P_2)如果 $A_n\in\mathscr{L}(\mathbf{R})(n\in\mathbf{N})$,则 $\bigcup\limits_{n=1}^{\infty}A_n\in\mathscr{L}(\mathbf{R})$;

(P_3)如果 $A\in\mathscr{L}(\mathbf{R})$,则 $A^c\in\mathscr{L}(\mathbf{R})$;

(P_4)如果 $G\subset\mathbf{R}$ 是开集,则 $G\in\mathscr{L}(\mathbf{R})$;

$(Q_1)\mu(\varnothing)=0$;

$(Q_2)\mu(\alpha,\beta)=\beta-\alpha$,其中 α 可为 $-\infty$, β 可为 $+\infty$;

$(Q_3)(\sigma\text{-可加性})$ 如果 $A_n\in\mathscr{L}(\mathbf{R})(n\in\mathbf{N})$互不相交,则

$$\mu\Big(\bigcup_{n=1}^{\infty}A_n\Big)=\sum_{n=1}^{\infty}\mu(A_n);$$

$(Q_4)(完备性)$设 $A\in\mathscr{L}(\mathbf{R})$,并且 $\mu A=0$,如果 $B\subset A$,则 $B\in\mathscr{L}(\mathbf{R})$;

$(Q_5)(平移不变性)$如果 $A\in\mathscr{L}(\mathbf{R}),A\neq\varnothing$, $x\in\mathbf{R}$,则 $A+x\in\mathscr{L}(\mathbf{R})$,并且 $\mu(A+x)=\mu A$,其中 $A+x=\{y+x\mid y\in A\}$;

$(Q_6)(逼近性质)$如果 $A\in\mathscr{L}(\mathbf{R})$,则 $\forall\varepsilon>0$,存在闭集 F 与开集 G,满足 $F\subset A\subset G$,使得 $\mu(G\backslash F)<\varepsilon$.

对于定理 1.18 中给出的集族 $\mathscr{L}(\mathbf{R})$,其中的元素是 **R** 的子集,称为 Lebesgue 可测集. 可以看到,开集和闭集以及全集 **R** 都是 Lebesgue 可测集. 集函数

$$\mu:\mathscr{L}(\mathbf{R})\to[0,+\infty]$$

称之为 $\mathscr{L}(\mathbf{R})$ 上的 Lebesgue 测度. 利用 σ-可加性,如果 $G=\bigcup\limits_k(\alpha_k,\beta_k)$ 是开集(其中 (α_k,β_k) 是构成区间),那么 $\mu G=\sum\limits_k(\beta_k-\alpha_k)$. Lebesgue 测度的逼近性质正是具体构造 Lebesgue 测度时的思想.

如果 $A,B\in\mathscr{L}(\mathbf{R})$,由于 $A\backslash B=A\bigcap B^c$,则 $A\backslash B\in\mathscr{L}(\mathbf{R})$.

推论　如果 $A_n\in\mathscr{L}(\mathbf{R})(n\in\mathbf{N})$,则

$(1)\bigcap\limits_{n=1}^{\infty}A_n\in\mathscr{L}(\mathbf{R})$;

(2)$\overline{\lim\limits_{n\to\infty}}A_n\in\mathscr{L}(\mathbf{R})$，$\underline{\lim\limits_{n\to\infty}}A_n\in\mathscr{L}(\mathbf{R})$.

关于 Lebesgue 测度我们有以下的一些性质.

定理 1.19 (1)(单调性)如果 $A,B\in\mathscr{L}(\mathbf{R})$，$A\subset B$，那么 $\mu A\leqslant\mu B$；

(2)(可减性)$A,B\in\mathscr{L}(\mathbf{R})$，$A\subset B$，并且 $\mu A<+\infty$，那么

$$\mu(B\backslash A)=\mu B-\mu A;$$

(3)(次可加性)如果 $A_n\in\mathscr{L}(\mathbf{R})(n\in\mathbf{N})$，那么

$$\mu\Big(\bigcup_{n=1}^{\infty}A_n\Big)\leqslant\sum_{n=1}^{\infty}\mu(A_n);$$

(4)(下连续性)如果 $A_n\in\mathscr{L}(\mathbf{R})(n\in\mathbf{N})$ 是递增集列，那么

$$\mu(\lim_{n\to\infty}A_n)=\mu\Big(\bigcup_{n=1}^{\infty}A_n\Big)=\lim_{n\to\infty}\mu(A_n);$$

(5)(上连续性)如果 $A_n\in\mathscr{L}(\mathbf{R})(n\in\mathbf{N})$ 是递减集列，并且 $\mu A_1<+\infty$，那么

$$\mu(\lim_{n\to\infty}A_n)=\mu\Big(\bigcap_{n=1}^{\infty}A_n\Big)=\lim_{n\to\infty}\mu(A_n).$$

证明 (1) 因为 $B\backslash A\in\mathscr{L}(\mathbf{R})$，$B=A\bigcup(B\backslash A)$，$A\bigcap(B\backslash A)=\varnothing$，所以由 σ-可加性及 $\mu(B\backslash A)\geqslant 0$，可得

$$\mu B=\mu A+\mu(B\backslash A)\geqslant\mu A.$$

(2)同样有 $\mu B=\mu A+\mu(B\backslash A)$，当 $\mu A<+\infty$ 时，得 $\mu(B\backslash A)=\mu B-\mu A$.

(3)令 $B_1=A_1$，$B_n=A_n\backslash\Big(\bigcup_{i=1}^{n-1}A_i\Big)(n=2,3,\cdots)$，于是 $B_n\in\mathscr{L}(\mathbf{R})(n\in\mathbf{N})$ 互不相交，并且 $\bigcup_{n=1}^{\infty}A_n=\bigcup_{n=1}^{\infty}B_n$，根据 σ-可加性和单调性有

$$\mu\Big(\bigcup_{n=1}^{\infty}A_n\Big)=\sum_{n=1}^{\infty}\mu(B_n)\leqslant\sum_{n=1}^{\infty}\mu(A_n).$$

(4)如果存在 A_{n_0}，使得 $\mu(A_{n_0})=+\infty$，由单调性可知当 $n\geqslant n_0$ 时，$\mu(A_n)=+\infty$. 故 $\lim\limits_{n\to\infty}\mu(A_n)=+\infty$. 同时，由于 $A_{n_0}\subset\bigcup_{n=1}^{\infty}A_n$ 及测度的单调性，有 $\mu\Big(\bigcup_{n=1}^{\infty}A_n\Big)=+\infty$. 所以

$$\mu(\lim_{n\to\infty}A_n)=\mu\Big(\bigcup_{n=1}^{\infty}A_n\Big)=\lim_{n\to\infty}\mu(A_n).$$

下面设 $\mu(A_n)<+\infty(n\in\mathbf{N})$. 令 $B_n=A_n\backslash A_{n-1}$，$A_0=\varnothing$，则 $B_n\in\mathscr{L}(\mathbf{R})(n\in\mathbf{N})$ 互不相交，并且

$$\bigcup_{n=1}^{\infty}A_n=\bigcup_{n=1}^{\infty}B_n.$$

于是根据 σ-可加性和可减性有

$$\mu\Big(\bigcup_{n=1}^{\infty}A_n\Big)=\mu\Big(\bigcup_{n=1}^{\infty}B_n\Big)=\sum_{n=1}^{\infty}\mu(B_n)=\sum_{n=1}^{\infty}(\mu(A_n)-\mu(A_{n-1}))$$

$$= \lim_{n \to \infty} \sum_{k=1}^{n} (\mu(A_k) - \mu(A_{k-1})) = \lim_{n \to \infty} \mu(A_n).$$

(5)由定理 1.2 的推论知

$$A_1 \setminus \left(\bigcap_{n=1}^{\infty} A_n \right) = \bigcup_{n=1}^{\infty} (A_1 \setminus A_n),$$

于是根据下连续性和可减性得

$$\mu\left(A_1 \setminus \left(\bigcap_{n=1}^{\infty} A_n \right) \right) = \mu\left(\bigcup_{n=1}^{\infty} (A_1 \setminus A_n) \right) = \lim_{n \to \infty} \mu(A_1 \setminus A_n) = \mu(A_1) - \lim_{n \to \infty} \mu(A_n).$$

故

$$\mu(A_1) - \mu\left(\bigcap_{n=1}^{\infty} A_n \right) = \mu(A_1) - \lim_{n \to \infty} \mu(A_n),$$

从而

$$\mu(\varliminf_{n \to \infty} A_n) = \mu\left(\bigcap_{n=1}^{\infty} A_n \right) = \lim_{n \to \infty} \mu(A_n).$$

注　测度上连续性质中的条件 $\mu(A_1) < +\infty$ 不可缺少. 例如设

$$A_n = (n, +\infty) \quad (n \in \mathbf{N}).$$

显然 $A_n \in \mathscr{L}(\mathbf{R})$ $(n \in \mathbf{N})$ 是递减集列, $\mu(A_n) = \mu(n, +\infty) = +\infty (n \in \mathbf{N})$. 由于

$$\mu(\varliminf_{n \to \infty} A_n) = \mu\left(\bigcap_{n=1}^{\infty} A_n \right) = \mu\varnothing = 0,$$

所以 $\mu(\varliminf\limits_{n \to \infty} A_n) \neq \lim\limits_{n \to \infty} \mu(A_n)$.

定理 1.20　(1)如果集合 $A \subset \mathbf{R}$ 是至多可数集,那么 $\mu A = 0$;

(2) $\mu[\alpha, \beta] = \mu(\alpha, \beta] = \mu[\alpha, \beta) = \mu(\alpha, \beta) = \beta - \alpha$, 其中 $-\infty < \alpha < \beta < +\infty$;

(3) $\mu[\alpha, +\infty) = \mu(-\infty, \beta] = \mu(-\infty, +\infty) = +\infty$, 其中 $-\infty < \alpha, \beta < +\infty$.

证明　不妨设 A 是可数集 $A = \{x_1, x_2, \cdots, x_n, \cdots\}$. 因为单点集 $\{x_n\}$ $(n \in \mathbf{N})$ 是闭集,所以 $\{x_n\} \in \mathscr{L}(\mathbf{R})$ $(\forall n \in \mathbf{N})$,从而根据定理 $1.18(P_2)$ 可知,可数集

$$A = \bigcup_{n=1}^{\infty} \{x_n\}$$

是 Lebesgue 可测集.

$\forall \varepsilon > 0$, 取 x_n 的邻域 $N\left(x_n, \dfrac{\varepsilon}{2^{n+1}}\right)$, 于是

$$A \subset \bigcup_{n=1}^{\infty} N\left(x_n, \frac{\varepsilon}{2^{n+1}}\right),$$

从而

$$\mu A \leqslant \sum_{n=1}^{\infty} \frac{\varepsilon}{2^n} = \varepsilon.$$

由 ε 的任意性可知, $\mu A = 0$.

因此单点集的测度为 0,所以从定理 $1.18(P_2)$ 以及测度 σ-可加性,可以得到结论(2)和(3).

例 1.5　设集合 P 是 Cantor 三分集. 在 Cantor 集的构造过程中, 第 n 次挖去的开区间记为 $I_k^{(n)}$, 共有 2^{n-1} 个, 每个小区间的测度 $\mu I_k^{(n)} = \dfrac{1}{3^n}$, 于是

$$\mu\left(\bigcup_{k=1}^{2^{n-1}} I_k^{(n)}\right) = \frac{2^{n-1}}{3^n} = \frac{1}{3} \cdot \left(\frac{2}{3}\right)^{n-1}.$$

P 相对于 $[0,1]$ 的余集 G 是开集, 开区间列 $\{I_k^{(n)}\}$ 是 G 的构成区间, 故 $P = [0,1] \backslash G \in \mathscr{L}(\mathbf{R})$. 由测度的可减性和 σ-可加性即知,

$$\mu P = 1 - \mu G = 1 - \sum_{n,k} \mu(I_k^{(n)})$$

$$= 1 - \sum_{n=1}^{\infty} \mu\left(\bigcup_{k=1}^{2^{n-1}} I_k^{(n)}\right) = 1 - \sum_{n=1}^{\infty} \frac{1}{3} \cdot \left(\frac{2}{3}\right)^{n-1} = 0.$$

但是 Cantor 三分集 P 不是可数集. 事实上, 假设 Cantor 三分集 P 是可数集, 那么可将 P 中的所有元素排成无限序列的形式为

$$x_1, x_2, \cdots, x_n, \cdots$$

显然 $\left[0, \dfrac{1}{3}\right]$ 和 $\left[\dfrac{2}{3}, 1\right]$ 中有一个区间不含有 x_1, 将这个闭区间记为 I_1. 将 I_1 三等分, 挖去中间的开区间后, 在余下的两个闭区间中, 有一个不含有 x_2, 将这个闭区间记为 I_2. 同样将 I_2 三等分, 得到不含有 x_3 的闭区间 I_3. 依此下去, 得到闭区间列 $\{I_n\}$, 满足

$$I_1 \supset I_2 \supset \cdots \supset I_n \supset,$$

并且 $x_n \notin I_n, n = 1, 2, 3, \cdots$. 由于区间 I_n 的长度为 $\dfrac{1}{3^n} \to 0$, 所以根据区间套定理, 存在 $\xi \in I_n (n = 1, 2, 3, \cdots)$. 因为 ξ 是 I_n 的端点集合的聚点, 所以也是闭集 P 的聚点, 从而 $\xi \in P$. 然而 $x_n \notin I_n$, 故 $\xi \neq x_n (n = 1, 2, 3, \cdots)$, 矛盾.

下面使用 $[0,1]$ 中的小数二进制和三进制表示法来证明 $P \sim [0,1]$. 首先引进 $[0,1]$ 中的小数三进制表示, 将区间 $I_1^{(1)} = \left(\dfrac{1}{3}, \dfrac{2}{3}\right)$ 中的点 x 表示成

$$.x = 0.1x_2x_3\cdots$$

将区间 $I_1^{(2)} = \left(\dfrac{1}{3^2}, \dfrac{2}{3^2}\right)$ 中的点 x 表示成

$$x = 0.01x_3x_4\cdots$$

将区间 $I_2^{(2)} = \left(\dfrac{7}{3^2}, \dfrac{8}{3^2}\right)$ 中的点 x 表示成

$$x = 0.21x_3x_4\cdots$$

等等, 其中 $x_i \in \{0,1,2\}(i=2,3,\cdots)$. 区间的端点有两种表示方法, 采用不出现数字 1 的表示方式, 即

$$\frac{1}{3} = 0.0222\cdots, \quad \frac{2}{3} = 0.2000\cdots$$

$$\frac{1}{3^2} = 0.0022\cdots, \quad \frac{2}{3^2} = 0.0200\cdots$$

$$\frac{7}{3^2} = 0.2022\cdots, \quad \frac{8}{3^2} = 0.2200\cdots$$

等等. 容易看出, $x \in G$ 当且仅当 x 的三进制表示中有数字 1. 因此集合 P 与集合

$$A = \{0. x_1 x_2 x_3 \cdots \mid x_i \in \{0, 2\}, i \in \mathbf{N}\}$$

对等.

$P \sim A$ 表明, P 中的点除了 G 的所有构成区间的端点外, 包含着非端点的点. 从三进制表示来看, 这些非端点的点也是只有数字 0 和 2, 但不是从某一项开始全是 0 或全是 2(这样的点是端点).

将集合 A 的元素 $0. x_1 x_2 x_3 \cdots$ 中的数字 2 改写为 1, 得到集合

$$A' = \{0. x_1' x_2' x_3' \cdots \mid x_i' \in \{0, 1\}, i \in \mathbf{N}\},$$

于是 $P \sim A'$, 而从 $[0,1]$ 中的小数二进制表示法可知, $A' \sim [0,1]$.

定义 1.12　如果集合 A 可以表示成可数多个开集的交集, 则称 A 是 G_δ 型集; 如果集合 B 可以表示成可数多个闭集的并集, 则称集合 B 是 F_σ 型集.

显然 G_δ 型集和 F_σ 型集都可测.

定理 1.21　设 $A \in \mathscr{L}(\mathbf{R})$, 则存在 G_δ 型集 G 与 F_σ 型集 F 使得

$$F \subset A \subset G, \quad \mu(G \backslash F) = 0.$$

证明　对 $\varepsilon_n = \dfrac{1}{n}$ $(n \in \mathbf{N})$, 由逼近性质可知, 存在开集 $G_n \supset A$ 及闭集 $F_n \subset A$ 使得

$$\mu(G_n \backslash A) < \frac{1}{n}, \quad \mu(A \backslash F_n) < \frac{1}{n}.$$

令 $G = \bigcap\limits_{n=1}^{\infty} G_n, F = \bigcup\limits_{n=1}^{\infty} F_n$, 则 G 是 G_δ 型集, F 是 F_σ 型集, $F \subset A \subset G$, 且 $\forall n \in \mathbf{N}$ 都有

$$\mu(G \backslash A) \leqslant \mu(G_n \backslash A) < \frac{1}{n}, \quad \mu(A \backslash F) \leqslant \mu(A \backslash F_n) < \frac{1}{n},$$

从而

$$\mu(G \backslash A) = 0, \quad \mu(A \backslash F) = 0.$$

由 $G \backslash F = (G \backslash A) \bigcup (A \backslash F)$ 及次可加性得

$$\mu(G \backslash F) \leqslant \mu(G \backslash A) + \mu(A \backslash F) = 0.$$

定义 1.13　设 E 是可测集, $P(x)$ 是一个与 E 中的点 x 相关的命题. 如果除去 E 中某个零测度集 N 外, $P(x)$ 在 $E \backslash N$ 上每点都成立, 则称 $P(x)$ 在 E 上几乎处处成立, 记为 $P(x)$a. e. 于 E.

例 1.6　记 E 是 $[0,1]$ 中的有理点集, 考虑 Dirichlet 函数

$$D(x) = \begin{cases} 1, & x \in E, \\ 0, & x \in [0,1] \backslash E. \end{cases}$$

因为 E 是可数集，所以 $\mu E=0$，而在 $[0,1] \backslash E$ 上 $D(x)=0$，因而 $D(x)=0$ a. e. 于 $[0,1]$，或记为 $D(x) \overset{\text{a. e.}}{=} 0$.

定理 1.22　**R** 上单调函数的间断点集是至多可数集，所以单调函数几乎处处连续.

引理 1.1　设可测集 $E \subset [a,b]$，定义函数 $f:[a,b] \to \mathbf{R}$ 为
$$f(x) = \mu([a,x] \cap E), \forall x \in [a,b],$$
则 $f(x)$ 是 $[a,b]$ 上单调增加的连续函数.

证明　显然 $\forall x \in [a,b]$，$[a,x] \cap E$ 是可测集. 任取 $x_1,x_2 \in [a,b]$，如果 $x_1 \leqslant x_2$，那么 $[a,x_1] \cap E \subset [a,x_2] \cap E$，于是 $f(x_1)=\mu([a,x_1] \cap E) \leqslant f(x_2)=\mu([a,x_2] \cap E)$，所以 $f(x)$ 是 $[a,b]$ 上单调增加的函数.

任取 $x_1,x_2 \in [a,b]$. 如果 $x_1 < x_2$，那么
$$\begin{aligned} f(x_2) - f(x_1) &= \mu([a,x_2] \cap E) - \mu([a,x_1] \cap E) \\ &= \mu([x_1,x_2] \cap E) \leqslant \mu([x_1,x_2]) = x_2 - x_1. \end{aligned}$$
如果 $x_1 > x_2$，同样地有 $f(x_1) - f(x_2) \leqslant x_1 - x_2$. 所以 $|f(x_1) - f(x_2)| \leqslant |x_1 - x_2|$，故 $f(x)$ 是 $[a,b]$ 上的连续函数.

定理 1.23（测度的介值定理）　设 $E \in \mathscr{L}(\mathbf{R})$，且 $\mu E > 0$，则 $\forall c \in (0,\mu E)$，存在有界可测集 $E_c \subset E$，使得 $\mu(E_c) = c$.

证明　取 $E_n = E \cap [-n,n]$ $(n \in \mathbf{N})$，于是得到单调递增可测集列 $\{E_n \mid n \in \mathbf{N}\}$，并且 $E = \bigcup_{n=1}^{\infty} E_n$. 根据定理 1.19(4)，可知
$$\lim_{n \to \infty} \mu(E_n) = \mu E > c,$$
所以存在有界可测集 $E_{n_0} = E \cap [-n_0,n_0] \subset [-n_0,n_0]$，使得 $c < \mu(E_{n_0}) < +\infty$.

定义函数
$$f(x) = \mu([-n_0,x] \cap E_{n_0}), \quad \forall x \in [-n_0,n_0],$$
由引理 1.1 可知，$f(x)$ 是 $[-n_0,n_0]$ 上单调增加的连续函数，并且 $\forall x \in [-n_0,n_0]$，
$$0 = f(-n_0) \leqslant f(x) \leqslant f(n_0) = \mu(E_{n_0}).$$

因此根据闭区间上连续函数的介值定理，对 $c \in (0,\mu(E_{n_0}))$，存在 $x_n \in (-n_0,n_0)$，使得 $f(x_0) = c$.

令 $E_c = [-n_0,x_0] \cap E_{n_0}$，显然 E_c 有界可测，$E_c \subset E$，并且 $\mu(E_c) = f(x_0) = c$.

3. 不可测集

直线上的集合并不都是 Lebesgue 可测集. 由定理 1.18(Q_4)知道，零测度集合的子集都是可测的，但是在本段中我们将证明，任意一个测度不等于零的可测集都包含着不可测的子集. 为此我们需要下面的 Zermelo 选择公理.

定理 1.24(Zermelo 选择公理)　设 $S = \{M\}$ 是一族互不相交的非空集合，则

存在集合 A 满足

(1) $A \subset \bigcup\limits_{M \in S} M$;

(2) $\forall M \in S$, $A \bigcap M$ 是非空的单点集.

选择公理表明,对于由互不相交的非空集合组成的集族 S, 可以从 S 的每一个元素中取出一点组成一个集合 A.

下面设 $E \in \mathcal{L}(\mathbf{R})$, $\mu E > 0$. 根据定理 1.23, 不妨设 E 是有界集,于是取区间 $[a, b] \supset E$.

如果 $x, y \in E$, 并且 $x - y \in \mathbf{Q}$, 则称 x 和 y 是等价的. 容易证明这是 E 中的一个等价关系,所以 E 可以被分解成互不相交的等价类. 根据选择公理,从每一类中取出一个元素组成一个集合 A. 下面证明 A 就是 E 的不可测子集.

假若 A 是 E 的可测子集,令 $A_r = A + r = \{x + r \mid x \in A\}$, $\forall r \in \mathbf{Q}$. 如果 $r, s \in \mathbf{Q}$, 并且 $r \neq s$, 那么 $A_r \bigcap A_s = \varnothing$. 如若不然,存在 $x, y \in A$, 使得 $x + r = y + s$, 从而有 $x - y = s - r \in \mathbf{Q}$, 也就是说 x 和 y 是等价的,由 A 的取法可知 $x = y$, 所以 $r = s$, 矛盾.

因为 $\forall x \in E$, x 必属于 E 的某一等价类,故存在 $x_0 \in A$, 使得 x 和 x_0 是等价的,即存在 $r \in \mathbf{Q}$, 满足 $x - x_0 = r$, 于是 $x \in A_r$, 因此 $E \subset \bigcup\limits_{r \in \mathbf{Q}} A_r$. 根据定理 1.18($Q_5$) 的测度平移不变性,可知 A_r 是可测集,并且

$$\mu(A_r) = \mu A, \forall r \in \mathbf{Q}.$$

记 $\mathbf{Q} = \{r_1, r_2, \cdots, r_n, \cdots\}$, 于是

$$0 < \mu E \leqslant \mu\Big(\bigcup\limits_{r \in \mathbf{Q}} A_r\Big) = \sum_{n=1}^{\infty} \mu(A_{r_n}) = \lim_{n \to \infty} n \mu A,$$

所以 $\mu A \neq 0$.

显然, $A_s \subset [a, b+1]$, $\forall s \in \mathbf{Q} \bigcap [0, 1]$. 记 $\mathbf{Q} \bigcap [0, 1] = \{s_1, s_2, \cdots, s_n, \cdots\}$, 于是

$$\bigcup_{n=1}^{\infty} A_{s_n} \subset [a, b+1].$$

因此

$$b - a + 1 \geqslant \mu\Big(\bigcup_{n=1}^{\infty} A_{s_n}\Big) = \sum_{n=1}^{\infty} \mu(A_{s_n}) = \lim_{n \to \infty} n \mu A,$$

所以 $\mu A = 0$, 矛盾.

习　题　1

1. 设 $A_n = \left[\dfrac{1}{n}, 1 - \dfrac{1}{n}\right] (n \in \mathbf{N})$, 求 $\bigcup\limits_{n=3}^{\infty} A_n$ 与 $\bigcap\limits_{n=3}^{\infty} A_n$.

2. 设 $A_n = \left(0, 1 + \dfrac{1}{n}\right) (n \in \mathbf{N})$, 求 $\varlimsup\limits_{n \to \infty} A_n$ 及 $\varliminf\limits_{n \to \infty} A_n$.

3. 证明: $\left(\varlimsup\limits_{n \to \infty} A_n\right)^C = \varliminf\limits_{n \to \infty} A_n^C$, $\left(\varliminf\limits_{n \to \infty} A_n\right)^C = \varlimsup\limits_{n \to \infty} A_n^C$.

4. 证明集列 $\{A_n\}$ 收敛当且仅当 $\{A_n\}$ 的任何子列都收敛.

5. 证明定理 1.5.

6. 设 $f: X \to Y, A, B \subset Y$, 证明 $f^{-1}(A \backslash B) = f^{-1}(A) \backslash f^{-1}(B)$.

7. 证明映射 $f: X \to Y$ 为双射的充要条件是 $f(X) = Y$ 并且对任何 $A, B \subset X$, 有 $f(A \cap B) = f(A) \cap f(B)$.

8. 证明 **R** 上单调函数的间断点集是至多可数集.

9. 设 $x = (\xi_1, \xi_2), y = (\eta_1, \eta_2) \in \mathbf{R}^2$. 定义度量函数

$$d(x, y) = (|\xi_1 - \eta_1|^2 + |\xi_2 - \eta_2|^2)^{\frac{1}{2}},$$
$$d_1(x, y) = \max\{|\xi_1 - \eta_1|, |\xi_2 - \eta_2|\},$$
$$d_2(x, y) = |\xi_1 - \eta_1| + |\xi_2 - \eta_2|.$$

分别画出 $(\mathbf{R}^2, d), (\mathbf{R}^2, d_1), (\mathbf{R}^2, d_2)$ 中单位球 $B(\theta, 1)$ 的图形, 其中 $\theta = (0, 0)$.

10. 证明定理 1.13.

11. 设 (X, d) 是度量空间, $x_0 \in X$. 令 $f(x) = d(x, x_0), \forall x \in X$, 证明函数 $f: X \to \mathbf{R}$ 连续.

12. 设 (X, d) 是度量空间, A 是 X 的子集. 证明

$$|d(x, A) - d(y, A)| \leqslant d(x, y), \forall x, y \in X.$$

13. 证明集合 E 的闭包 $\bar{E}$ 是闭集, E 的内部 $\overset{\circ}{E}$ 是开集.

14. 证明 A 是闭集当且仅当 $\bar{A} = A$.

15. 设 $A \subset B$, 证明 $A' \subset B'$ (从而 $\bar{A} \subset \bar{B}$), $\overset{\circ}{A} \subset \overset{\circ}{B}$.

16. 证明 $(A \cup B)' = A' \cup B'$, $\overline{A \cup B} = \bar{A} \cup \bar{B}$, $\bar{A} = A \cup \partial A$.

17. 证明: 开集的余集是闭集, 闭集的余集是开集.

18. 设 **R** 中集合 A 的元素都是孤立点, 证明 A 是可数集合.

19. 设 **R** 中集合 A 的导集 A' 是非空至多可数集, 证明 A 是可数集合.

20. 证明定理 1.14.

21. 设 (X, d) 为度量空间, $x \in X, A \subset X$, 证明 $x \in \bar{A}$ 当且仅当 $d(x, A) = 0$.

22. 设 (X, d) 为度量空间, $A, B \subset X$, 记 $d(A, B) = \inf\{d(x, y) \mid x \in A, y \in B\}$, 证明 $d(A, B) = d(\bar{A}, \bar{B})$.

23. 设 E 是度量空间 (X, d) 中的集合, $r > 0, G = \{x \in X \mid d(x, E) < r\}$, 证明 $E \subset G$, 并且 G 是开集.

24. 设 F_1 和 F_2 是度量空间 (X, d) 中的两个闭集. 如果 $F_1 \cap F_2 = \varnothing$, 证明存在两个开集 G_1 和 G_2, 使得 $G_1 \cap G_2 = \varnothing$, 并且 $G_1 \supset F_1, G_2 \supset F_2$.

25. 设 $\{F_n\}$ 是 **R** 中一列单调递减的非空有界闭集, 证明 $\bigcap\limits_{n=1}^{\infty} F_n \neq \varnothing$. 如果 $\{F_n\}$ 是一列无界闭集, 上述结论是否成立?

26. 证明函数 $f(x)$ 为 **R** 上连续函数的充要条件是开集的原像是开集或闭集的原像是闭集.

27. 设 A, B 是度量空间 (X, d) 中两个不相交的非空闭子集, 证明存在 X 上的连续函数 f, 使得当 $x \in A$ 时, $f(x) = 0$; 当 $x \in B$ 时, $f(x) = 1$.

28. 设 (X,d) 是度量空间,令

$$\tilde{d}(x,y) = \frac{d(x,y)}{1+d(x,y)}, \quad \forall x,y \in X.$$

证明 $(X,\tilde{d})$ 是度量空间且是有界空间.

29. 如果 $\mu E = 0$,是否一定有 $\mu \bar{E} = 0$?

30. 如果 E_1 和 E_2 都是可测集,并且 E_1 是 E_2 的真子集,是否一定有 $\mu E_1 < \mu E_2$?

31. 如果 E 是无界可测集,是否一定有 $\mu E = +\infty$ 或 $\mu E > 0$?

32. 证明可数个零测度集的并集是零测度集.

33. 构造一个闭集 $F \subset [0,1]$,使得 F 中没有内点,并且 $\mu F = \frac{1}{2}$.

34. 证明:存在闭集 $F \subset \mathbf{R} \backslash \mathbf{Q}$,使得 $\mu F > 0$.

35. 如果 $E \in \mathscr{L}(\mathbf{R})$,证明 $\forall \varepsilon > 0$,存在开集 G_1 和 G_2,满足 $G_1 \supset E, G_2 \supset E^c$,并且 $\mu(G_1 \cap G_2) < \varepsilon$.

36. 设 E_1 和 E_2 均为可测集,证明:

$$\mu(E_1 \cup E_2) + \mu(E_1 \cap E_2) = \mu(E_1) + \mu(E_2).$$

37. 设 E_1 和 E_2 是 $[0,1]$ 中的可测集,并且 $\mu E_1 + \mu E_2 > 1$,证明 $\mu(E_1 \cap E_2) > 0$.

38. 设 A 是 $[0,1]$ 中的可测集,并且 $\mu A = 1$,证明对 $[0,1]$ 中的任意可测集 B,有 $\mu(A \cap B) = \mu B$.

39. 设 $\{E_n \mid n \in \mathbf{N}\}$ 是 $[0,1]$ 中的可测集列,$\mu(E_n) = 1 (\forall n \in \mathbf{N})$. 证明:

$$\mu \left(\bigcup_{n=1}^{\infty} E_n \right) = 1, \quad \mu \left(\bigcap_{n=1}^{\infty} E_n \right) = 1.$$

40. 设 $\{A_n \mid n \in \mathbf{N}\}$ 是一列可测集,证明:

(1) (测度的下半连续性) $\mu(\varliminf_{n \to \infty} A_n) \leqslant \varliminf_{n \to \infty} \mu(A_n)$;

(2) (测度的上半连续性) 当 $\mu \left(\bigcup_{n=1}^{\infty} A_n \right) < +\infty$ 时,$\mu(\varlimsup_{n \to \infty} A_n) \geqslant \varlimsup_{n \to \infty} \mu(A_n)$;

(3) (测度的连续性) 当极限集 $A = \lim_{n \to \infty} A_n$ 存在,并且 $\mu \left(\bigcup_{n=1}^{\infty} A_n \right) < +\infty$ 时,$\mu A = \lim_{n \to \infty} \mu(A_n)$;

(4) 当 $\sum_{n=1}^{\infty} \mu A_n < +\infty$ 时,$\mu(\varlimsup_{n \to \infty} A_n) = \mu(\varliminf_{n \to \infty} A_n) = 0$.

41. 设 G 是开集,E 是零测度集,证明 $\bar{G} = \overline{(G \backslash E)}$.

42. 设 $E \in \mathscr{L}(\mathbf{R})$,$\mu E > 0$,证明存在 $x_1, x_2 \in E$,使得 $x_1 - x_2 \in \mathbf{R} \backslash \mathbf{Q}$,同时存在 $y_1, y_2 \in E$,使得 $0 \neq y_1 - y_2 \in \mathbf{Q}$.

第 2 章 可 测 函 数

本章给出可测函数的概念,并讨论它的性质,为下一章引入 Lebesgue 积分做准备.

2.1 简单函数与可测函数

1. 简单函数

简单函数在讨论可测函数时占有特殊的地位,可测函数实际上就是简单函数列的极限函数.

定义 2.1 设 $E \in \mathcal{L}(\mathbf{R})$,$\{E_i \mid i=1,2,\cdots,n\}$ 是 E 中互不相交的可测子集,并且 $E = \bigcup\limits_{i=1}^{n} E_i$,$f(x)$ 是定义在 E 上的函数,且

$$f(x) = c_i, \quad \text{当 } x \in E_i (i=1,2,3,\cdots,n),$$

其中 $c_i \in \mathbf{R}(i=1,2,3,\cdots,n)$,则称 $f(x)$ 是 E 上的简单函数.

例 2.1 记 E_0 是 $E=[0,1]$ 中的有理点集,则 E_0 及 $[0,1] \backslash E_0$ 都是可测集,于是 Dirichlet 函数

$$D(x) = \begin{cases} 1, & x \in E_0, \\ 0, & x \in [0,1] \backslash E_0 \end{cases}$$

是 E 上的简单函数.

例 2.2 设 χ_E 是可测集 E 的特征函数

$$\chi_E = \begin{cases} 1, & \text{当 } x \in E, \\ 0, & \text{当 } x \in E^C. \end{cases}$$

显然 χ_E 是 $\mathbf{R}$ 上的简单函数.

任意简单函数都可以用特征函数来表示. 设 $f(x)$ 是可测集 E 上的简单函数:

$$f(x) = c_i, \quad \text{当 } x \in E_i \quad (i=1,2,3,\cdots,n),$$

其中 $E_i \in \mathcal{L}(\mathbf{R})$ $(i=1,2,3,\cdots,n)$,$E_i \bigcap E_j = \varnothing$ $(i \neq j)$,且 $\bigcup\limits_{i=1}^{n} E_i = E$,则 $f(x)$ 可以表示为

$$f(x) = \sum_{i=1}^{n} c_i \chi_{E_i}(x).$$

简单函数对于四则运算是封闭的,即有下面的定理.

定理 2.1 设 $f(x)$ 与 $g(x)$ 是可测集 E 上的简单函数,则 $f(x) \pm g(x)$,

$f(x)g(x)$ 都是 E 上的简单函数；又当 $g(x) \neq 0$ 时，$\dfrac{f(x)}{g(x)}$ 也是 E 上的简单函数.

证明 设

$$f(x) = \sum_{i=1}^{n} a_i \chi_{A_i}(x), \quad E = \bigcup_{i=1}^{n} A_i, \quad A_i \bigcap A_k = \varnothing (i \neq k),$$

$$g(x) = \sum_{j=1}^{m} b_j \chi_{B_j}(x), \quad E = \bigcup_{j=1}^{m} B_j, \quad B_j \bigcap B_l = \varnothing (j \neq l).$$

显然

$$E = \Big(\bigcup_{i=1}^{n} A_i \Big) \bigcap \Big(\bigcup_{j=1}^{m} B_j \Big) = \bigcup_{i=1}^{n} \bigcup_{j=1}^{m} (A_i \bigcap B_j),$$

其中

$$\{ A_i \bigcap B_j \mid i = 1,2,3,\cdots,n; j = 1,2,3,\cdots,m \}$$

是 mn 个互不相交的可测集. 因为

$$f(x) \pm g(x) = \sum_{i=1}^{n} a_i \chi_{A_i}(x) \pm \sum_{j=1}^{m} b_j \chi_{B_j}(x)$$

$$= \sum_{i=1}^{n} a_i \chi_{\bigcup_{j=1}^{m}(A_i \bigcap B_j)}(x) \pm \sum_{j=1}^{m} b_j \chi_{\bigcup_{i=1}^{n}(A_i \bigcap B_j)}(x)$$

$$= \sum_{i=1}^{n} a_i \sum_{j=1}^{m} \chi_{A_i \bigcap B_j}(x) \pm \sum_{j=1}^{m} b_j \sum_{i=1}^{n} \chi_{B_j \bigcap A_i}(x)$$

$$= \sum_{i=1}^{n} \sum_{j=1}^{m} (a_i \pm b_j) \chi_{A_i \bigcap B_j}(x),$$

所以 $f(x) \pm g(x)$ 是简单函数.

又因为

$$f(x)g(x) = \Big(\sum_{i=1}^{n} a_i \chi_{A_i}(x) \Big) \Big(\sum_{j=1}^{m} b_j \chi_{B_j}(x) \Big)$$

$$= \sum_{i=1}^{n} a_i \sum_{j=1}^{m} b_j \chi_{B_j}(x) \chi_{A_i}(x)$$

$$= \sum_{i=1}^{n} a_i \sum_{j=1}^{m} b_j \chi_{A_i \bigcap B_j}(x)$$

$$= \sum_{i=1}^{n} \sum_{j=1}^{m} a_i b_j \chi_{A_i \bigcap B_j}(x),$$

所以 $f(x)g(x)$ 是简单函数.

当 $g(x) \neq 0$ 时，$b_j \neq 0 (j = 1,2,3,\cdots,m)$. 由于 $\forall x \in E = \bigcup_{i=1}^{n} \bigcup_{j=1}^{m} (A_i \bigcap B_j)$，存在 $i_0, j_0 (1 \leqslant i_0 \leqslant n, 1 \leqslant j_0 \leqslant m)$，使得 $x \in A_{i_0} \bigcap B_{j_0}$，于是

$$\frac{f(x)}{g(x)} = \frac{\sum\limits_{i=1}^{n} a_i \chi_{A_i}(x)}{\sum\limits_{j=1}^{m} b_j \chi_{B_j}(x)} = \frac{a_{i_0}}{b_{j_0}},$$

故

$$\frac{f(x)}{g(x)} = \sum_{i=1}^{n} \sum_{j=1}^{m} \frac{a_i}{b_j} \chi_{A_i \cap B_j}(x),$$

所以 $\dfrac{f(x)}{g(x)}(g(x) \neq 0)$ 也是简单函数.

2. 可测函数

定义 2.2 设 $E \in \mathscr{L}(\mathbf{R})$. 对广义实函数 $f: E \to \overline{\mathbf{R}} = [-\infty, +\infty]$,如果 $\forall c \in \mathbf{R}$,集合

$$E[f > c] = \{x \in E \mid f(x) > c\} = f^{-1}(c, +\infty]$$

是可测集,则称 $f(x)$ 是 E 上的 Lebesgue 可测函数,简称为可测函数,或称 $f(x)$ 在 E 上可测.

由可测函数的定义以及定理 1.18(Q_4)可知,定义在零测度集上的函数都是可测函数.

例 2.3 可测集上的常数函数是可测函数. 设 $E \in \mathscr{L}(\mathbf{R})$,$f(x) \equiv k(\forall x \in E)$,则 $\forall c \in \mathbf{R}$,

$$E[f > c] = \begin{cases} E, & k > c, \\ \varnothing, & k \leqslant c. \end{cases}$$

所以 $f(x)$ 是 E 上的可测函数.

例 2.4 可测集上的特征函数是可测函数. 设 $E \in \mathscr{L}(\mathbf{R})$,$f(x) = \chi_E(x)$,则 $\forall c \in \mathbf{R}$,

$$R[f > c] = \begin{cases} \mathbf{R}, & c < 0, \\ E, & 0 \leqslant c < 1, \\ \varnothing, & c \geqslant 1. \end{cases}$$

所以 $f(x)$ 是 $\mathbf{R}$ 上的可测函数.

注 设 E 是 $\mathbf{R}$ 上的不可测集合,$f(x) = \chi_E(x)$,则 $f(x)$ 是 $\mathbf{R}$ 上的不可测函数.事实上,当 $0 \leqslant c < 1$ 时,$R[f > c] = E$ 不可测.

定理 2.2 设 $E \in \mathscr{L}(\mathbf{R})$,函数 $f: E \to \overline{\mathbf{R}}$,则 $f(x)$ 是 E 上的可测函数与下列任一条件等价:

(1) $\forall c \in \mathbf{R}$,$E[f \geqslant c] = \{x \in E \mid f(x) \geqslant c\}$ 是可测集;

(2) $\forall c \in \mathbf{R}$,$E[f < c] = \{x \in E \mid f(x) < c\}$ 是可测集;

(3) $\forall c \in \mathbf{R}, E[f \leqslant c] = \{x \in E \mid f(x) \leqslant c\}$ 是可测集;

(4) $\forall a, b \in \mathbf{R}$ 且 $a < b$, $E[a \leqslant f < b] = \{x \in E \mid a \leqslant f(x) < b\}$ 和 $E[f = +\infty]$ 都是可测集,其中 $E[f = +\infty] = \{x \in E \mid f(x) = +\infty\}$.

证明 由

$$E[f \geqslant c] = \bigcap_{n=1}^{\infty} E\left[f > c - \frac{1}{n}\right],$$

$$E[f > c] = \bigcup_{n=1}^{\infty} E\left[f \geqslant c + \frac{1}{n}\right].$$

可知 f 是 E 上的可测函数与条件(1)等价.

由 $E[f < c] = E \setminus E[f \geqslant c]$ 可见条件(2)与条件(1)等价.

由 $E[f \leqslant c] = E \setminus E[f > c]$ 可知,f 是 E 上的可测函数与条件(3)等价.

下面证明条件(1)与条件(4)等价. 如果 $f(x)$ 是 E 上的可测函数,由于

$$E[a \leqslant f < b] = E[f \geqslant a] \setminus E[f \geqslant b],$$

$$E[f = +\infty] = \bigcap_{n=1}^{\infty} E[f \geqslant n]$$

及条件(1)可得 $E[a \leqslant f < b]$ 和 $E[f = +\infty]$ 是可测集. 反之,由于

$$E[f \geqslant c] = \left(\bigcup_{n=1}^{\infty} E[c \leqslant f < c + n]\right) \cup E[f = +\infty],$$

可知结论成立.

定理 2.3 (1)设 $f(x)$ 是 E 上的可测函数,E_0 是 E 的可测子集,如果将 $f(x)$ 看作定义在 E_0 上的函数,即将 $f(x)$ 限制在 E_0 上,记为 $f|_{E_0}(x)$,那么 $f|_{E_0}(x)$ 是 E_0 上的可测函数;

(2)设 $E = \bigcup_{i=1}^{\infty} E_i$,其中 $E_i (i \in \mathbf{N})$ 都是可测集,如果 $f(x)$ 在 $E_i (i \in \mathbf{N})$ 都可测,则 $f(x)$ 是 E 上的可测函数.

证明 (1)由于 $\forall c \in \mathbf{R}$,

$$E_0[f > c] = E[f > c] \cap E_0$$

是可测集,故 $f(x)$ 是 E_0 上的可测函数.

(2)由于 $\forall c \in \mathbf{R}$,

$$E[f > c] = \bigcup_{i=1}^{\infty} E_i[f > c]$$

是可测集,故 $f(x)$ 是 $E = \bigcup_{i=1}^{\infty} E_i$ 上的可测函数.

定理 2.4 可测集上的单调函数是可测的.

证明 不妨设 $f(x)$ 是可测集 E 上的单调增加函数. $\forall c \in \mathbf{R}$,如果 $E[f > c] = \varnothing$,则 $E[f > c]$ 可测. 如果 $E[f > c] \neq \varnothing$,记 $a = \inf E[f > c] \geqslant -\infty$,这时分两种情形来讨论.

(1) $a \notin E[f > c]$ 的情形.

如果 $x \in E[f > c]$，则 $x \in E$ 并且 $x > a$ ，从而
$$E[f > c] \subset E \cap (a, +\infty).$$

如果 $x \in E \cap (a, +\infty)$，则 $x \in E$ 并且 $x > a$ ，于是存在 $x_1 \in E[f > c]$，使得 $a < x_1 < x$. 因此 $c < f(x_1) \leqslant f(x)$，故 $x \in E[f > c]$，即
$$E \cap (a, +\infty) \subset E[f > c].$$
所以当 $a \notin E[f > c]$ 时，$E[f > c] = E \cap (a, +\infty)$.

(2) $a \in E[f > c]$ 的情形.

如果 $x \in E[f > c]$，则 $x \in E$ 并且 $x \geqslant a$ ，从而
$$E[f > c] \subset E \cap [a, +\infty).$$

如果 $x \in E \cap [a, +\infty)$，则 $x \in E$ 并且 $x \geqslant a$. 如果 $x = a$，那么 $x \in E[f > c]$. 如果 $x > a$，与前面(1)中相应部分的证明相同，仍有 $x \in E[f > c]$. 因此
$$E \cap [a, +\infty) \subset E[f > c].$$
所以当 $a \in E[f > c]$ 时，$E[f > c] = E \cap [a, +\infty)$.

综上所述，可知 $f(x)$ 是可测函数.

2.2　可测函数的性质

1. 可测函数的运算

定理 2.5　设 $f(x), g(x)$ 都是 E 上的可测函数，则 $f(x) \pm g(x), kf(x)$（k 为任意实数），$f(x)g(x)$ 以及 $\dfrac{f(x)}{g(x)}$（在 E 上 $g(x) \neq 0$）都是 E 上的可测函数.

证明　首先证明 $\forall c \in \mathbf{R}$ ，
$$E[f + g > c] = \bigcup_{n=1}^{\infty} (E[f > r_n] \cap E[g > c - r_n]),$$
其中 $\{r_n \mid n \in \mathbf{N}\}$ 为全体有理数.

事实上，对 $x_0 \in E[f + g > c]$，由于 $f(x_0) + g(x_0) > c$，于是存在有理数 r_n，使得 $f(x_0) > r_n > c - g(x_0)$. 所以
$$x_0 \in E[f > r_n] \cap E[g > c - r_n],$$
从而
$$E[f + g > c] \subset \bigcup_{n=1}^{\infty} (E[f > r_n] \cap E[g > c - r_n]).$$
相反包含关系显然. 故 $f(x) + g(x)$ 是可测函数.

当 $k = 0$ 时，$kf(x) \equiv 0$ 显然在 E 上可测. 而当 $k \neq 0$ 时，$\forall c \in \mathbf{R}$ ，
$$E[kf > c] = \begin{cases} E\left[f > \dfrac{c}{k}\right], & \text{当 } k > 0, \\ E\left[f < \dfrac{c}{k}\right], & \text{当 } k < 0 \end{cases}$$

是可测集，从而 $kf(x)$ 是可测函数. 由前面的证明容易看出 $f(x)-g(x)$ 也是可测函数.

因为 $\forall c \in \mathbf{R}$，

$$E[f^2 > c] = \begin{cases} E[f > \sqrt{c}] \cup E[f < -\sqrt{c}], & c \geqslant 0, \\ E, & c < 0, \end{cases}$$

所以 $f^2(x)$ 在 E 可测. 而

$$f \cdot g = \frac{1}{4}((f+g)^2 - (f-g)^2),$$

因此 $f(x)g(x)$ 是可测函数.

因为 $\forall c \in \mathbf{R}$，

$$E\left[\frac{1}{g} > c\right] = \begin{cases} E\left[g < \frac{1}{c}\right] \cap E[g > 0], & \text{当 } c > 0, \\ E[g > 0] \cup E\left[g < \frac{1}{c}\right], & \text{当 } c < 0, \\ E[g > 0] \backslash E[g = +\infty], & \text{当 } c = 0, \end{cases}$$

因此 $\dfrac{1}{g(x)}$ 可测，从而 $\dfrac{f(x)}{g(x)}$ 是可测函数.

因为可测集上的特征函数是可测的，而简单函数可以用特征函数来线性表示，所以简单函数是可测函数.

定理 2.6 设在可测集 E 上 $f(x) \overset{\text{a.e.}}{=} g(x)$. 如果 $f(x)$ 是可测函数，那么 $g(x)$ 也是可测函数.

证明 记 $E_0 = E[f \neq g]$，$E_1 = E \backslash E_0$. 于是 $\forall c \in \mathbf{R}$，

$$E[g > c] = E_0[g > c] \cup E_1[g > c] = E_0[g > c] \cup E_1[f > c].$$

因为 $f(x) \overset{\text{a.e.}}{=} g(x)$，所以 $\mu E_0 = 0$. 根据测度的完备性可知，E_0 的子集 $E_0[g > c]$ 是可测集. 如果 $f(x)$ 可测，由定理 2.3(1) 知 $E_1[f > c]$ 是可测集. 因此 $E[g > c]$ 是可测集，即 $g(x)$ 也是可测函数.

可见改变函数在一个零测度集上的函数值，不影响函数的可测性.

定理 2.7 设 $\{f_n(x) \mid n \in \mathbf{N}\}$ 是 E 上一列可测函数，那么

(1) 如果记

$$M(x) = \sup_n f_n(x), \quad m(x) = \inf_n f_n(x),$$

则 $M(x)$ 和 $m(x)$ 都是 E 上的可测函数；

(2) 如果记

$$g(x) = \varlimsup_{n \to \infty} f_n(x), \quad h(x) = \varliminf_{n \to \infty} f_n(x),$$

则 $g(x)$ 和 $h(x)$ 都是 E 上的可测函数. 特别当 $\{f_n(x)\}$ 收敛，即 $g(x) = h(x)$ 时，极限函数

$$f(x) = \lim_{n \to \infty} f_n(x)$$

可测.

证明 (1)由函数 $M(x)$ 和 $m(x)$ 的定义，$\forall c \in \mathbf{R}$，

$$E[M \leqslant c] = \bigcap_{n=1}^{\infty} E[f_n \leqslant c].$$

因为 $\forall x \in E[M \leqslant c]$，有 $\sup_n f_n(x) \leqslant c$，故 $\forall n \in \mathbf{N}, f_n(x) \leqslant c$，因此 $x \in \bigcap_{n=1}^{\infty} E[f_n \leqslant c]$，从而 $E[M \leqslant c] \subset \bigcap_{n=1}^{\infty} E[f_n \leqslant c]$；又因为 $\forall x \in \bigcap_{n=1}^{\infty} E[f_n \leqslant c]$，有 $\forall n \in \mathbf{N}, f_n(x) \leqslant c$. 于是 $\sup_n f_n(x) \leqslant c$，所以 $x \in E[M \leqslant c]$，故 $E[M \leqslant c] \supset \bigcap_{n=1}^{\infty} E[f_n \leqslant c]$.

同理可得

$$E[m \geqslant c] = \bigcap_{n=1}^{\infty} E[f_n \geqslant c].$$

所以 $E[M \leqslant c]$ 和 $E[m \geqslant c]$ 都是可测集，因而 $M(x)$ 和 $m(x)$ 都是可测函数.

(2)记

$$M_n(x) = \sup_{k \geqslant n} f_k(x) = \sup\{f_n(x), f_{n+1}(x), \cdots\},$$

所以

$$g(x) = \overline{\lim_{n \to \infty}} f_n(x) = \lim_{n \to \infty} M_n(x) = \inf_n M_n(x) = \inf_n \{\sup_{k \geqslant n} f_k(x)\}.$$

由(1)知 $g(x)$ 是可测函数. 同理

$$h(x) = \sup_n \{\inf_{k \geqslant n} f_k(x)\}$$

也是可测函数.

推论 1 设 $\{f_n(x) \mid n \in \mathbf{N}\}$ 是 E 上可测函数列，且在 E 上几乎处处收敛于函数 $f(x)$，即

$$\lim_{n \to \infty} f_n(x) \overset{\text{a. e.}}{=} f(x),$$

则 $f(x)$ 是 E 上的可测函数.

证明 记

$$E_0 = \{x \mid x \in E \text{ 且 } f_n(x) \text{ 不收敛到 } f(x)\},$$

则 $\mu E_0 = 0$. 当 $x \in E_1 = E \backslash E_0$ 时，$\lim_{n \to \infty} f_n(x) = f(x)$. 由定理 2.7 知 $f(x)$ 在 E_1 上可测. 于是 $\forall c \in \mathbf{R}$，

$$E[f > c] = E_0[f > c] \cup E_1[f > c]$$

是可测集，从而 $f(x)$ 是 E 上的可测函数.

由定理 2.5 和定理 2.7 知，可测函数类不仅对四则运算封闭，而且对极限运算也封闭.

称函数

$$f^+(x) = \max\{f(x), 0\}, \quad f^-(x) = \max\{-f(x), 0\}$$

分别为 $f(x)$ 的正部和负部. 显然 $f^+(x)$ 与 $f^-(x)$ 都是非负函数，且
$$f(x) = f^+(x) - f^-(x), \quad |f(x)| = f^+(x) + f^-(x).$$
于是由定理 2.2 和定理 2.4(1) 可得下面推论.

推论 2　设 $f(x)$ 是可测集 E 上的函数.

(1) $f(x)$ 可测当且仅当 $f^+(x)$ 与 $f^-(x)$ 都在 E 上可测；

(2) 如果 $f(x)$ 可测，那么 $|f(x)|$ 在 E 上可测.

2. 可测函数的构造

我们可以构造简单函数列去逼近可测函数.

引理 2.1　设 $f(x)$ 是 E 上的非负可测函数，则存在 E 上非负递增的简单函数列 $\{\varphi_n(x) \mid n \in \mathbf{N}\}$：
$$0 \leqslant \varphi_1(x) \leqslant \varphi_2(x) \leqslant \cdots \leqslant \varphi_n(x) \leqslant \cdots$$
使得 $\forall x \in E$,
$$\lim_{n \to \infty} \varphi_n(x) = f(x).$$

证明　首先构造非负简单函数列 $\{\varphi_n(x) \mid n \in \mathbf{N}\}$. $\forall n \in \mathbf{N}$，定义
$$\varphi_n(x) = \begin{cases} \dfrac{r-1}{2^n}, & \dfrac{r-1}{2^n} \leqslant f(x) < \dfrac{r}{2^n}, \quad r = 1, 2, 3, \cdots, n2^n, \\ n, & f(x) \geqslant n. \end{cases}$$
记
$$E_{n,r} = E\Big[\frac{r-1}{2^n} \leqslant f < \frac{r}{2^n}\Big], \quad r = 1, 2, 3, \cdots, n2^n.$$
显然
$$E = \Big(\bigcup_{r=1}^{n2^n} E_{n,r}\Big) \cup E[f \geqslant n].$$

由于
$$E_{n,r} = E\Big[\frac{2r-2}{2^{n+1}} \leqslant f < \frac{2r-1}{2^{n+1}}\Big] \cup E\Big[\frac{2r-1}{2^{n+1}} \leqslant f < \frac{2r}{2^{n+1}}\Big] = E_{n+1,2r-1} \cup E_{n+1,2r},$$
并且当 $x \in E_{n+1,2r-1}$ 时，
$$\varphi_{n+1}(x) = \frac{2r-2}{2^{n+1}} = \frac{r-1}{2^n} = \varphi_n(x),$$
当 $x \in E_{n+1,2r}$ 时，
$$\varphi_{n+1}(x) = \frac{2r-1}{2^{n+1}} = \frac{r}{2^n} - \frac{1}{2^{n+1}} > \frac{r-1}{2^n} = \varphi_n(x),$$
于是 $x \in E_{n,r}(r = 1, 2, 3, \cdots, n2^n)$ 时，$\varphi_n(x) \leqslant \varphi_{n+1}(x)$.

此外，由于
$$E[f \geqslant n] = \Big(\bigcup_{k=n2^{n+1}}^{(n+1)2^{n+1}-1} E\Big[\frac{k}{2^{n+1}} \leqslant f < \frac{k+1}{2^{n+1}}\Big]\Big) \cup E[f \geqslant n+1],$$

也可以得到，当 $x \in E[f \geqslant n]$ 时，$\varphi_n(x) \leqslant \varphi_{n+1}(x)$.

综上所述，当 $x \in E$ 时，$0 \leqslant \varphi_n(x) \leqslant \varphi_{n+1}(x) \leqslant f(x)$.

下面证明 $\lim\limits_{n \to \infty} \varphi_n(x) = f(x)$. 事实上，$\forall x_0 \in E$，如果 $f(x_0) < +\infty$，那么存在 $n_0 \in \mathbf{N}$，使得 $f(x_0) < n_0$，故对 $n \geqslant n_0$，有 $f(x_0) < n_0 \leqslant n$，于是

$$0 \leqslant f(x_0) - \varphi_n(x_0) < \frac{r}{2^n} - \frac{r-1}{2^n} = \frac{1}{2^n},$$

因而 $\lim\limits_{n \to \infty} \varphi_n(x_0) = f(x_0)$；如果 $f(x_0) = +\infty$，则 $\forall n \in \mathbf{N}, \varphi_n(x_0) = n$，所以

$$\lim\limits_{n \to \infty} \varphi_n(x_0) = +\infty = f(x_0).$$

注 在引理 2.1 中，当 $f(x)$ 在 E 上有界时，$\lim\limits_{n \to \infty} \varphi_n(x) = f(x)$ 是一致收敛的. 事实上，设存在常数 $M > 0$，使得 $f(x) \leqslant M$，$\forall x \in E$. 于是当 $n > M$ 时，对任意的 $x \in E$，存在 $r \in \{1, 2, 3, \cdots, n2^n\}$，使得

$$\frac{r-1}{2^n} \leqslant f(x) < \frac{r}{2^n},$$

而 $\varphi_n(x) = \frac{r-1}{2^n}$，所以

$$0 \leqslant f(x) - \varphi_n(x) < \frac{1}{2^n},$$

故 $\lim\limits_{n \to \infty} \varphi_n(x) = f(x)$ 是一致的.

定理 2.8 设 $E \in \mathscr{L}(\mathbf{R})$，则 $f(x)$ 是 E 上的可测函数当且仅当 $f(x)$ 可以表示成一列简单函数 $\{\varphi_n(x) \mid n \in \mathbf{N}\}$ 的极限

$$f(x) = \lim\limits_{n \to \infty} \varphi_n(x).$$

证明 设 $f^+(x)$ 与 $f^-(x)$ 分别是 $f(x)$ 的正部和负部. 如果 $f(x)$ 是可测函数，则 $f^+(x)$ 与 $f^-(x)$ 都是非负可测函数，且 $f(x) = f^+(x) - f^-(x)$. 由引理 2.1，存在非负递增简单函数列 $\{\varphi_n^+(x)\}$ 和 $\{\varphi_n^-(x)\}$，使得

$$f^+(x) = \lim\limits_{n \to \infty} \varphi_n^+(x), \quad f^-(x) = \lim\limits_{n \to \infty} \varphi_n^-(x).$$

令

$$\varphi_n(x) = \varphi_n^+(x) - \varphi_n^-(x),$$

则 $\varphi_n(x)$ 是简单函数，并且

$$f(x) = f^+(x) - f^-(x) = \lim\limits_{n \to \infty} \varphi_n^+(x) - \lim\limits_{n \to \infty} \varphi_n^-(x)$$
$$= \lim\limits_{n \to \infty} (\varphi_n^+(x) - \varphi_n^-(x)) = \lim\limits_{n \to \infty} \varphi_n(x).$$

反之，如果 $f(x)$ 可以表示成一列简单函数 $\{\varphi_n(x)\}$ 的极限

$$f(x) = \lim\limits_{n \to \infty} \varphi_n(x),$$

由于简单函数是可测的，根据定理 2.7(2)，可知 $f(x)$ 是可测函数.

注 根据引理 2.1 的注可知，当 $f(x)$ 在 E 上有界时，定理 2.8 中的极限

$\lim\limits_{n\to\infty}\varphi_n(x)=f(x)$ 是一致收敛的.

例 2.5　设 $E\in\mathscr{L}(\mathbf{R})$, $f:E\times\mathbf{R}\to\mathbf{R}$. 如果函数 $f(x,y)$ 关于 x 可测, 关于 y 连续, 则对 E 上的任意可测函数 $\varphi(x)$, $f(x,\varphi(x))$ 是 E 上的可测函数.

证明　如果 $\varphi(x)$ 是 E 上的简单函数, 即

$$\varphi(x)=\sum_{i=1}^{n}c_i\chi_{E_i}(x),$$

其中 $\{E_i\,|\,i=1,2,3,\cdots,n\}$ 是互不相交的可测集, 且 $\bigcup\limits_{i=1}^{n}E_i=E$.

因为 $f(x,c_i)(i=1,2,3,\cdots,n)$ 是 E_i 上的可测函数, 所以 $f(x,\varphi(x))$ 是 E_i 上的可测函数. 根据定理 2.3(2), $f(x,\varphi(x))$ 是 E 上的可测函数.

对于 E 上的任意可测函数 $\varphi(x)$, 由定理 2.8 可知, 存在简单函数列 $\{\varphi_n(x)\}$ 使得 $\varphi(x)=\lim\limits_{n\to\infty}\varphi_n(x)$. 从前面的证明知, $f(x,\varphi_n(x))$ 是 E 上的可测函数. 又因为函数 $f(x,y)$ 关于 y 连续, 所以

$$\lim_{n\to\infty}f(x,\varphi_n(x))=f(x,\varphi(x)),$$

从而由定理 2.7(2), $f(x,\varphi(x))$ 是 E 上的可测函数.

连续函数是一类非常重要的函数, 下面考虑定义在可测集 E 上函数的连续性.

定义 2.3　设 $E\in\mathscr{L}(\mathbf{R})$, $x_0\in E$, 函数 $f:E\to\mathbf{R}$. 如果 $\forall\varepsilon>0$, 存在 $\delta>0$, 当 $x\in N(x_0,\delta)\bigcap E$ 时,

$$|f(x)-f(x_0)|<\varepsilon,$$

则称 $f(x)$ 在点 x_0 处连续. 如果 $f(x)$ 在 E 的每一点连续, 就称 $f(x)$ 在 E 上连续. E 上连续函数的全体记为 $C(E)$.

显然当 x_0 是 E 的孤立点时, $f(x)$ 必定在 x_0 连续. $f(x)$ 在点 x_0 处连续等价于集 E 中任意一列收敛于 x_0 的点列 $\{x_n\,|\,n\in\mathbf{N}\}$, 有 $\lim\limits_{n\to\infty}f(x_n)=f(x_0)$.

定理 2.9　可测集上的连续函数是可测的.

证明　设 $f(x)$ 在可测集 E 上连续. $\forall c\in\mathbf{R}$, 取 $x_0\in E[f>c]$, 于是 $f(x_0)>c$. 由于 $f(x)$ 连续, 所以存在 x_0 的邻域 $N(x_0)$, 使当 $x\in N(x_0)\bigcap E$ 时, 有 $f(x)>c$, 因而 $N(x_0)\bigcap E\subset E[f>c]$.

令 $G=\bigcup\limits_{x\in E[f>c]}N(x)$, 则 G 是开集且 $E[f>c]\subset G$, 于是

$$E[f>c]\subset G\bigcap E=\Big(\bigcup_{x\in E[f>c]}N(x)\Big)\bigcap E$$
$$=\bigcup_{x\in E[f>c]}(N(x)\bigcap E)\subset E[f>c].$$

所以

$$E[f>c]=G\bigcap E.$$

故 $E[f>c]$ 是可测集, 从而 $f(x)$ 是可测函数.

下面的 Lusin 定理揭示了可测函数与连续函数的关系.

定理 2.10（Lusin 定理） 设 $f(x)$ 是 E 上几乎处处有限的可测函数，则 $\forall \varepsilon > 0$，存在闭集 $F_\varepsilon \subset E$，满足 $\mu(E \backslash F_\varepsilon) < \varepsilon$，使得 $f(x)$ 限制在 F_ε 上是连续函数，即 $f \in C(F_\varepsilon)$.

证明 不妨设 $f(x)$ 在 E 上处处有限. 如果 $f(x)$ 是 E 上的简单函数，即

$$f(x) = \sum_{i=1}^{n} c_i \chi_{E_i}(x),$$

其中每个 E_i 都可测，$E_i \cap E_j = \varnothing \ (i \neq j)$，且 $\bigcup_{i=1}^{n} E_i = E$，则 $\forall \varepsilon > 0$，根据定理 1.18(Q_6)，存在闭集 F_i，使得 $F_i \subset E_i$，并且

$$\mu(E_i \backslash F_i) < \frac{\varepsilon}{n} \quad (i = 1,2,3,\cdots,n).$$

令 $F_\varepsilon = \bigcup_{i=1}^{n} F_i$，则 F_ε 是闭集，并且

$$\mu(E \backslash F_\varepsilon) = \mu\Big(\bigcup_{i=1}^{n}(E_i \backslash F_i)\Big) = \sum_{i=1}^{n}\mu(E_i \backslash F) < \varepsilon.$$

任取 $x_0 \in F_\varepsilon = \bigcup_{i=1}^{n} F_i$，则存在 $1 \leqslant i_0 \leqslant n$，使得 $x_0 \in F_{i_0}$. 注意到 $F_i (i=1,2,3,\cdots,n)$ 是有限个互不相交的闭集，根据定理 1.16，存在常数 $\delta > 0$，使得

$$d(x_0, F_i) > \delta \quad (i \neq i_0; i = 1,2,3,\cdots,n).$$

于是存在 x_0 的 δ 邻域 $N(x_0, \delta)$，

$$N(x_0, \delta) \cap F = (x_0 - \delta, x_0 + \delta) \cap F = (x_0 - \delta, x_0 + \delta) \cap F_{i_0}.$$

而 $f(x)$ 在 F_{i_0} 上是常数，所以 $f(x)$ 在 x_0 处连续，即 $f(x)$ 在 F_ε 处连续.

如果 $f(x)$ 是 E 上有界可测函数，根据定理 2.8 及其注，存在简单函数列 $\{\varphi_n(x)\}$，使得

$$f(x) = \lim_{n \to \infty} \varphi_n(x)$$

是一致收敛的. 于是 $\forall \varepsilon > 0$，对每个 $\varphi_n(x)$，存在闭集 $F_n \subset E$，使得

$$\mu(E \backslash F_n) < \frac{\varepsilon}{2^{n+1}},$$

并且 $\varphi_n(x)$ 限制在 F_n 上连续. 令 $F_\varepsilon = \bigcap_{n=1}^{\infty} F_n$，则 F_ε 是闭集，并且

$$\mu(E \backslash F_\varepsilon) = \mu\Big(\bigcup_{n=1}^{\infty}(E \backslash F_n)\Big) \leqslant \sum_{n=1}^{\infty}\mu(E \backslash F_n) \leqslant \sum_{n=1}^{\infty}\frac{\varepsilon}{2^{n+1}} = \frac{\varepsilon}{2} < \varepsilon.$$

又因为每个 $\varphi_n(x)$ 限制在 F_ε 上连续，$\varphi_n(x)$ 在 F_ε 上一致收敛到 $f(x)$，从而 $f(x)$ 在 F_ε 上连续.

如果 $f(x)$ 是 E 上无界可测函数，令

$$g(x) = \frac{f(x)}{1 + |f(x)|}.$$

显然 $|g(x)|<1$，即 $g(x)$ 是 E 上有界可测函数. 于是 $\forall\varepsilon>0$，存在闭集 $F_\varepsilon\subset E$，满足 $\mu(E\backslash F_\varepsilon)<\varepsilon$，使得 $g(x)$ 在 F_ε 上连续.

由于 $g(x)$ 和 $f(x)$ 同号，故 $g(x)|f(x)|=|g(x)|f(x)$，所以

$$f(x)=\frac{g(x)}{1-|g(x)|}.$$

从而 $f(x)$ 在 F_ε 上连续.

例 2.6　考虑例 2.1 中的 Dirichlet 函数 $D(x)$. $E_0=\{x_1,x_2,\cdots,x_n,\cdots\}$ 是 $E=[0,1]$ 中的有理点集，$\forall\varepsilon>0$，取 x_n 的邻域 $N\left(x_n,\dfrac{\varepsilon}{2^{n+2}}\right)(\forall n\in\mathbf{N})$. 记

$$F_\varepsilon=E\backslash\left(\bigcup_{n=1}^\infty N\left(x_n,\frac{\varepsilon}{2^{n+2}}\right)\right),$$

则 F_ε 是 E 的闭集，并且

$$\mu(E\backslash F_\varepsilon)\leqslant\sum_{n=1}^\infty\mu\left(N\left(x_n,\frac{\varepsilon}{2^{n+2}}\right)\right)=\sum_{n=1}^\infty\frac{\varepsilon}{2^{n+1}}=\frac{\varepsilon}{2}<\varepsilon.$$

而在 F_ε 上，$D(x)\equiv0$ 是连续函数.

引理 2.2（Tietze 扩张定理）　设 $F\subset\mathbf{R}$ 是非空闭集. 如果 $f\in C(F)$，则存在 $g\in C(\mathbf{R})$，使得 $g|_F(x)=f(x)$，即 $\forall x\in F$，$g(x)=f(x)$，并且

$$\sup_{x\in\mathbf{R}}|g(x)|=\sup_{x\in F}|f(x)|.$$

这个引理的证明见《实变函数与泛函分析》（郭大钧等　1986）或在 $\mathbf{R}^n$ 中更一般的结论见《实变函数》（胡适耕　1999）.

推论　设 $f(x)$ 是 E 上几乎处处有限的可测函数，则 $\forall\varepsilon>0$，存在 $g\in C(\mathbf{R})$，使得 $\mu E[f\neq g]<\varepsilon$，并且

$$\sup_{x\in\mathbf{R}}|g(x)|\leqslant\sup_{x\in E}|f(x)|.$$

证明　由 Lusin 定理，$\forall\varepsilon>0$，存在闭集 $F_\varepsilon\subset E$，满足 $\mu(E\backslash F_\varepsilon)<\varepsilon$，使得 $f\in C(F_\varepsilon)$. 再根据引理 2.2，存在 $g\in C(\mathbf{R})$，使得 $g|_{F_\varepsilon}(x)=f(x)$. 于是

$$E[f\neq g]\subset E\backslash F_\varepsilon,\quad\sup_{x\in\mathbf{R}}|g(x)|=\sup_{x\in F_\varepsilon}|f(x)|,$$

从而

$$\mu E[f\neq g]\leqslant\mu(E\backslash F_\varepsilon)<\varepsilon,\quad\sup_{x\in\mathbf{R}}|g(x)|=\sup_{x\in F_\varepsilon}|f(x)|\leqslant\sup_{x\in E}|f(x)|.$$

注　Lusin 定理的结论不能改为：存在闭集 $F_0\subset E$，满足 $\mu(E\backslash F_0)=0$，使得 $f(x)$ 限制在 F_0 上是连续函数. 否则，由上面推论的证明可知，存在 $g\in C(\mathbf{R})$，使得 $\mu E[f\neq g]=0$. 但是我们取 $E=[-1,1]$ 上的函数

$$f(x)=\begin{cases}1,&x\in[0,1],\\0,&x\in[-1,0].\end{cases}$$

因为 $g(x)$ 连续，所以存在 $0<\delta<0$，使得当 $|x|<\delta$ 时，$|g(x)-g(0)|<\dfrac{1}{4}$. 于是

当 $|g(0)| \geqslant \frac{1}{2}$ 时,$|g(x)| > \frac{1}{4}$,然而 $x \in (-\delta, 0)$ 时,$f(x) = 0$,故 $(-\delta, 0) \subset$
$E[f \neq g]$;当 $|g(0)| \leqslant \frac{1}{2}$ 时,$|g(x)| < \frac{3}{4}$,然而 $x \in (0, \delta)$ 时,$f(x) = 1$,故 $(0, \delta)$
$\subset E[f \neq g]$. 总之,$\mu E[f \neq g] \geqslant \delta$,与 $\mu E[f \neq g] = 0$ 矛盾.

定理 2.11(Fréchet 定理)　设 $f(x)$ 是可测集 E 上几乎处处有限的函数,则 $f(x)$ 可测当且仅当存在函数列 $\{f_n \mid n \in \mathbf{N}\} \subset C(\mathbf{R})$,使得在 E 上,$f_n(x) \overset{\text{a.e.}}{\to} f(x)$.

证明　如果 $f(x)$ 是可测函数,由 Lusin 定理的推论可知,$\forall n \in \mathbf{N}$,存在 $f_n \in C(\mathbf{R})$,使得

$$\mu E[f \neq f_n] < 2^{-n}.$$

令 $A = \varlimsup_{n \to \infty} E[f \neq f_n] = \bigcap_{n=1}^{\infty} \bigcup_{k=n}^{\infty} E[f \neq f_k]$,因为

$$\mu \Big(\bigcup_{k=1}^{\infty} E[f \neq f_k] \Big) \leqslant \sum_{k=1}^{\infty} \mu E[f \neq f_k] = \sum_{k=1}^{\infty} \frac{1}{2^k} = 1,$$

则由测度的上连续性和次可加性得

$$\mu A = \mu \Big(\bigcap_{n=1}^{\infty} \bigcup_{k=n}^{\infty} E[f \neq f_k] \Big) = \lim_{n \to \infty} \mu \Big(\bigcup_{k=n}^{\infty} E[f \neq f_k] \Big)$$

$$\leqslant \lim_{n \to \infty} \sum_{k=n}^{\infty} \mu E[f \neq f_k] \leqslant \lim_{n \to \infty} \sum_{k=n}^{\infty} 2^{-k} = 0.$$

又因为

$$E \backslash A = E \backslash \Big(\bigcap_{n=1}^{\infty} \bigcup_{k=n}^{\infty} E[f \neq f_k] \Big) = \bigcup_{n=1}^{\infty} \bigcap_{k=n}^{\infty} E[f = f_k] = \varliminf_{n \to \infty} E[f = f_k],$$

即 $\forall x \in E \backslash A$,存在 $n_0 \in \mathbf{N}$,使得当 $n \geqslant n_0$ 时,$f_n(x) = f(x)$,所以在 $E \backslash A$ 上

$$f_n(x) \to f(x) \quad (n \to \infty).$$

从而当 $n \to \infty$ 时,$f_n(x) \overset{\text{a.e.}}{\to} f(x)$.

反之,设存在函数列 $\{f_n\} \subset C(\mathbf{R})$,使得在 E 上,$f_n(x) \overset{\text{a.e.}}{\to} f(x)$. 由于 $f_n(x)$ 在 E 上也是连续的,从而可测,于是根据定理 2.7 的推论 1 知,$f(x)$ 是 E 上的可测函数.

2.3　可测函数列的收敛性

下面的 Egoroff 定理表明,可测集 E 上函数列的几乎处处收敛,在去掉测度很小的集后,就是一致收敛.

定理 2.12(Egoroff 定理)　设 $E \in \mathcal{L}(\mathbf{R})$,$\mu E < +\infty$. 如果 $f_n(x)(n \in \mathbf{N})$ 和 $f(x)$ 都是 E 上几乎处处有限的可测函数,并且

$$\lim_{n\to\infty} f(x) \overset{\text{a. e.}}{=} f(x),$$

则 $\forall\delta>0$，存在可测集 $E_\delta\subset E$，满足 $\mu(E\backslash E_\delta)<\delta$，使得在 E_δ 上 $f_n(x)$ 一致收敛到 $f(x)$.

证明　不妨设 $f_n(x)(n\in\mathbf{N})$ 和 $f(x)$ 都是 E 上的有限函数. $\forall\delta>0$ 和 $r\in\mathbf{N}$，令

$$E_{n,r} = E\Big[\,|f_n-f|\geqslant\frac{1}{2^r}\,\Big],$$

容易验证当

$$x\in\varlimsup_{n\to\infty} E_{n,r} = \bigcap_{k=1}^{\infty}\bigcup_{n=k}^{\infty} E_{n,r}$$

时，$\lim\limits_{n\to\infty} f(x)\neq f(x)$. 但是因为 $\lim\limits_{n\to\infty} f(x)\overset{\text{a. e.}}{=}f(x)$，所以 $\mu(\varlimsup\limits_{n\to\infty} E_{n,r})=0$. 又由于集列 $\Big\{\bigcup\limits_{n=k}^{\infty} E_{n,r}\Big\}$ 是单调递减的，$\mu\Big(\bigcup\limits_{n=1}^{\infty} E_{n,r}\Big)\leqslant\mu E<+\infty$，故根据测度的上连续性，有

$$\lim_{k\to\infty}\mu\Big(\bigcup_{n=k}^{\infty} E_{n,r}\Big) = \mu(\varlimsup_{n\to\infty} E_{n,r}) = 0.$$

于是存在 $k(r)\in\mathbf{N}$，使得

$$\mu\Big(\bigcup_{n=k(r)}^{\infty} E_{n,r}\Big) < \frac{\delta}{2^{r+1}}.$$

令

$$E_\delta = E\backslash\Big(\bigcup_{r=1}^{\infty}\bigcup_{n=k(r)}^{\infty} E_{n,r}\Big),$$

于是

$$\mu(E\backslash E_\delta) = \mu\Big(\bigcup_{r=1}^{\infty}\bigcup_{n=k(r)}^{\infty} E_{n,r}\Big) \leqslant \sum_{r=1}^{\infty}\mu\Big(\bigcup_{n=k(r)}^{\infty} E_{n,r}\Big) \leqslant \sum_{r=1}^{\infty}\frac{\delta}{2^{r+1}} < \delta.$$

下面证明在 E_δ 上 $f_n(x)$ 一致收敛到 $f(x)$. 因为 $\forall x\in E_\delta$，

$$x\notin\bigcup_{r=1}^{\infty}\bigcup_{n=k(r)}^{\infty} E_{n,r},$$

故

$$x\notin\bigcup_{n=k(r)}^{\infty} E_{n,r}(\forall r\in\mathbf{N}).$$

所以 $\forall\varepsilon>0$，存在正整数 r，使得 $\frac{1}{2^r}<\varepsilon$，记 $N=k(r)$. 于是当 $n\geqslant N$ 时，$\forall x\in E_\delta$，

$$x\notin E_{n,r} = E\Big[\,|f_n-f|\geqslant\frac{1}{2^r}\,\Big],$$

即

$$|f_n(x)-f(x)| < \frac{1}{2^r} < \varepsilon,$$

所以在 E_δ 上 $f_n(x)$ 一致收敛到 $f(x)$.

例 2.7　函数列 $f_n(x)=x^n(0 \leqslant x \leqslant 1)$ 处处收敛于函数

$$f(x) = \begin{cases} 0, & 0 \leqslant x < 1, \\ 1, & x = 1. \end{cases}$$

由于 $f(x)$ 在 $[0,1]$ 上不连续, 所以连续函数列 $f_n(x)$ 在 $[0,1]$ 上不一致收敛于 $f(x)$. 但是 $\forall 0 < \delta < 1$, 取 $\delta' \in (0,\delta)$, 记 $E_\delta=[0,1-\delta']$, 于是 $\mu(E \backslash E_\delta) < \delta$. 并且由于

$$\max_{0 \leqslant x \leqslant 1-\delta'} |f_n(x)| = (1-\delta')^n \to 0,$$

故在 E_δ 上 $f_n(x)$ 一致收敛到 $f(x)$.

注 1　Egoroff 定理中, $\mu E < +\infty$ 的条件不可缺少. 例如, 设 $E=(0,+\infty)$, 作函数列

$$f_n(x) = \begin{cases} 1, & x \in (0,n), \\ 0, & x \in [n,+\infty) \end{cases} \qquad (n \in \mathbf{N}),$$

易见

$$\lim_{n \to \infty} f_n(x) = f(x) \equiv 1, \quad \forall x \in (0,\infty).$$

但是 $\forall \delta > 0$, 对任何满足 $\mu(E \backslash E_\delta) < \delta$ 的可测集 $E_\delta \subset E$, 在 E_δ 上 $\{f_n(x)\}$ 不一致收敛于 $f(x) \equiv 1$.

事实上, $\forall n \in \mathbf{N}, E_\delta \bigcap [n,+\infty) \neq \varnothing$. 否则 $E_\delta \subset (0,n)$, 于是

$$\delta > \mu(E \backslash E_\delta) \geqslant \mu[n,+\infty) = +\infty,$$

矛盾. 所以存在 $x_n \in E_\delta \bigcap [n,+\infty)(\forall n \in \mathbf{N}), f_n(x_n)=0$. 由于

$$\sup_{x \in E_\delta} |f_n(x) - 1| \geqslant |f_n(x_n) - 1| = 1,$$

因此在 E_δ 上 $\{f_n(x)\}$ 不一致收敛于 $f(x) \equiv 1$.

注 2　Egoroff 定理的结论不能改成: 存在可测集 $E_0 \subset E$, 满足 $\mu(E \backslash E_0)=0$, 使得在 E_0 上 $f_n(x)$ 一致收敛到 $f(x)$. 事实上, 我们可以考虑例 2.7 中的函数列 $f_n(x)=x^n(0 \leqslant x \leqslant 1)$, 显然 $f_n(x) \xrightarrow{\text{a.e.}} 0$. 但是对任意可测集 $E_0 \subset E=[0,1]$, 如果 $\mu(E \backslash E_0)=0$, 有 $\sup_{x \in E_0} |f_n(x)|=1$, 所以在 E_0 上 $\{f_n(x)\}$ 不一致收敛于 0.

定义 2.4　设 $E \in \mathscr{L}(\mathbf{R}), f_n(x)(n \in \mathbf{N})$ 和 $f(x)$ 都是 E 上几乎处处有限的可测函数. 如果 $\forall \varepsilon > 0$, 成立

$$\lim_{n \to \infty} \mu E[|f_n - f| \geqslant \varepsilon] = 0,$$

则称 $\{f_n(x)\}$ 依测度收敛于 $f(x)$, 记为 $f_n(x) \xrightarrow{\mu} f(x)$.

下面的两个定理表明了依测度收敛与几乎处处收敛的关系.

定理 2.13(Lebesgue 定理)　设 $E \in \mathscr{L}(\mathbf{R}), \mu E < +\infty$. 如果 $f_n(x)(n \in \mathbf{N})$ 和 $f(x)$ 都是 E 上几乎处处有限的可测函数, 并且

$$\lim_{n\to\infty} f(x) \stackrel{\text{a.e.}}{=} f(x),$$

则 $f_n(x) \stackrel{\mu}{\to} f(x)$.

证明 根据 Egoroff 定理,$\forall \varepsilon > 0, \delta > 0$,存在可测子集 E_δ 及 $N \in \mathbf{N}$,使得 $\mu(E \backslash E_\delta) < \delta$,并且当 $n > N$ 时,在 E_δ 上

$$|f_n(x) - f(x)| < \varepsilon.$$

从而,当 $n > N$ 时,

$$\mu E[|f_n - f| \geqslant \varepsilon] \leqslant \mu(E \backslash E_\delta) < \delta,$$

这表明 $f_n(x) \stackrel{\mu}{\to} f(x)$.

注 定理 2.13 中,$\mu E < +\infty$ 的条件不可缺少. 例如设 $E = (0, +\infty)$,与定理 2.12 后面的注相同,作函数列 $\{f_n(x)\}$,有 $f_n(x) \to f(x) \equiv 1$. 但在 E 上 $\{f_n(x)\}$ 却不依测度收敛于 $f(x) \equiv 1$. 事实上,取 $\sigma = \dfrac{1}{2}$,因为

$$E\left[|f_n - f| \geqslant \frac{1}{2}\right] = [n, +\infty),$$

所以

$$\mu E\left[|f_n - f| \geqslant \frac{1}{2}\right] = +\infty,$$

这表明 $\{f_n(x)\}$ 不依测度收敛于 $f(x)$.

例 2.8 函数列依测度收敛但处处不收敛的例子. 设 $E = [0, 1]$. 依次取

$$E_1 = \left[0, \frac{1}{2}\right], \ E_2 = \left[\frac{1}{2}, 1\right],$$

$$E_3 = \left[0, \frac{1}{3}\right], \ E_4 = \left[\frac{1}{3}, \frac{2}{3}\right], \ E_5 = \left[\frac{2}{3}, 1\right],$$

$$E_6 = \left[0, \frac{1}{4}\right], \ E_7 = \left[\frac{1}{4}, \frac{1}{2}\right], \ E_8 = \left[\frac{1}{2}, \frac{3}{4}\right], \ E_9 = \left[\frac{3}{4}, 1\right],$$

$$\cdots\cdots$$

令 $f_n(x) = \chi_{E_n}(x) \ (n \in \mathbf{N})$. 可以看出,$\forall \varepsilon > 0, \lim\limits_{n\to\infty} \mu E[|f_n| \geqslant \varepsilon] = 0$,因此 $f_n(x) \stackrel{\mu}{\to} f(x) \equiv 0$.

但是,$\forall x \in E, \forall N \in \mathbf{N}$,总存在 $n > N$,使得 $x \in E_n$,从而 $f_n(x) = 1$,这说明 $\{f_n(x)\}$ 在 E 上处处不收敛于 $f(x) \equiv 0$.

但是我们却有如下的 Riesz 定理.

定理 2.14(Riesz 定理) 设 $E \in \mathcal{L}(\mathbf{R})$,$\{f_n(x) \mid n \in \mathbf{N}\}$ 是 E 上的一列可测函数. 如果 $f_n(x) \stackrel{\mu}{\to} f(x)$,则存在 $\{f_n(x)\}$ 的子序列 $\{f_{n_k}(x)\}$,使得

$$f_{n_k}(x) \stackrel{\text{a.e.}}{\to} f(x) \ (k \to \infty).$$

证明 因为 $f_n(x)\xrightarrow{\mu}f(x)$，于是 $\forall\varepsilon>0$ ，有 $\lim\limits_{n\to\infty}\mu E[|f_n-f|\geqslant\varepsilon]=0$. 从而 $\forall k\in\mathbf{N}$，存在 $n_k\in\mathbf{N}$，使得 $n_1<n_2<n_3<\cdots$，并且

$$\mu E\left[|f_{n_k}-f|\geqslant\frac{1}{2^k}\right]<\frac{1}{2^k},\forall k\in\mathbf{N}.$$

令 $E_k=E\left[|f_{n_k}-f|\geqslant\frac{1}{2^k}\right](k\in\mathbf{N})$，于是

$$\mu(\varlimsup_{k\to\infty}E_k)=\mu\left(\bigcap_{k=1}^{\infty}\bigcup_{i=k}^{\infty}E\left[|f_{n_i}-f|\geqslant\frac{1}{2^i}\right]\right)$$

$$\leqslant\mu\left(\bigcup_{i=k}^{\infty}E\left[|f_{n_i}-f|\geqslant\frac{1}{2^i}\right]\right)$$

$$\leqslant\sum_{i=k}^{\infty}\mu\left(E\left[|f_{n_i}-f|\geqslant\frac{1}{2^i}\right]\right)\leqslant\sum_{i=k}^{\infty}\frac{1}{2^i},$$

所以 $\mu(\varlimsup_{k\to\infty}E_k)=0$.

因为 $\forall x\in E\backslash(\varlimsup_{k\to\infty}E_k)$，存在 $k_0\in\mathbf{N}$，使得

$$x\notin\bigcup_{i=k_0}^{\infty}E\left[|f_{n_i}-f|\geqslant\frac{1}{2^i}\right],$$

所以当 $k\geqslant k_0$ 时，

$$x\notin E\left[|f_{n_k}-f|\geqslant\frac{1}{2^k}\right],$$

即当 $k\geqslant k_0$ 时，

$$|f_{n_k}(x)-f(x)|<\frac{1}{2^k}\to0(k\to\infty).$$

因此在 $E\backslash(\varlimsup_{k\to\infty}E_k)$ 上，$f_{n_k}(x)$ 收敛于 $f(x)$，即 $f_{n_k}(x)\xrightarrow{\text{a.e.}}f(x)(k\to\infty)$.

习　题　2

1. 设 $\varphi_k(x)$ $(k=1,2,3,\cdots,n)$ 都是可测集 E 上的简单函数，证明
$$\psi(x)=\max_{1\leqslant k\leqslant n}\{\varphi_k(x)\},\quad\gamma(x)=\min_{1\leqslant k\leqslant n}\{\varphi_k(x)\}$$
都是 E 上的简单函数.

2. 设 $E\in\mathscr{L}(\mathbf{R})$，证明 $f(x)$ 是 E 上可测函数的充要条件是 $\forall r\in\mathbf{Q}$，集合 $E[f>r]$ 是可测集.

3. 设 $f(x)$ 和 $g(x)$ 都是 E 上的可测函数，证明集合 $E[f\neq g]$ 是可测集.

4. 设 $f(x)$ 是 E 上的可测函数，G 和 F 分别是 $\mathbf{R}$ 上的开集和闭集，证明 $f^{-1}(G)$ 和 $f^{-1}(F)$ 都是可测集；反之，如果对 $\mathbf{R}$ 上的任意开集 G（或任意闭集 F），$f^{-1}(G)$（或 $f^{-1}(F)$）与 $E[f=+\infty]$ 都是可测集，证明 $f(x)$ 是 E 上的可测函数.

5. 设 $R(x)$ 是 $[0,1]$ 上的 Riemann 函数，即对 $x\in[0,1]$，
$$R(x)=\begin{cases}\dfrac{1}{n},&\text{当 }x=\dfrac{m}{n},\\0,&\text{当 }x\text{ 为无理数},\end{cases}$$

其中 m 和 n 为互质的正整数且 $m \leqslant n$. 证明 $R(x)$ 是 $[0,1]$ 上可测函数.

6. 设 $f(x)$ 是定义在 $\mathbf{R}$ 上的实函数. 如果 $f^2(x)$ 是可测函数, 并且 $\mathbf{R}[f>0]$ 是可测集, 证明 $f(x)$ 是可测函数.

7. 设 $f(x)$ 是定义在 $[a,b]$ 上的实函数. 如果对任意区间 $[c,d] \subset (a,b)$, $f(x)$ 在 $[c,d]$ 上可测, 证明 $f(x)$ 是 $[a,b]$ 上的可测函数.

8. 设 $f(x)$ 在 $\mathbf{R}$ 上连续或单调, $g(x)$ 是 E 上的几乎处处有限可测函数, 证明 $f(g(x))$ 是 E 上的可测函数.

9. 设 $E \in \mathscr{L}(\mathbf{R})$, $f: E \times [a,b] \to \mathbf{R}$. 如果函数 $f(x,y)$ 关于 x 可测, 关于 y 连续, 证明 $\varphi(x) = \max_{a \leqslant y \leqslant b} f(x,y)$ 是 E 上的可测函数.

10. 设 $f(x)$ 是可测集 E 上几乎处处有限的函数. 如果 $\forall \varepsilon > 0$, 存在 $g \in C(E)$, 使得 $\mu(E[f \neq g]) < \varepsilon$, 证明 $f(x)$ 是 E 上的可测函数.

11. 设 $f(x)$ 是 E 上几乎处处有限的可测函数, $\mu E < +\infty$, 证明 $\forall \varepsilon > 0$, 存在有界的可测函数 $g(x)$, 使得 $\mu(E[f \neq g]) < \varepsilon$.

12. 设 $f(x)$ 和 $f_n(x)$ $(n \in \mathbf{N})$ 都是 E 上的函数, k 是正整数, 证明 E 中使 $f_n(x)$ 收敛于 $f(x)$ 的点集可以表示为

$$\bigcap_{k=1}^{\infty} \varliminf_{n \to \infty} E\left[|f_n - f| < \frac{1}{k}\right].$$

13. 设 $\{f_n(x) \mid n \in \mathbf{N}\}$ 是 E 上的可测函数列, 证明它的收敛点集和发散点集都是可测集合.

14. 设函数 $f(x)$ 在 $[a,b]$ 上可微, 证明 $f'(x)$ 是 $[a,b]$ 上的可测函数.

15. 设函数 $f(x)$ 在 $\mathbf{R}$ 上连续, 如果 $f(x) \overset{\text{a.e.}}{=} C$ (常数), 证明 $f(x) \equiv C$.

16. 设 $\{f_n(x) \mid n \in \mathbf{N}\}$ 是可测集 E 上的函数列, 证明:

(1) 如果 $f_n(x) \overset{\text{a.e.}}{\to} f(x)$ 且 $f_n(x) \overset{\text{a.e.}}{\to} g(x)$, 则 $f(x) \overset{\text{a.e.}}{=} g(x)$;

(2) 如果 $f_n(x) \overset{\text{a.e.}}{\to} f(x)$ 且 $f(x) \overset{\text{a.e.}}{=} g(x)$, 则 $f_n(x) \overset{\text{a.e.}}{\to} g(x)$.

17. 设 $\{f_n(x)\}$ 和 $\{g_n(x)\}$ 都是定义在可测集 E 上的函数列, 且 $f_n(x) \overset{\text{a.e.}}{\to} f(x)$, $g_n(x) \overset{\text{a.e.}}{\to} g(x)$. 如果 $f_n(x) \overset{\text{a.e.}}{\leqslant} g_n(x)$ $(n=1,2,3,\cdots)$, 证明 $f(x) \overset{\text{a.e.}}{\leqslant} g(x)$.

18. 设 $\mu E > 0$, $\{f_n(x) \mid n \in \mathbf{N}\}$ 是 E 上几乎处处有限的可测函数列, 并且几乎处处收敛, 证明存在正测度集 $E_0 \subset E$, 使得在 E_0 上, $\{f_n(x)\}$ 一致有界, 即存在正常数 C, 使得 $|f_n(x)| \leqslant C, \forall x \in E_0, n \in \mathbf{N}$.

19. Lusin 定理的结论是否可以改为: " $\forall \varepsilon > 0$, 存在闭集 $F_\varepsilon \subset E$, 满足 $\mu(E \backslash F_\varepsilon) < \varepsilon$, 使得 $f(x)$ 限制在 F_ε 上是多项式函数"?

20. 证明 Lusin 定理的逆定理.

21. 证明 Egoroff 定理的逆定理.

22. 设 $f(x)$ 是 E 上几乎处处有限的可测函数, $\mu E < +\infty$, 证明存在 E 上有界的可测函数列 $\{f_n(x) \mid n \in \mathbf{N}\}$, 使得 $f_n(x) \overset{\mu}{\to} f(x)$.

23. 设 $f(x)$ 是 E 上几乎处处有限的可测函数, 证明存在 $\{f_n\} \subset C(\mathbf{R})$, 使得在 E 上, $f_n(x) \overset{\mu}{\to} f(x)$.

24. 设 $\{f_n(x) \mid n \in \mathbf{N}\}$ 是 E 上几乎处处有限的可测函数列，$\mu E < +\infty$，证明 $\{f_n(x)\}$ 依测度收敛的充分必要条件是 $\forall \varepsilon > 0, \mu E(\mid f_n - f_m \mid \geqslant \varepsilon) \to 0 \ (m, n \to \infty)$.

25. 设在可测集 E 上，$f_n(x) \xrightarrow{\mu} f(x), f_n(x) \xrightarrow{\mu} g(x)$，证明 $f(x) \stackrel{a.e.}{=} g(x)$，即在几乎处处相等的意义下，依测度收敛的极限是唯一的.

26. 设在可测集 E 上，$f_n(x) \xrightarrow{\mu} f(x), f_n(x) \stackrel{a.e.}{=} g_n(x)(\forall n \in \mathbf{N})$，证明
$$g_n(x) \xrightarrow{\mu} f(x).$$

27. 设在可测集 E 上，$f_n(x) \xrightarrow{\mu} f(x), g_n(x) \xrightarrow{\mu} g(x)$，证明：

(1) $af_n(x) + bg_n(x) \xrightarrow{\mu} af(x) + bg(x)$，其中 $a, b \in \mathbf{R}$；

(2) 当 $\mu E < +\infty$ 时，$f_n(x)g_n(x) \xrightarrow{\mu} f(x)g(x)$；

(3) $\mid f_n(x) \mid \xrightarrow{\mu} \mid f(x) \mid$；

(4) $\max\{f_n(x), g_n(x)\} \xrightarrow{\mu} \max\{f(x), g(x)\}, \min\{f_n(x), g_n(x)\} \xrightarrow{\mu} \min\{f(x), g(x)\}$.

28. 设在可测集 E 上，$f_n(x) \xrightarrow{\mu} f(x), g_n(x) \xrightarrow{\mu} g(x)$，如果 $f_n(x) \stackrel{a.e.}{\leqslant} g_n(x)(\forall n \in \mathbf{N})$，证明 $f(x) \stackrel{a.e.}{\leqslant} g(x)$.

29. 设在可测集 E 上，$f_n(x) \xrightarrow{\mu} f(x)$，如果 $f_n(x) \leqslant f_{n+1}(x)(\forall n \in \mathbf{N})$，证明 $f_n(x) \stackrel{a.e.}{\to} f(x)$.

30. 设在可测集 E 上，$f_n(x) \xrightarrow{\mu} f(x)$. 如果 $\mu E < +\infty, g \in C(\mathbf{R})$，证明 $g(f_n(x)) \xrightarrow{\mu} g(f(x))$.

第 3 章　Lebesgue 积分

实变函数论的核心问题是建立一种新的积分理论，即 Lebesgue 积分. 由于 Riemann 积分的可积函数主要是连续函数，或者是不连续点不太多的函数，并且交换积分与极限运算次序以及交换重积分次序的条件太苛刻，所以在应用时非常不方便，使得积分的作用受到很大的限制. 本章建立的 Lebesgue 积分在处理这类问题时却是相当自由和灵活的.

函数 $f(x)$ 在区间 $[a,b]$ 上的 Riemann 积分本质是：

(1)通过划分 $T_n:a=x_0<x_1<\cdots<x_n=b$ 分割定义域；

(2)任取 $\xi_1\in\Delta_i=[x_{i-1},x_i)$，得到简单函数列 $\{\varphi_n(x)\}$ 为

$$\varphi_n(x)=f(\xi_i),\quad \text{当}\ x\in\Delta_i,\quad i=1,2,\cdots,n;$$

(3)求和数

$$\sum_{i=1}^{n}f(\xi_i)\Delta x_i,\quad \xi_i\in\Delta_i=[x_{i-1},x_i),$$

实质上是简单函数列 $\{\varphi_n(x)\}$ 在 $[a,b]$ 上的 Riemann 积分

$$\sum_{i=1}^{n}f(\xi_i)\Delta x_i=\sum_{i=1}^{n}\int_{x_{i-1}}^{x_i}\varphi_n(x)\mathrm{d}x=\int_a^b\varphi_n(x)\mathrm{d}x;$$

(4)取极限

$$\int_a^b f(x)\mathrm{d}x=\lim_{\delta\to 0}\sum_{i=1}^{n}f(\xi_i)\Delta x_i=\lim_{n\to\infty}\int_a^b\varphi_n(x)\mathrm{d}x,$$

其中 $\delta=\max\limits_{i}\{\Delta x_i\}$.

从而 Riemann 可积函数 $f(x)$ 的 Riemann 积分是简单函数列 $\{\varphi_n(x)\}$ 积分的极限. 为了保证极限的存在性，要求 $f(x)$ 在这些划分后小区间上的函数值变动不大，所以限制了 Riemann 可积函数类的范围. 从突破函数值变动的限制的目的出发，代替分割函数 $f(x)$ 的定义域 $[a,b]$，而对函数 $f(x)$ 的值域 $\mathcal{R}(f)\subset[c,d]$ 作划分

$$T:c=y_0<y_1<\cdots<y_{n-1}<y_n=d.$$

这样就能保证在每个小区间 $[y_{i-1},y_i]$ 上函数值变化不大，记

$$E_i=\{x\,|\,x\in[a,b),y_{i-1}\leqslant f(x)<y_i\}\quad (i=1,2,\cdots,n).$$

虽然 $E_i(i=1,2,\cdots,n)$ 不一定是区间，但是当 $f(x)$ 是 $[a,b]$ 上的可测函数时，它们都是可测集合. 相应于 Riemann 和中的小区间长度 Δx_i，取 E_i 的测度 μE_i. 任取 $\eta_i\in[y_{i-1},y_i)$，作出 Lebesgue 意义下的积分和

$$\sum_{i=1}^{n} \eta_i \mu E_i,$$

看作是简单函数 $\varphi_n(x) = \sum_{i=1}^{n} \eta_i \chi_{E_i}(x)$ 在新意义下的积分. 由于可测函数是简单函数列的极限,就可以通过上述 Lebesgue 意义下积分和数的极限,来讨论一种新的积分,即 Lebesgue 积分.

3.1　Lebesgue 积分的概念与性质

1. 可测函数的 Lebesgue 积分

定义 3.1　设 $\varphi(x) = \sum_{i=1}^{n} c_i \chi_{E_i}(x)$ 是 $E = \bigcup_{i=1}^{n} E_i$ 上的非负简单函数,称和式

$$\sum_{i=1}^{n} c_i \mu E_i$$

为 $\varphi(x)$ 在 E 上的 Lebesgue 积分,记为 $\int_E \varphi(x) \mathrm{d}x$ 或 $\int_E \varphi(x) \mathrm{d}\mu$,即

$$\int_E \varphi(x) \mathrm{d}x = \sum_{i=1}^{n} c_i \mu E_i.$$

定义 3.2　设 $f(x)$ 是 E 上的非负可测函数,于是存在一列非负递增简单函数 $\{\varphi_n(x) \mid n \in \mathbf{N}\}$,使得

$$f(x) = \lim_{n \to \infty} \varphi_n(x).$$

称极限

$$\lim_{n \to \infty} \int_E \varphi_n(x) \mathrm{d}x$$

为 $f(x)$ 在 E 上的 Lebesgue 积分,记为 $\int_E f(x) \mathrm{d}x$ 或 $\int_E f(x) \mathrm{d}\mu$,即

$$\int_E f(x) \mathrm{d}x = \lim_{n \to \infty} \int_E \varphi_n(x) \mathrm{d}x. \tag{3.1}$$

显然 $0 \leqslant \int_E f(x) \mathrm{d}(x) \leqslant +\infty$. 如果 $\int_E f(x) \mathrm{d}x < +\infty$,则称 $f(x)$ 在 E 上是 Lebesgue 可积的,简称 $f(x)$ 在 E 上 L 可积或可积.

可以证明《实变函数》(周性伟　2004),对于非负可测函数 $f(x)$,如果 $\{\varphi_n(x)\}$ 与 $\{\psi_n(x)\}$ 是两列收敛到 $f(x)$ 的非负递增简单函数,那么

$$\lim_{n \to \infty} \int_E \varphi_n(x) \mathrm{d}x = \lim_{n \to \infty} \int_E \psi_n(x) \mathrm{d}x.$$

这表明由 (3.1) 式所确定的极限是唯一的,即积分值 $\int_E f(x) \mathrm{d}x$ 与收敛到 $f(x)$ 的非负递增简单函数列 $\{\varphi_n(x)\}$ 的选取无关,所以定义 3.2 是合理的. 从非负可测函

数积分的定义，可以证明下面的性质.

定理 3.1　非负可测函数的积分具有下列基本性质：

(1)（线性性质）设 $f(x)$ 和 $g(x)$ 都是 E 上的非负可测函数，$k \geqslant 0$ 为常数，则

$$\int_E (f(x) + g(x)) \mathrm{d}x = \int_E f(x) \mathrm{d}x + \int_E g(x) \mathrm{d}x,$$

$$\int_E (kf(x)) \mathrm{d}x = k \int_E f(x) \mathrm{d}x.$$

(2)（σ-可加性）设 $E_i (i \in \mathbf{N})$ 是互不相交的可测集，$E = \bigcup\limits_{i=1}^{\infty} E_i$. 如果 $f(x)$ 为 E 上的非负可测函数，则

$$\int_E f(x) \mathrm{d}x = \sum\limits_{i=1}^{\infty} \int_{E_i} f(x) \mathrm{d}x.$$

(3)（单调性质）设 $f(x)$ 和 $g(x)$ 都是可测集 E 上的非负可测函数. 如果在 E 上 $0 \leqslant f(x) \leqslant g(x)$，则

$$\int_E f(x) \mathrm{d}x \leqslant \int_E g(x) \mathrm{d}x.$$

(4) 设 $f(x)$ 是可测集 E 上的非负函数. 如果 $\mu E = 0$，则 $\int_E f(x) \mathrm{d}x = 0$.

由于 $\mu(\varnothing) = 0$，所以从定理 3.1 的 (2) 和 (4) 可以得到有限可加性，即如果 $\{E_i\} (i = 1, 2, \cdots, n)$ 是互不相交的可测集，$E = \bigcup\limits_{i=1}^{n} E_i$，对 E 上的非负可测函数 $f(x)$，有

$$\int_E f(x) \mathrm{d}x = \sum\limits_{i=1}^{n} \int_{E_i} f(x) \mathrm{d}x.$$

设 $f(x)$ 是可测集 E 上的可测函数，由于其正部 $f^+(x)$ 与负部 $f^-(x)$ 都是非负可测函数且 $f(x) = f^+(x) - f^-(x)$，于是我们有下面定义.

定义 3.3　设 $f(x)$ 是 E 上的可测函数. 如果 $\int_E f^+(x) \mathrm{d}x$ 与 $\int_E f^-(x) \mathrm{d}x$ 至少有一个是有限实数，则称 $f(x)$ 在 E 上有积分，并称 $\int_E f^+(x) \mathrm{d}x - \int_E f^-(x) \mathrm{d}x$ 为 $f(x)$ 在 E 上的 Lebesgue 积分，记为 $\int_E f(x) \mathrm{d}x$，即

$$\int_E f(x) \mathrm{d}x = \int_E f^+(x) \mathrm{d}x - \int_E f^-(x) \mathrm{d}x.$$

如果 E 是区间，例如 $E = [a, b]$，也可记为 $\int_a^b f(x) \mathrm{d}x$. 显然

$$-\infty \leqslant \int_E f(x) \mathrm{d}x \leqslant +\infty.$$

如果 $\int_E f^+(x) \mathrm{d}x$ 与 $\int_E f^-(x) \mathrm{d}x$ 都是有限实数，则称 $f(x)$ 是 E 上的

Lebesgue可积函数,简称 $f(x)$ 在 E 上 L 可积或可积. 此时积分值 $\int_E f(x)\mathrm{d}x$ 是有限实数.

由可积的定义以及定理 3.1(4)可知,零测度集上的任何函数可积,且积分等于零.

定理 3.2 可积函数是几乎处处有限的.

证明 设 $f(x)$ 在 E 上可积,则 $\int_E f^+(x)\mathrm{d}x < +\infty$. 记

$$E_n = E[f^+ > n] \quad (n \in \mathbf{N}),$$

则 $E_0 = E[f=+\infty] = \bigcap\limits_{n=1}^{\infty} E_n$,根据非负可测函数积分的有限可加性,$\forall\, n \in \mathbf{N}$,

$$\int_E f^+(x)\mathrm{d}x = \int_{E_n} f^+(x)\mathrm{d}x + \int_{E \setminus E_n} f^+(x)\mathrm{d}x \geqslant \int_{E_n} f^+(x)\mathrm{d}x$$

$$\geqslant \int_{E_n} n\,\mathrm{d}x = n \cdot \mu E_n \geqslant n \cdot \mu E_0.$$

故 $\mu E_0 = \mu E[f=+\infty]=0$. 同理 $\mu E[f=-\infty]=0$,所以 $f(x)$ 在 E 上几乎处处有限.

下一个定理说明在 Lebesgue 积分中,可测函数的可积性与绝对可积性是等价的,这与 Riemann 积分和广义 Riemann 积分不同. 因此判定函数 $f(x)$ 可积性,实际上是判定相对简单的非负可测函数 $|f(x)|$ 的可积性.

定理 3.3 设 $f(x)$ 是 E 上的可测函数, 则 $f(x)$ 为可积函数当且仅当 $|f(x)|$ 是可积函数.

证明 设 $f(x)$ 在 E 上可积, 由可积的定义知

$$\int_E f^+(x)\mathrm{d}x < +\infty, \quad \int_E f^-(x)\mathrm{d}x < +\infty.$$

而 $|f(x)| = f^+(x) + f^-(x)$,于是根据非负可测函数积分的线性性质,

$$\int_E |f(x)|\,\mathrm{d}x = \int_E f^+(x)\mathrm{d}x + \int_E f^-(x)\mathrm{d}x < +\infty,$$

所以 $|f(x)|$ 可积.

反之,因为 $f(x)$ 可测,所以 $f^+(x)$ 与 $f^-(x)$ 都是非负可测函数,且由非负可测函数积分的单调性知

$$\int_E f^+(x)\mathrm{d}x \leqslant \int_E |f(x)|\,\mathrm{d}x < +\infty, \quad \int_E f^-(x)\mathrm{d}x \leqslant \int_E |f(x)|\,\mathrm{d}x < +\infty,$$

故 $f(x)$ 可积.

定理 3.4 设 $\mu E < +\infty$, $f(x)$ 是 E 上的有界可测函数,则 $f(x)$ 在 E 上可积.

证明 因为 $f(x)$ 有界,所以存在常数 $C > 0$,使得 $|f(x)| \leqslant C$, $\forall\, x \in E$. 于是

根据非负可测函数积分的单调性质,

$$\int_E |f(x)| \, \mathrm{d}x \leqslant \int_E C \mathrm{d}x = C\mu E < +\infty,$$

故由定理 3.3, $f(x)$ 在 E 上可积.

2. Lebesgue 积分的性质

定理 3.5(积分的有限可加性) 设 $E_k (k=1,2,3,\cdots,n)$ 是有限个互不相交的可测集, $E = \bigcup\limits_{k=1}^{n} E_k$, 则 $f(x)$ 在 E 上可积当且仅当 $f(x)$ 在每个 E_k 上可积, 并且

$$\int_E f(x) \mathrm{d}x = \sum_{k=1}^{n} \int_{E_k} f(x) \mathrm{d}x.$$

证明 如果 $f(x)$ 在 E 可积, 则 $\int_E f^+(x) \mathrm{d}x < +\infty, \int_E f^-(x) \mathrm{d}x < +\infty$. 于是根据非负可测函数积分的有限可加性知,

$$\int_{E_k} f^+(x) \mathrm{d}x \leqslant \int_E f^+(x) \mathrm{d}x < +\infty,$$

$$\int_{E_k} f^-(x) \mathrm{d}x \leqslant \int_E f^-(x) \mathrm{d}x < +\infty \quad (k=1,2,\cdots,n).$$

所以 $f(x)$ 在每个 E_k 上可积. 再根据非负可测函数积分的有限可加性知, 反之亦然. 并且由于 $f(x)=f^+(x)-f^-(x)$, 同样由非负可测函数积分的有限可加性就可得

$$\int_E f(x) \mathrm{d}x = \sum_{k=1}^{n} \int_{E_k} f(x) \mathrm{d}x.$$

推论 设 $f(x)$ 在 E 上可积, E_0 是 E 的可测子集, 则 $f(x)$ 在 E_0 上可积, 并且

$$\int_{E_0} |f(x)| \, \mathrm{d}x \leqslant \int_E |f(x)| \, \mathrm{d}x.$$

定理 3.6(积分的线性性质) 设 $f(x)$ 和 $g(x)$ 都是 E 上的可积函数, $\alpha \in \mathbf{R}$, 则 $f(x)+g(x)$ 与 $\alpha f(x)$ 可积, 并且

$$\int_E (f(x)+g(x)) \mathrm{d}x = \int_E f(x) \mathrm{d}x + \int_E g(x) \mathrm{d}x,$$

$$\int_E \alpha f(x) \mathrm{d}x = \alpha \int_E f(x) \mathrm{d}x.$$

证明 因为

$$|f(x)+g(x)| \leqslant |f(x)| + |g(x)|, \quad |\alpha f(x)| = |\alpha| |f(x)|,$$

根据非负可测函数积分的单调性质,

$$\int_E |f(x)+g(x)| \, \mathrm{d}x \leqslant \int_E |f(x)| \, \mathrm{d}x + \int_E |g(x)| \, \mathrm{d}x < +\infty,$$

$$\int_E |\alpha f(x)| \, \mathrm{d}x = \int_E |\alpha| |f(x)| \, \mathrm{d}x = |\alpha| \int_E |f(x)| \, \mathrm{d}x < +\infty,$$

可知可测函数 $f(x)+g(x)$ 与 $\alpha f(x)$ 都绝对可积,从而可积.

由于

$$(f^+(x)-f^-(x))+(g^+(x)-g^-(x))$$
$$=f(x)+g(x)=(f(x)+g(x))^+-(f(x)+g(x))^-,$$

所以

$$(f(x)+g(x))^++f^-(x)+g^-(x)=(f(x)+g(x))^-+f^+(x)+g^+(x),$$

从而根据非负可测函数积分的线性性质,

$$\int_E(f(x)+g(x))^+\,\mathrm{d}x+\int_E f^-(x)\mathrm{d}x+\int_E g^-(x)\mathrm{d}x$$
$$=\int_E(f(x)+g(x))^-\,\mathrm{d}x+\int_E f^+(x)\mathrm{d}x+\int_E g^+(x)\mathrm{d}x,$$

于是

$$\int_E(f(x)+g(x))\mathrm{d}x=\int_E f(x)\mathrm{d}x+\int_E g(x)\mathrm{d}x.$$

当 $\alpha\geqslant 0$ 时,

$$(\alpha f(x))^+=\alpha f^+(x),\quad (\alpha f(x))^-=\alpha f^-(x),$$
$$\int_E \alpha f(x)\mathrm{d}x=\int_E(\alpha f(x))^+\,\mathrm{d}x-\int_E(\alpha f(x))^-\,\mathrm{d}x$$
$$=\alpha\int_E f^+(x)\mathrm{d}x-\alpha\int_E f^-(x)\mathrm{d}x$$
$$=\alpha\int_E f(x)\mathrm{d}x.$$

当 $\alpha<0$ 时,

$$(\alpha f(x))^+=(-\alpha)f^-(x),\quad (\alpha f(x))^-=(-\alpha)f^+(x),$$
$$\int_E \alpha f(x)\mathrm{d}x=\int_E(\alpha f(x))^+\,\mathrm{d}x-\int_E(\alpha f(x))^-\,\mathrm{d}x$$
$$=-\alpha\int_E f^-(x)\mathrm{d}x+\alpha\int_E f^+(x)\mathrm{d}x$$
$$=\alpha\int_E f(x)\mathrm{d}x.$$

所以 $\int_E \alpha f(x)\mathrm{d}x=\alpha\int_E f(x)\mathrm{d}x.$

定理 3.7(积分的唯一性) 设 $f(x)$ 在 E 上可积,并且在 E 上 $f(x)\overset{\text{a.e.}}{=}g(x)$,则 $g(x)$ 在 E 上可积,且

$$\int_E f(x)\mathrm{d}x=\int_E g(x)\mathrm{d}x.$$

证明 设 $E_0=E[f\neq g]$,于是 $\mu E_0=0$,从而 $g(x)$ 在 E_0 上可积,并且

$$\int_{E_0}g(x)\mathrm{d}x=0.$$

又因为 $f(x)$ 在 E 上可积,所以在 $E\backslash E_0$ 上可积,而在 $E\backslash E_0$ 上 $f(x)=g(x)$,那么 $g(x)$ 在 $E\backslash E_0$ 上可积. 故 $g(x)$ 在 E 上可积. 因此

$$\int_E g(x)\mathrm{d}x = \int_{E_0} g(x)\mathrm{d}x + \int_{E\backslash E_0} g(x)\mathrm{d}x$$

$$= \int_{E\backslash E_0} g(x)\mathrm{d}x = \int_{E\backslash E_0} f(x)\mathrm{d}x$$

$$= \int_{E\backslash E_0} f(x)\mathrm{d}x + \int_{E_0} f(x)\mathrm{d}x = \int_E f(x)\mathrm{d}x.$$

定理 3.7 表明,改变函数在一个零测度集上的函数值,不影响函数的可积性与积分的值. 因此,当讨论积分问题的时候,对于几乎处处满足的条件,都不妨设其处处满足.

定理 3.8　设 $f(x)$ 是 E 上可积函数,则 $\int_E |f(x)|\mathrm{d}x = 0$ 的充要条件是在 E 上有 $f(x) \overset{\text{a.e.}}{=} 0$.

证明　如果 $\int_E |f(x)|\mathrm{d}x = 0$,设 $E_n = E\left[|f| \geqslant \dfrac{1}{n}\right]$　$(n\in \mathbf{N})$. 因为

$$0 = \int_E |f(x)|\mathrm{d}x \geqslant \int_{E_n} |f(x)|\mathrm{d}x \geqslant \frac{1}{n}\cdot \mu E_n,$$

从而 $\mu E_n = 0$（$\forall n\in \mathbf{N}$）. 由于

$$E[f\neq 0] = \bigcup_{n=1}^{\infty} E\left[|f| \geqslant \frac{1}{n}\right] = \bigcup_{n=1}^{\infty} E_n,$$

故

$$\mu E[f\neq 0] = \mu\left(\bigcup_{n=1}^{\infty} E_n\right) \leqslant \sum_{n=1}^{\infty} \mu E_n = 0,$$

这表明在 E 上 $f(x) \overset{\text{a.e.}}{=} 0$.

反之,如果 $f(x) \overset{\text{a.e.}}{=} 0$,那么 $|f(x)| \overset{\text{a.e.}}{=} 0$. 设 $E_0 = E[|f| \neq 0]$,则 $\mu(E_0) = 0$. 由积分的有限可加性,

$$\int_E |f(x)|\mathrm{d}x = \int_{E_0} |f(x)|\mathrm{d}x = 0.$$

定理 3.9（积分的单调性质）　设 $f(x)$ 和 $g(x)$ 都是 E 上的可积函数. 如果在 E 上 $f(x) \overset{\text{a.e.}}{\leqslant} g(x)$,则

$$\int_E f(x)\mathrm{d}x \leqslant \int_E g(x)\mathrm{d}x.$$

证明　由定理 3.7,不妨设在 E 上 $f(x) \leqslant g(x)$ 处处成立. 可见 $f^+(x) \leqslant g^+(x)$,以及 $f^-(x) \geqslant g^-(x)$. 所以根据非负可测函数积分的单调性质,

$$\int_E f(x)\mathrm{d}x = \int_E f^+(x)\mathrm{d}x - \int_E f^-(x)\mathrm{d}x$$

$$\leqslant \int_E g^+(x)\mathrm{d}x - \int_E g^-(x)\mathrm{d}x = \int_E g(x)\mathrm{d}x.$$

推论　设 $f(x)$ 在 E 上可积,则有不等式

$$\left|\int_E f(x)\mathrm{d}x\right| \leqslant \int_E |f(x)|\,\mathrm{d}x.$$

证明　由 $-|f(x)| \leqslant f(x) \leqslant |f(x)|$,以及积分的单调性质直接可得.

定理 3.10（积分的绝对连续性）　设 $f(x)$ 在 E 上可积,则 $\forall \varepsilon>0$,存在 $\delta>0$,使得对于任何可测子集 $A \subset E$,当 $\mu A < \delta$ 时,有

$$\int_A |f(x)|\,\mathrm{d}x < \varepsilon,$$

即

$$\lim_{\mu A \to 0} \int_A |f(x)|\,\mathrm{d}x = 0.$$

证明　因为 $f(x)$ 在 E 上可积,则存在非负递增简单函数列 $\{\varphi_n(x) \mid n \in \mathbf{N}\}$,使得

$$\int_E |f(x)|\,\mathrm{d}x = \lim_{n\to\infty} \int_E \varphi_n(x)\mathrm{d}x.$$

于是 $\forall \varepsilon>0$,存在 $N \in \mathbf{N}$,使得

$$\int_E |f(x)|\,\mathrm{d}x - \int_E \varphi_N(x)\mathrm{d}x < \frac{\varepsilon}{2}.$$

由于 $\varphi_N(x)$ 为简单函数,则 $\varphi_N(x)$ 有界,即存在 $C>0$,使 $|\varphi_N(x)| \leqslant C$,从而对于任何可测子集 $A \subset E$,当 $\mu A < \frac{\varepsilon}{2C}$ 时,

$$\int_A \varphi_N(x)\mathrm{d}x \leqslant C\mu A < \frac{\varepsilon}{2}.$$

从而

$$\int_A |f(x)|\,\mathrm{d}x = \int_A (|f(x)| - \varphi_N(x))\mathrm{d}x + \int_A \varphi_N(x)\mathrm{d}x$$
$$< \int_E (|f(x)| - \varphi_N(x))\mathrm{d}x + \frac{\varepsilon}{2} < \varepsilon.$$

在本节的最后,我们来考虑连续函数对可积函数的一种平均逼近.

定理 3.11　设 $f(x)$ 在 E 上可积,则 $\forall \varepsilon>0$,存在 $\varphi \in C(E)$,使得

$$\int_E |f(x) - \varphi(x)|\,\mathrm{d}x < \varepsilon.$$

证明　因为 $f(x)$ 在 E 上可积,根据积分的绝对连续性,则 $\forall \varepsilon>0$,存在 $\delta>0$,使得对于任何可测子集 $A \subset E$,当 $\mu A < \delta$ 时,有

$$\int_A |f(x)|\,\mathrm{d}x < \frac{\varepsilon}{4}.$$

因为
$$\int_E |f(x)| \mathrm{d}x \geqslant \int_{E[|f|>n]} |f(x)| \mathrm{d}x \geqslant \int_{E[|f|>n]} n\mathrm{d}x = n\mu(E[|f|>n]),$$
所以
$$\mu(E[|f|>n]) \leqslant \frac{1}{n}\int_E |f(x)| \mathrm{d}x,$$
故
$$\lim_{n\to\infty}\mu(E[|f|>n]) = 0.$$
从而，对上述 $\delta>0$，存在 $N\in\mathbf{N}$，使得 $\mu(E[|f|>N])<\delta$. 因此
$$\int_{E[|f|>N]} |f(x)| \mathrm{d}x < \frac{\varepsilon}{4}.$$

令
$$f_N(x) = \begin{cases} -N, & x \in E[f<-N], \\ f(x), & x \in E[|f|\leqslant N], \\ N, & x \in E[f>N]. \end{cases}$$
显然函数 $f_N(x)$ 有界可积，并且
$$\int_E |f(x)-f_N(x)| \mathrm{d}x \leqslant \int_{E[|f|>N]} (|f(x)|+N) \mathrm{d}x$$
$$\leqslant 2\int_{E[|f|>N]} |f(x)| \mathrm{d}x < \frac{\varepsilon}{2}.$$
再由 Lusin 定理的推论，存在 $\varphi\in C(E)$，使得
$$\mu E[f_N \neq \varphi] < \frac{\varepsilon}{4N}, \quad |\varphi(x)| \leqslant N.$$
所以
$$\int_E |f(x)-\varphi(x)| \mathrm{d}x \leqslant \int_E |f(x)-f_N(x)| \mathrm{d}x + \int_E |f_N(x)-\varphi(x)| \mathrm{d}x$$
$$< \frac{\varepsilon}{2} + \int_{E[f_N\neq\varphi]} |f_N(x)-\varphi(x)| \mathrm{d}x$$
$$\leqslant \frac{\varepsilon}{2} + 2N\mu(E[f_N\neq\varphi]) < \frac{\varepsilon}{2} + \frac{\varepsilon}{2} = \varepsilon.$$

3.2　积分收敛定理

本节介绍 Lebesgue 积分论中的三大积分收敛定理(即 Levi 定理，Fatou 引理和 Lebesgue 控制收敛定理)，这是实变函数论的中心结果. 这些定理使得我们可以在较弱的条件下进行积分与极限运算的换序，不再需要数学分析中很强的一致收敛条件，这是 Lebesgue 积分的一个重要的优点. 我们首先给出 Levi 的单调收

敛定理.

定理 3.12(Levi 定理) 设 $\{f_n(x) \mid n \in \mathbf{N}\}$ 是 E 上非负递增可测函数列:

$$0 \leqslant f_1(x) \leqslant f_2(x) \leqslant \cdots \leqslant f_n(x) \leqslant \cdots$$

则

$$\int_E (\lim_{n \to \infty} f_n(x)) \mathrm{d}x = \lim_{n \to \infty} \int_E f_n(x) \mathrm{d}x. \tag{3.2}$$

证明 因为 $f_n(x)$ 单调,所以极限函数 $f(x) = \lim_{n \to \infty} f_n(x)$ 存在,并且从定理2.7 知,$f(x)$ 为 E 上的非负可测函数,因此 $\int_E (\lim_{n \to \infty} f_n(x)) \mathrm{d}x$ 有意义.

根据引理 2.1,$\forall n \in \mathbf{N}$,存在 E 上非负递增的简单函数列 $\{\varphi_{n,k}(x) \mid k \in \mathbf{N}\}$,使得 $\forall x \in E$,

$$\lim_{k \to \infty} \varphi_{n,k}(x) = f_n(x).$$

令 $\psi_k(x) = \max_{1 \leqslant n \leqslant k} \{\varphi_{n,k}(x)\} (k \in \mathbf{N})$,显然 $\{\psi_k(x)\}$ 是 E 上非负递增的简单函数列. 下面证明

$$\lim_{k \to \infty} \psi_k(x) = f(x), \tag{3.3}$$

$$\lim_{n \to \infty} \int_E \psi_k(x) \mathrm{d}x = \lim_{n \to \infty} \int_E f_n(x) \mathrm{d}x. \tag{3.4}$$

事实上,因为对任意 $n \leqslant k$,有 $\varphi_{n,k}(x) \leqslant \psi_k(x) \leqslant f_k(x)$,所以对任意 n

$$f_n(x) = \lim_{k \to \infty} \varphi_{n,k}(x) \leqslant \lim_{k \to \infty} \psi_k(x) \leqslant \lim_{k \to \infty} f_k(x), \tag{3.5}$$

$$\int_E \varphi_{n,k}(x) \mathrm{d}x \leqslant \int_E \psi_k(x) \mathrm{d}x \leqslant \int_E f_k(x) \mathrm{d}x. \tag{3.6}$$

在(3.5)式中令 $n \to \infty$,即得(3.3)式. 在(3.6)式中令 $k \to \infty$,由定义 3.2 可得

$$\int_E f_n(x) \mathrm{d}x = \lim_{k \to \infty} \int_E \varphi_{n,k}(x) \mathrm{d}x \leqslant \lim_{k \to \infty} \int_E \psi_k(x) \mathrm{d}x \leqslant \lim_{k \to \infty} \int_E f_k(x) \mathrm{d}x,$$

再令 $n \to \infty$,即得(3.4)式. 最后由定义 3.2 以及(3.3)式和(3.4)式,就有

$$\int_E (\lim_{n \to \infty} f_n(x)) \mathrm{d}x = \int_E (\lim_{k \to \infty} \psi_k(x)) \mathrm{d}x = \lim_{n \to \infty} \int_E \psi_k(x) \mathrm{d}x = \lim_{n \to \infty} \int_E f_n(x) \mathrm{d}x.$$

注 Levi 定理中 $\{f_n(x)\}$ 单调的条件不可缺少. 例如,设 $E = [0,1]$,当 $0 \leqslant x \leqslant \frac{1}{n}$ 时,$f_n(x)$ 的图像是以 $\left[0, \frac{1}{n}\right]$ 为底,高为 n 的等腰三角形的边;当 $\frac{1}{n} \leqslant x \leqslant 1$ 时,$f_n(x) = 0$. 显然在 $[0,1]$ 上,$f_n(x) \to 0$. 但是对一切 n,

$$\int_{[0,1]} f_n(x) \mathrm{d}x = \frac{1}{2}.$$

同样 $\{f_n(x)\}$ 非负的条件也不可少. 例如,设 $E = (-\infty, +\infty)$,

$$f_n(x) = \begin{cases} 1, & x \in (-\infty, n), \\ -1, & x \in [n, +\infty). \end{cases}$$

显然 $f_n(x) \to 1$, 但是 $\int_E f_n(x) \mathrm{d}x$ 没有意义.

推论　设 $\{f_n(x)\}$ 是 E 上的非负可测函数列, 满足

$$f_1(x) \geqslant f_2(x) \geqslant \cdots \geqslant f_n(x) \geqslant \cdots$$

如果 $f_1(x)$ 可积, 则

$$\int_E (\lim_{n \to \infty} f_n(x)) \mathrm{d}x = \lim_{n \to \infty} \int_E f_n(x) \mathrm{d}x.$$

证明　显然 $\{f_1(x) - f_n(x)\}$ 是 E 上的非负递增可测函数列, 于是由 Levi 定理

$$\int_E (\lim_{n \to \infty} (f_1(x) - f_n(x))) \mathrm{d}x = \lim_{n \to \infty} \int_E (f_1(x) - f_n(x)) \mathrm{d}x.$$

因为 $f_1(x)$ 可积, 所以

$$\int_E f_1(x) \mathrm{d}x - \int_E (\lim_{n \to \infty} f_n(x)) \mathrm{d}x = \int_E f_1(x) \mathrm{d}x - \lim_{n \to \infty} \int_E f_n(x) \mathrm{d}x,$$

结论得证.

定理 3.13　(1)(积分的下连续性) 设 $\{E_n \mid n \in \mathbf{N}\}$ 是单调递增的可测集列, 并且 $\lim_{n \to \infty} E_n = E$. 如果 $f(x)$ 在 E 上可积, 则

$$\lim_{n \to \infty} \int_{E_n} f(x) \mathrm{d}x = \int_E f(x) \mathrm{d}x.$$

(2)(积分的上连续性) 设 $\{E_n \mid n \in \mathbf{N}\}$ 是单调递减的可测集列, 并且 $\lim_{n \to \infty} E_n = E$. 如果 $f(x)$ 在 E_1 上可积, 则

$$\lim_{n \to \infty} \int_{E_n} f(x) \mathrm{d}x = \int_E f(x) \mathrm{d}x.$$

证明　(1)令 $f_n^+(x) = f^+(x) \chi_{E_n}(x)$, 则 $\{f_n^+(x)\}$ 是非负递增的可测函数列, 并且 $\lim_{n \to \infty} f_n^+(x) = f^+(x)$. 于是由 Levi 定理

$$\int_E f^+(x) \mathrm{d}x = \int_E (\lim_{n \to \infty} f_n^+(x)) \mathrm{d}x = \lim_{n \to \infty} \int_E f_n^+(x) \mathrm{d}x = \lim_{n \to \infty} \int_{E_n} f^+(x) \mathrm{d}x.$$

同理可得 $\int_E f^-(x) \mathrm{d}x = \lim_{n \to \infty} \int_{E_n} f^-(x) \mathrm{d}x$. 因为 $f(x)$ 在 E 上可积, 所以

$$\int_E f(x) \mathrm{d}x = \int_E f^+(x) \mathrm{d}x - \int_E f^-(x) \mathrm{d}x$$

$$= \lim_{n \to \infty} \int_{E_n} f^+(x) \mathrm{d}x - \lim_{n \to \infty} \int_{E_n} f^-(x) \mathrm{d}x$$

$$= \lim_{n \to \infty} \int_{E_n} f(x) \mathrm{d}x.$$

(2)因为 $f(x)$ 在 E_1 上可积, 则

$$E = \bigcap_{n=1}^{\infty} E_n \subset E_1,$$

所以 $f(x)$ 在 $E_1\setminus E$ 上可积. 令 $A_n=E_1\setminus E_n\,(n\in\mathbf{N})$，则 $\{A_n\}$ 是单调递增的可测集列，并且

$$\lim_{n\to\infty}A_n=\bigcup_{n=1}^{\infty}(E_1\setminus E_n)=E_1\setminus\Big(\bigcap_{n=1}^{\infty}E_n\Big)=E_1\setminus E.$$

根据上面证得的积分下连续性，

$$\lim_{n\to\infty}\int_{E_1\setminus E_n}f(x)\mathrm{d}x=\int_{E_1\setminus E}f(x)\mathrm{d}x,$$

故

$$\int_{E_1}f(x)\mathrm{d}x-\lim_{n\to\infty}\int_{E_n}f(x)\mathrm{d}x=\int_{E_1}f(x)\mathrm{d}x-\int_{E}f(x)\mathrm{d}x,$$

从而结论得证.

引理 3.1　设可测集 $E\subset[a,b]$，$f(x)$ 在 E 上可积. 定义函数 $F:[a,b]\to\mathbf{R}$ 为

$$F(x)=\int_{[a,x]\cap E}|f(x)|\mathrm{d}x,\quad\forall x\in[a,b],$$

则 $F(x)$ 是 $[a,b]$ 上单调增加的非负连续函数.

证明　由定理 3.5 的推论易见 $F(x)$ 是 $[a,b]$ 上单调增加的非负函数.

根据积分的绝对连续性，$\forall\varepsilon>0$，存在 $\delta>0$，使得对于任何可测子集 $A\subset E$，当 $\mu A<\delta$ 时，有

$$\int_{A}|f(x)|\mathrm{d}x<\varepsilon.$$

任取 $x_1,x_2\in[a,b]$，不妨设 $x_1<x_2$. 如果 $x_2-x_1<\delta$，那么

$$\mu([x_1,x_2]\cap E)\leqslant\mu([x_1,x_2])=x_2-x_1<\delta.$$

于是由积分的有限可加性

$$F(x_2)-F(x_1)=\int_{[a,x_2]\cap E}|f(x)|\mathrm{d}x-\int_{[a,x_1]\cap E}|f(x)|\mathrm{d}x$$

$$=\int_{[x_1,x_2]\cap E}|f(x)|\mathrm{d}x<\varepsilon.$$

所以 $|F(x_1)-F(x_2)|<\varepsilon$，故 $F(x)$ 是 $[a,b]$ 上的连续函数.

定理 3.14（积分的介值定理）　设 $f(x)$ 在 E 上可积，如果 $a=\int_{E}|f(x)|\mathrm{d}x>0$，则 $\forall c\in(0,a)$，存在有界可测集 $E_c\subset E$，使得 $\int_{E_c}|f(x)|\mathrm{d}x=c$.

证明　取 $E_n=E\cap[-n,n]\,(n\in\mathbf{N})$，于是得到单调递增可测集列 $\{E_n\}$，并且 $E=\bigcup_{n=1}^{\infty}E_n$. 根据定理 3.13(1)，可知

$$\lim_{n\to\infty}\int_{E_n}f(x)\mathrm{d}x=\int_{E}f(x)\mathrm{d}x,$$

所以存在有界可测集 $E_{n_0}=E\cap[-n_0,n_0]\subset[-n_0,n_0]$，使得 $\int_{E_{n_0}}|f(x)|\mathrm{d}x>c$.

定义函数

$$F(x) = \int_{[-n_0, x] \cap E} |f(x)| \, dx, \quad \forall \, x \in [-n_0, n_0],$$

由引理 3.1 可知, $F(x)$ 是 $[-n_0, n_0]$ 上单调增加的连续函数, 并且 $\forall x \in [-n_0, n_0]$,

$$0 = F(-n_0) \leqslant F(x) \leqslant F(n_0) = \int_{E_{n_0}} |f(x)| \, dx.$$

因此根据闭区间上连续函数的介值定理, 存在 $x_0 \in (-n_0, n_0)$, 使得 $F(x_0) = c$.

令 $E_c = [-n_0, x_0] \cap E_{n_0}$, 显然 E_c 是有界可测集, $E_c \subset E$, 并且 $\int_{E_c} |f(x)| \, dx = c$.

例 3.1　设 $f(x)$ 在 E 上可积. 如果存在正整数 n, 满足

$$n \leqslant \int_E |f(x)| \, dx < n+1,$$

则存在互不相交的可测集 $E_i (i = 1, 2, 3, \cdots, n+1)$ 使得 $E = \bigcup_{i=1}^{n+1} E_i$, 并且

$$\int_{E_i} |f(x)| \, dx \leqslant 1 \quad (i = 1, 2, 3, \cdots, n+1).$$

证明　由定理 3.14, 存在可测集 $E_1 \subset E$, 使得 $\int_{E_1} |f(x)| \, dx = 1$, 并且

$$\int_{E \setminus E_1} |f(x)| \, dx = \int_E |f(x)| \, dx - \int_{E_1} |f(x)| \, dx \geqslant n-1.$$

再由定理 3.14, 存在可测集 $E_2 \subset E \setminus E_1$, 使得 $\int_{E_2} |f(x)| \, dx = 1$, 并且

$$\int_{(E \setminus E_1) \setminus E_2} |f(x)| \, dx = \int_E |f(x)| \, dx - \int_{E_1} |f(x)| \, dx - \int_{E_2} |f(x)| \, dx \geqslant n-2.$$

依此下去, 存在可测集 $E_n \subset E \setminus \left(\bigcup_{i=1}^{n-1} E_i \right)$, 使得 $\int_{E_n} |f(x)| \, dx = 1$, 并且

$$0 \leqslant \int_{E \setminus \left(\bigcup_{i=1}^{n} E_i \right)} |f(x)| \, dx = \int_E |f(x)| \, dx - \int_{\bigcup_{i=1}^{n} E_i} |f(x)| \, dx < (n+1) - n = 1.$$

令 $E_{n+1} = E \setminus \bigcup_{i=1}^{n} E_i$, 故 $E = \bigcup_{i=1}^{n+1} E_i$, 并且 $\int_{E_{n+1}} |f(x)| \, dx < 1$.

从 Levi 定理我们可以得到下面的定理.

定理 3.15（逐项积分定理）　设 $\{u_n(x) \mid n \in \mathbf{N}\}$ 是 E 上一列非负可测函数, 则在 E 上可以逐项积分:

$$\int_E \left(\sum_{n=1}^{\infty} u_n(x) \right) dx = \sum_{n=1}^{\infty} \int_E u_n(x) dx.$$

证明　设 $f_n(x) = \sum_{k=1}^{n} u_k(x)$, 则 $\{f_n(x)\}$ 是 E 上的一列非负递增可测函数, 且

$$\lim_{n \to \infty} f_n(x) = \sum_{n=1}^{\infty} u_n(x).$$

由 Levi 定理

$$\int_E \Big(\sum_{n=1}^\infty u_n(x)\Big)\mathrm{d}x = \int_E \Big(\lim_{n\to\infty} f_n(x)\Big)\mathrm{d}x = \lim_{n\to\infty}\int_E f_n(x)\mathrm{d}x$$

$$= \lim_{n\to\infty}\int_E \Big(\sum_{k=1}^n u_k(x)\Big)\mathrm{d}x = \lim_{n\to\infty}\sum_{k=1}^n \int_E u_k(x)\mathrm{d}x$$

$$= \sum_{k=1}^\infty \int_E u_k(x)\mathrm{d}x.$$

定理 3.16（积分的 σ-可加性）　　设 $\{E_n \mid n \in \mathbf{N}\}$ 是一列互不相交的可测集，$f(x)$ 在 $E = \bigcup\limits_{n=1}^\infty E_n$ 上可积，则 $f(x)$ 在每个 E_n 上可积，并且

$$\int_E f(x)\mathrm{d}x = \sum_{n=1}^\infty \int_{E_n} f(x)\mathrm{d}x.$$

证明　　由积分的有限可加性可知 $f(x)$ 在每个 E_n 上可积. 如果 $f(x)$ 非负可测，令

$$u_n(x) = \begin{cases} f(x), & x \in E_n, \\ 0, & x \notin E_n, \end{cases}$$

则 $u_n(x)$ 非负可测，且

$$f(x) = \sum_{n=1}^\infty u_n(x).$$

由逐项积分定理

$$\int_E f(x)\mathrm{d}x = \int_E \Big(\sum_{n=1}^\infty u_n(x)\Big)\mathrm{d}x = \sum_{n=1}^\infty \int_E u_n(x)\mathrm{d}x = \sum_{n=1}^\infty \int_{E_n} f(x)\mathrm{d}x.$$

如果 $f(x)$ 是一般的可积函数，则由前面的结果可知，

$$\int_E f^+(x)\mathrm{d}x = \sum_{n=1}^\infty \int_{E_n} f^+(x)\mathrm{d}x, \quad \int_E f^-(x)\mathrm{d}x = \sum_{n=1}^\infty \int_{E_n} f^-(x)\mathrm{d}x.$$

因为 $f^+(x)$ 与 $f^-(x)$ 都可积，所以上述两式右端的两个数项级数都收敛，逐项相减得

$$\int_E f(x)\mathrm{d}x = \sum_{n=1}^\infty \int_{E_n} f(x)\mathrm{d}x.$$

定理 3.17（Fatou 引理）　　设 $\{f_n(x) \mid n \in \mathbf{N}\}$ 是 E 上的一列非负可测函数，则

$$\int_E \Big(\varliminf_{n\to\infty} f_n(x)\Big)\mathrm{d}x \leqslant \varliminf_{n\to\infty}\int_E f_n(x)\mathrm{d}x.$$

证明　　令 $g_n(x) = \inf\limits_{k\geqslant n} f_k(x)\ (n \in \mathbf{N})$，则由定理 2.7 知，$g_n(x)\ (\forall n \in \mathbf{N})$ 可测，

$$g_n(x) \leqslant f_n(x), \quad 0 \leqslant g_n(x) \leqslant g_{n+1}(x), \quad n \in \mathbf{N},$$

并且

$$\varliminf_{n\to\infty} f_n(x) = \lim_{n\to\infty}\inf_{k\geqslant n} f_k(x) = \lim_{n\to\infty} g_n(x).$$

由 Levi 定理可得

$$\int_E (\varliminf_{n\to\infty} f_n(x)) \mathrm{d}x = \int_E (\lim_{n\to\infty} g_n(x)) \mathrm{d}x = \lim_{n\to\infty} \int_E g_n(x) \mathrm{d}x.$$

再由 $g_n(x) \leqslant f_n(x), \forall n \in \mathbf{N}$, 就有

$$\int_E (\varliminf_{n\to\infty} f_n(x)) \mathrm{d}x = \lim_{n\to\infty} \int_E g_n(x) \mathrm{d}x = \varliminf_{n\to\infty} \int_E g_n(x) \mathrm{d}x \leqslant \varliminf_{n\to\infty} \int_E f_n(x) \mathrm{d}x.$$

注　在 Fatou 引理中只要求函数列 $\{f_n(x)\}$ 具备非负可测这一简单条件, 函数列的极限和积分序列的极限都不一定存在. 即使这两个极限都存在, 结论中的严格不等式也可能成立. 例如, 设 $E=[0,1]$, 考虑函数列

$$f_n(x) = \begin{cases} n, & x \in \left(0, \dfrac{1}{n}\right), \\ 0, & x \notin \left(0, \dfrac{1}{n}\right). \end{cases}$$

显然 $f(x) = \lim\limits_{n\to\infty} f_n(x) \equiv 0$, 所以 $\int_E f(x) \mathrm{d}x = 0$. 但是 $\int_E f_n(x) \mathrm{d}x = 1, \forall n \in \mathbf{N}$.

推论　设 $\{f_n(x) \mid n \in \mathbf{N}\}$ 是 E 上的一列可测函数.

(1) 如果存在可积函数 $\varphi(x)$, 使得 $f_n(x) \overset{\text{a.e.}}{\geqslant} \varphi(x) (\forall n \in \mathbf{N})$, 则

$$\int_E (\varliminf_{n\to\infty} f_n(x)) \mathrm{d}x \leqslant \varliminf_{n\to\infty} \int_E f_n(x) \mathrm{d}x;$$

(2) 如果存在可积函数 $\varphi(x)$, 使得 $f_n(x) \overset{\text{a.e.}}{\leqslant} \varphi(x) (\forall n \in \mathbf{N})$, 则

$$\varlimsup_{n\to\infty} \int_E f_n(x) \mathrm{d}x \leqslant \int_E (\varlimsup_{n\to\infty} f_n(x)) \mathrm{d}x.$$

证明　利用 Fatou 引理, 对 (1) 考虑 $f_n(x) - \varphi(x)$; 对 (2) 考虑 $-f_n(x)$.

定理 3.18（Lebesgue 控制收敛定理）　设 $\{f_n(x) \mid n \in \mathbf{N}\}$ 是 E 上的可测函数列. 如果

(1) $\lim\limits_{n\to\infty} f_n(x) \overset{\text{a.e.}}{=} f(x)$;

(2) 存在可积函数 $F(x)$, 使得 $|f_n(x)| \overset{\text{a.e.}}{\leqslant} F(x) (\forall n \in \mathbf{N})$, 则 $f(x)$ 在 E 上可积, 且

$$\int_E f(x) \mathrm{d}x = \lim_{n\to\infty} \int_E f_n(x) \mathrm{d}x.$$

证明　由条件可知 $|f(x)| \overset{\text{a.e.}}{\leqslant} F(x)$, 而 $F(x)$ 是可积函数, 所以 $f(x)$ 在 E 上可积. 又因为 $-F(x) \overset{\text{a.e.}}{\leqslant} f_n(x) \overset{\text{a.e.}}{\leqslant} F(x) (\forall n \in \mathbf{N})$, 根据 Fatou 引理的推论可得

$$\varlimsup_{n\to\infty} \int_E f_n(x) \mathrm{d}x \leqslant \int_E (\varlimsup_{n\to\infty} f_n(x)) \mathrm{d}x$$

$$= \int_E f(x) \mathrm{d}x = \int_E (\varliminf_{n\to\infty} f_n(x)) \mathrm{d}x$$

$$\leqslant \varliminf_{n\to\infty}\int_E f_n(x)\mathrm{d}x,$$

所以结论得证.

注　Lebesgue 控制收敛定理中的可积函数 $F(x)$ 称为函数列 $\{f_n(x)\}$ 的控制函数,控制函数的可积性条件不可缺少. 例如,设 $E=(-\infty,+\infty)$,考虑函数列

$$f_n(x):=\begin{cases}1, & x\in(-\infty,n],\\ -1, & x\in(n,+\infty).\end{cases}$$

显然函数列 $\{f_n(x)\}$ 的控制函数 $F(x)$ 必须满足 $F(x)\geqslant 1$ a. e. 于 $E=(-\infty,+\infty)$,但是这样的函数在 $E=(-\infty,+\infty)$ 上不可积. $\{f_n(x)\}$ 的极限函数 $f(x)\equiv 1$ 在 $(-\infty,+\infty)$ 上的积分无意义.

另外,Lebesgue 控制收敛定理对连续参变量的情形仍然成立. 设 $\{f_\alpha(x)\}$ 是 E 上的可测函数族,$\alpha\in I$. 如果 α_0 是 I 的一个聚点,$\lim\limits_{\alpha\to\alpha_0}f_\alpha(x)\overset{\text{a. e.}}{=}f(x)$,并且存在可积函数 $F(x)$,使得 $|f_\alpha(x)|\leqslant F(x)$ a. e. 于 $E(\forall\alpha\in I)$,那么 $f(x)$ 在 E 上可积,且

$$\int_E f(x)\mathrm{d}x=\lim_{\alpha\to\alpha_0}\int_E f_\alpha(x)\mathrm{d}x.$$

例 3.2　设函数 $f(x,y)$ 对每个 $y\in[c,d]$ 是 $[a,b]$ 上关于 x 的可积函数,对每个 $x\in[a,b]$ 在 $[c,d]$ 上关于 y 可导,并且存在 $[a,b]$ 上的可积函数 $F(x)$,使得

$$\left|\frac{\partial}{\partial y}f(x,y)\right|\leqslant F(x),\quad x\in[a,b],\quad y\in[c,d],$$

则

$$\frac{\mathrm{d}}{\mathrm{d}y}\int_{[a,b]}f(x,y)\mathrm{d}x=\int_{[a,b]}\frac{\partial}{\partial y}f(x,y)\mathrm{d}x,\quad y\in(c,d).$$

证明　因为

$$\lim_{h\to 0}\frac{1}{h}(f(x,y+h)-f(x,y))=\frac{\partial}{\partial y}f(x,y),\quad y\in(c,d),$$

再根据微分中值定理,

$$\left|\frac{1}{h}(f(x,y+h)-f(x,y))\right|$$
$$=\left|\frac{\partial}{\partial y}f(x,y+\theta h)\right|\leqslant F(x),\quad x\in[a,b],\quad y\in(c,d),$$

其中 $0\leqslant\theta\leqslant 1$,所以由 Lebesgue 控制收敛定理,

$$\frac{\mathrm{d}}{\mathrm{d}y}\int_{[a,b]}f(x,y)\mathrm{d}x=\lim_{h\to 0}\int_{[a,b]}\frac{1}{h}(f(x,y+h)-f(x,y))\mathrm{d}x$$
$$=\int_{[a,b]}\frac{\partial}{\partial y}f(x,y)\mathrm{d}x,\quad y\in(c,d).$$

这里不需要 $f(x,y)$ 和 $f_y(x,y)$ 在 $[a,b]\times[c,d]$ 上连续的条件.

例 3.3　设 $f(x)$ 是 $(0,+\infty)$ 上的可积函数,

$$g(x) = \int_0^{+\infty} \frac{f(t)}{x+t} \mathrm{d}t, \quad x \in (0, +\infty),$$

证明 $g(x)$ 是连续函数.

证明　对 $x_0 \in (0, +\infty)$，取 $0 < \delta < x_0$. 于是当 $x \in (\delta, +\infty)$ 时，

$$\left| \frac{f(t)}{x+t} \right| \leqslant \frac{|f(t)|}{\delta}, \quad t \in (0, +\infty).$$

根据 Lebesgue 控制收敛定理，

$$\lim_{x \to x_0} g(x) = \int_0^{+\infty} \left(\lim_{x \to x_0} \frac{f(t)}{x+t} \right) \mathrm{d}t = \int_0^{+\infty} \frac{f(t)}{x_0+t} \mathrm{d}t = g(x_0).$$

所以 $g(x)$ 在 x_0 处连续，由 x_0 的任意性，$g(x)$ 是连续函数.

Levi 定理、Fatou 引理和 Lebesgue 控制收敛定理合称为 Lebesgue 积分的三大极限定理. 它们在不同的条件下交换积分和极限运算的顺序，都有着十分重要的应用. 实际上这三大极限定理是等价的.

定理 3.19　设 $\{f_n(x) \mid n \in \mathbf{N}\}$ 是 E 上的可测函数列. 如果

(1) $f_n(x) \overset{\mu}{\to} f(x)$；

(2) 存在可积函数 $F(x)$，使得 $|f_n(x)| \overset{a.e}{\leqslant} F(x) (\forall n \in \mathbf{N})$，则 $f(x)$ 在 E 上可积，且

$$\int_E f(x) \mathrm{d}x = \lim_{n \to \infty} \int_E f_n(x) \mathrm{d}x.$$

证明　因为 $|f_n(x)| \overset{a.e}{\leqslant} F(x) (\forall n \in \mathbf{N})$，并且 $F(x)$ 是可积函数，所以在 E 上，$\{f_n(x)\}$ 是可积函数列. 对于有界数列 $\left\{ \int_E f_n(x) \mathrm{d}x \right\}$，取子序列 $\{f_{n_k}(x)\}$，使得

$$\lim_{k \to \infty} \int_E f_{n_k}(x) \mathrm{d}x = \varliminf_{n \to \infty} \int_E f_n(x) \mathrm{d}x.$$

因为 $f_n(x) \overset{\mu}{\to} f(x)$，所以 $f_{n_k}(x) \overset{\mu}{\to} f(x)$. 根据 Riesz 定理（定理 2.14），存在 $\{f_{n_k}(x)\}$ 的子序列，不妨仍记为 $\{f_{n_k}(x)\}$，使得 $f_{n_k}(x) \overset{a.e}{\to} f(x)$. 由 Lebesgue 控制收敛定理知 $f(x)$ 在 E 上可积，且

$$\int_E f(x) \mathrm{d}x = \lim_{k \to \infty} \int_E f_{n_k}(x) \mathrm{d}x,$$

从而

$$\int_E f(x) \mathrm{d}x = \varliminf_{n \to \infty} \int_E f_n(x) \mathrm{d}x.$$

同理可证

$$\int_E f(x) \mathrm{d}x = \varlimsup_{n \to \infty} \int_E f_n(x) \mathrm{d}x,$$

于是

$$\int_E f(x)\mathrm{d}x = \lim_{n\to\infty}\!\int_E f_n(x)\mathrm{d}x.$$

推论(有界收敛定理)　设 $\mu E<+\infty,\{f_n(x)\,|\,n\in\mathbf{N}\}$ 是 E 上的可测函数列. 如果

(1) $f_n(x)\overset{\mu}{\to}f(x)$(特别地, $\lim\limits_{n\to\infty}f_n(x)\overset{\text{a.e}}{=}f(x)$);

(2)存在常数 $C>0$,使得 $|f_n(x)|\overset{\text{a.e}}{\leqslant}C(\forall n\in\mathbf{N})$,

则 $f(x)$ 在 E 上可积,且

$$\int_E f(x)\mathrm{d}x = \lim_{n\to\infty}\!\int_E f_n(x)\mathrm{d}x.$$

定理 3.20　如果 $\{f_n(x)\,|\,n\in\mathbf{N}\}$ 是 E 上的可测函数列,并且

(1) $f_n(x)\overset{\mu}{\to}f(x)$;

(2)存在可积函数 $F(x)$,使得 $|f_n(x)|\overset{\text{a.e}}{\leqslant}F(x)(\forall n\in\mathbf{N})$,

则

$$\lim_{n\to\infty}\!\int_E |f_n(x)-f(x)|\,\mathrm{d}x = 0. \tag{3.7}$$

反之,如果 $\{f_n(x)\}$ 是 E 上的可测函数列, $f(x)$ 在 E 上可积,并且(3.7)式成立,则 $f_n(x)\overset{\mu}{\to}f(x)$.

证明　如果 $\{f_n(x)\}$ 满足条件(1)和(2),那么 $f(x)$ 在 E 上可积,并且

$$|f_n(x)-f(x)|\overset{\mu}{\to}0,\quad |f_n(x)-f(x)|\overset{\text{a.e}}{\leqslant}F(x)+|f(x)|.$$

于是由定理 3.19 即得(3.7)式.

反之,如果(3.7)式成立,因为 $\forall\varepsilon>0$,

$$\int_E |f_n(x)-f(x)|\,\mathrm{d}x\geqslant\int_{E[|f_n-f|\geqslant\varepsilon]}|f_n(x)-f(x)|\,\mathrm{d}x$$
$$\geqslant\varepsilon\mu(E[|f_n-f|\geqslant\varepsilon]),$$

所以 $\lim\limits_{n\to\infty}\mu E[|f_n-f|\geqslant\varepsilon]=0$.

注　如果(3.7)式成立,就有 $f_n(x)\overset{\mu}{\to}f(x)$,从而根据定理 2.14,存在子序列 $\{f_{n_k}(x)\}$,使得 $f_{n_k}(x)\overset{\text{a.e}}{\to}f(x)$. 但是即使 $\lim\limits_{n\to\infty}f_n(x)=f(x)$,(3.7)式不一定成立. 例如设 $E=[0,1]$,考虑函数列

$$f_n(x) = \begin{cases} n, & x\in(0,1/n), \\ 0, & x\notin(0,1/n). \end{cases}$$

显然 $\lim\limits_{n\to\infty}f_n(x)=f(x)\equiv0$,但是 $\lim\limits_{n\to\infty}\!\int_E |f_n(x)-f(x)|\,\mathrm{d}x=1$.

3.3　Lebesgue 积分与 Riemann 积分的关系

下面的定理给出了 Lebesgue 积分和 Riemann 积分的关系. 从可积函数的范

围来看,Lebesgue 积分比 Riemann 积分广泛,并且包含后者为特例. 从前面的内容已经知道,在使用积分时,Lebesgue 积分比 Riemann 积分更加方便.

定理 3.21　(1)设 $f(x)$ 是$[a,b]$上的有界函数,则 $f(x)$ 在$[a,b]$上 Riemann 可积的充要条件是 $f(x)$ 在$[a,b]$上几乎处处连续;

(2)如果 $f(x)$ 在$[a,b]$上 Riemann 可积,则 $f(x)$ 在$[a,b]$上 Lebesgue 可积,并且积分值相同.

这个定理的证明见《实变函数与泛函分析概要》(郑维行,王声望　1989).

由定理 3.21 可知,Lebesgue 积分是 Riemann 积分的拓广. 对于广义 Riemann 积分,定理 3.21 不再成立. 例如,设 $E=[1, +\infty)$,函数 $f(x)=\dfrac{\sin x}{x}$ 在 $[1, +\infty)$ 上是广义 Riemann 可积的,但因为它不是绝对可积的,所以不是 Lebesgue 可积. 这表明 Lebesgue 积分并不是广义 Riemann 积分的推广. 下面应用 Lebesgue 积分的性质来讨论 Lebesgue 积分与广义 Riemann 积分之间的关系. 由于在 Lebesgue 积分中没有要求 $\mu E<+\infty$,并且没有限定被积函数有界,所以 Lebesgue 积分没有常义与广义之分. 在下面的讨论中,用 $(R)\displaystyle\int_a^b f(x)\mathrm{d}x$ 和 $(R)\displaystyle\int_0^{+\infty} f(x)\mathrm{d}x$ 等记号来表明 Riemann 积分,而 $\displaystyle\int_a^b f(x)\mathrm{d}x$ 和 $\displaystyle\int_0^{+\infty} f(x)\mathrm{d}x$ 即是 Lebesgue 积分.

引理 3.2　设 $f(x)$ 是$[0, +\infty)$上的非负有限函数. 如果对任意 $t\in(0, +\infty)$,$f(x)$ 在$[0,t]$上 Riemann 可积,则

$$\int_{[0,+\infty)} f(x)\mathrm{d}x = \int_0^{+\infty} f(x)\mathrm{d}x = (R)\int_0^{+\infty} f(x)\mathrm{d}x.$$

证明　$\forall n\in\mathbf{N}$,函数 $f(x)$ 在$[0,n]$上 Riemann 可积. 由定理 3.21 可知 $f(x)$ 在$[0,n]$上可测,从而 $f(x)$ 在 $\bigcup_{n=1}^{\infty}[0,n]=[0,+\infty)$ 上可测. 根据非负可测函数积分的 σ-可加性和定理 3.21,有

$$\int_0^{+\infty} f(x)\mathrm{d}x = \sum_{n=1}^{\infty}\int_{[n-1,n)} f(x)\mathrm{d}x = \lim_{n\to\infty}\int_{[0,n)} f(x)\mathrm{d}x = (R)\int_0^{+\infty} f(x)\mathrm{d}x.$$

定理 3.22　设 $f(x)$ 是$[0,+\infty)$上的有限函数,对任意 $t\in(0, +\infty)$,$f(x)$ 在$[0,t]$上 Riemann 可积.

(1)如果 $(R)\displaystyle\int_0^{+\infty}|f(x)|\mathrm{d}x<+\infty$,则 $\displaystyle\int_{[0,+\infty)} f(x)\mathrm{d}x = (R)\int_0^{+\infty} f(x)\mathrm{d}x$;

(2)如果 $(R)\displaystyle\int_0^{+\infty}|f(x)|\mathrm{d}x=+\infty$,$(R)\displaystyle\int_0^{+\infty} f(x)\mathrm{d}x$ 收敛,则 $\displaystyle\int_{[0,+\infty)} f(x)\mathrm{d}x$ 无意义.

证明　由于 $\forall t\in(0,+\infty)$,$f(x)$ 在$[0,t]$上 Riemann 可积,故 $|f(x)|$ 在$[0,t]$

上 Riemann 可积. 从而

$$f^{\pm}(x) = \frac{1}{2}\big[|f(x)| \pm f(x)\big]$$

在 $[0,t]$ 上 Riemann 可积. 根据引理 3.2,

$$\int_{[0,+\infty)} f^{\pm}(x)\mathrm{d}x = (R)\int_0^{+\infty} f^{\pm}(x)\mathrm{d}x$$

$$= \lim_{t \to +\infty}(R)\int_0^t \frac{1}{2}\big[|f(x)| \pm f(x)\big]\mathrm{d}x$$

$$= (R)\int_0^{+\infty} \frac{1}{2}|f(x)|\mathrm{d}x \pm (R)\int_0^{+\infty} \frac{1}{2}f(x)\mathrm{d}x. \qquad (3.8)$$

(1) 如果 $(R)\int_0^{+\infty}|f(x)|\mathrm{d}x < +\infty$, 由引理 3.2, $f^+(x)$ 和 $f^-(x)$ 都在 $[0,+\infty)$ 上 Lebesgue 可积,从而由式(3.8),

$$\int_{[0,+\infty)} f(x)\mathrm{d}x = \int_{[0,+\infty)} f^+(x)\mathrm{d}x - \int_{[0,+\infty)} f^-(x)\mathrm{d}x = (R)\int_0^{+\infty} f(x)\mathrm{d}x.$$

(2) 如果 $(R)\int_0^{+\infty}|f(x)|\mathrm{d}x = +\infty$, $(R)\int_0^{+\infty} f(x)\mathrm{d}x$ 收敛,由式(3.8)可见, $f^+(x)$ 和 $f^-(x)$ 在 $[0,+\infty)$ 上的 Lebesgue 积分都是 $+\infty$,所以 $f(x)$ 在 $[0,+\infty)$ 上 Lebesgue 积分没有意义.

对于其他无穷区间上的广义 Riemann 积分以及无界函数的广义 Riemann 积分,有与定理 3.22 类似的结果.

3.4　微分和积分

本节讨论一些可测函数的微分性质,以及微分与积分的关系.

1. 单调函数与有界变差函数

定理 3.23　如果 $f(x)$ 是 $[a,b]$ 上的单调递增函数,则 $f(x)$ 在 $[a,b]$ 上几乎处处存在有限的导数 $f'(x)$,并且 $f'(x)$ 在 $[a,b]$ 可积,

$$\int_a^b f'(x)\mathrm{d}x \leqslant f(b) - f(a).$$

这个定理的证明见《实变函数与泛函分析概要》(郑维行,王声望　1989).

定理中的不等式可以是严格的,也即 Newton-Leibniz 公式不成立. 例如,考虑 $[-1,1]$ 上的 Heaviside 函数

$$H(x) = \begin{cases} 0, & -1 \leqslant x < 0, \\ 1, & 0 \leqslant x \leqslant 1. \end{cases}$$

显然 $H'(x) \overset{a.e.}{=} 0$,因此,

$$\int_{[-1,1]} H'(x)\mathrm{d}x = 0 < H(1) - H(-1) = 1.$$

定义 3.4　设 $f(x)$ 是区间 $[a,b]$ 上的有限函数,对于 $[a,b]$ 的任一划分

$$T: a = x_0 < x_1 < \cdots < x_n = b,$$

作和式($f(x)$ 关于划分 T 的变差)

$$V_f(T) = \sum_{i=1}^n |f(x_i) - f(x_{i-1})|.$$

如果对于 $[a,b]$ 的一切划分 T,$\{V_f(T)\}$ 为有界数集,就称 $f(x)$ 是 $[a,b]$ 上的有界变差函数,并称 $\{V_f(T)\}$ 的上确界为 $f(x)$ 在 $[a,b]$ 上的全变差,记为 $V_a^b(f)$,即

$$V_a^b(f) = \sup_T \Big\{ \sum_{i=1}^n |f(x_i) - f(x_{i-1})| \Big\}.$$

记 $[a,b]$ 上有界变差函数的全体为 $BV[a,b]$.

定理 3.24　$[a,b]$ 上的单调函数是有界变差函数.

证明　不妨设 $f(x)$ 在 $[a,b]$ 上单调递增. 对于 $[a,b]$ 的任一划分

$$T: a = x_0 < x_1 < \cdots < x_n = b,$$

有

$$V_f(T) = \sum_{i=1}^n |f(x_i) - f(x_{i-1})| = \sum_{i=1}^n (f(x_i) - f(x_{i-1})) = f(b) - f(a).$$

因此 $\{V_f(T)\}$ 是有界集,$f \in BV[a,b]$. 易见单调函数的全变差

$$V_a^b(f) = |f(b) - f(a)|.$$

定理 3.25　$[a,b]$ 上满足 Lipschitz 条件的函数是有界变差函数.

证明　设函数 $f(x)$ 在区间 $[a,b]$ 上满足 Lipschitz 条件,于是存在常数 $L>0$,使得对一切 $x', x'' \in [a,b]$,成立

$$|f(x') - f(x'')| \leqslant L|x' - x''|.$$

设 $T: a = x_0 < x_1 < \cdots < x_n = b$ 是 $[a,b]$ 上的任一划分,则

$$V_f(T) = \sum_{i=1}^n |f(x_i) - f(x_{i-1})| \leqslant \sum_{i=1}^n L|x_i - x_{i-1}|$$

$$= L \sum_{i=1}^n (x_i - x_{i-1}) = L(b - a).$$

所以 $\sup_T \{V_f(T)\} \leqslant L(b-a) < +\infty$,故 $f \in BV[a,b]$.

从定理 3.25 可知,如果函数 $f(x)$ 在 $[a,b]$ 上具有有界导数,则 $f \in BV[a,b]$. 显然,有界变差函数不一定是连续函数,而连续函数也不一定是有界变差函数. 例如,考虑 $[0,1]$ 上的连续函数

$$f(x) = \begin{cases} x\cos\dfrac{\pi}{2x}, & x \in (0,1], \\ 0, & x = 0. \end{cases}$$

∀ $n \in \mathbf{N}$，作划分

$$T_n : 0 < \frac{1}{2n} < \frac{1}{2n-1} < \cdots < \frac{1}{3} < \frac{1}{2} < 1,$$

则有

$$V_f(T_n) = 1 + \frac{1}{2} + \frac{1}{3} + \cdots + \frac{1}{n} \to +\infty \quad (n \to +\infty).$$

这表明 $\{V_f(T)\}$ 无界，因此 $f(x)$ 不是有界变差函数.

由有界变差函数的定义容易得出下面的结论.

定理 3. 26 (1) 如果 $f \in BV[a,b]$，则 $f(x)$ 有界；

(2) 如果 $f \in BV[a,b], c \in (a,b)$，则 $f \in BV[a,c]$，$f \in BV[c,b]$，并且

$$V_a^b(f) = V_a^c(f) + V_c^b(f).$$

特别地，如果 $f \in BV[a,b], [c,d] \subset [a,b]$，则 $f \in BV[c,d]$；

(3) 设 $f, g \in BV[a,b]$，则 $f \pm g \in BV[a,b]$，$f \cdot g \in BV[a,b]$；

(4) 设 $f, g \in BV[a,b]$，如果存在常数 $\sigma > 0$，使得 $|g(x)| \geqslant \sigma$，则

$$\frac{f}{g} \in BV[a,b].$$

下面的 Jordan 分解定理，揭示了有界变差函数与单调函数之间的密切关系.

定理 3. 27 (Jordan 分解定理) $[a,b]$ 上的函数 $f(x)$ 是有界变差函数当且仅当 $f(x)$ 可以表示为 $[a,b]$ 上两个单调递增函数之差.

证明 由定理 3. 24 和定理 3. 26 可知两个单调递增函数之差是有界变差函数.

反之，令 $V(x) = V_a^x(f), x \in [a,b]$，称为 $f(x)$ 在 $[a,b]$ 上的全变差函数. 当 $x_2 > x_1$ 时，

$$V(x_2) - V(x_1) = V_a^{x_2}(f) - V_a^{x_1}(f) = V_{x_1}^{x_2}(f) \geqslant 0,$$

因此 $V(x)$ 是 $[a,b]$ 上的单调递增函数.

令 $\varphi(x) = V(x) - f(x)$，则 $f(x) = V(x) - \varphi(x)$. 下面证明 $\varphi(x)$ 也是单调递增函数. 事实上，当 $x_2 > x_1$ 时，有

$$\varphi(x_2) - \varphi(x_1) = [V(x_2) - V(x_1)] - [f(x_2) - f(x_1)]$$
$$= V_{x_1}^{x_2}(f) - [f(x_2) - f(x_1)].$$

因为 $V_{x_1}^{x_2}(f)$ 是 $f(x)$ 在 $[x_1, x_2]$ 上的全变差，因此 $|f(x_2) - f(x_1)| \leqslant V_{x_1}^{x_2}(f)$，从而

$$\varphi(x_2) - \varphi(x_1) \geqslant 0.$$

即 $\varphi(x)$ 是 $[a,b]$ 上的单调递增函数.

由 Jordan 分解定理和单调函数的性质可推出有界变差函数的重要性质.

定理 3. 28 设 $f(x)$ 是 $[a,b]$ 上的有界变差函数，则

(1) $f(x)$ 的间断点都是第一类间断点，且间断点集是至多可数集，从而 $f(x)$

在$[a,b]$上几乎处处连续;

(2)$f(x)$ 在$[a,b]$上几乎处处存在有限的导数 $f'(x)$,并且 $f'(x)$ 在$[a,b]$可积.

2. 绝对连续函数

定义 3.5　设 $f(x)$ 是$[a,b]$上的有限函数. 如果 $\forall \varepsilon > 0$, 存在 $\delta > 0$, 使得对$[a,b]$中任意有限个互不相交的开区间$(a_i,b_i)(i=1,2,3,\cdots,n)$当 $\sum\limits_{i=1}^{n}(b_i-a_i)<\delta$时, 有

$$\sum_{i=1}^{n}|f(b_i)-f(a_i)|<\varepsilon, \tag{3.9}$$

则称 $f(x)$ 是$[a,b]$上的绝对连续函数.

$[a,b]$上所有绝对连续函数的全体记作 $AC[a,b]$. 定义中的(3.9)式可以表示成

$$\left|\sum_{i=1}^{n}[f(b_i)-f(a_i)]\right|<\varepsilon.$$

事实上,如果 $\forall \varepsilon > 0$, 存在 $\delta > 0$, 使得对$[a,b]$中任意有限个互不相交的开区间$(a_i,b_i)(i=1,2,3,\cdots,n)$,当 $\sum\limits_{i=1}^{n}(b_i-a_i)<\delta$ 时, 有

$$\left|\sum_{i=1}^{n}[f(b_i)-f(a_i)]\right|<\frac{\varepsilon}{2},$$

将这些区间分成两类:

$$A=\{(a_i,b_i)\,|\,f(b_i)-f(a_i)\geqslant 0,1\leqslant i\leqslant n\},$$
$$B=\{(a_i,b_i)\,|\,f(b_i)-f(a_i)<0,1\leqslant i\leqslant n\}.$$

于是

$$\sum_{A}|f(b_i)-f(a_i)|=\left|\sum_{A}[f(b_i)-f(a_i)]\right|<\frac{\varepsilon}{2},$$
$$\sum_{B}|f(b_i)-f(a_i)|=\left|\sum_{B}[f(b_i)-f(a_i)]\right|<\frac{\varepsilon}{2},$$

从而

$$\sum_{i=1}^{n}|f(b_i)-f(a_i)|=\sum_{A}|f(b_i)-f(a_i)|+\sum_{B}|f(b_i)-f(a_i)|<\varepsilon.$$

定理 3.29　$[a,b]$上满足 Lipschitz 条件的函数是绝对连续函数.

证明　设函数 $f(x)$ 在$[a,b]$上满足 Lipschitz 条件,于是存在常数 $L>0$, 使得 $\forall x',x''\in[a,b]$,有

$$|f(x')-f(x'')|\leqslant L|x'-x''|,$$

所以对$[a,b]$中任意有限个互不相交的开区间$(a_i,b_i)(i=1,2,3,\cdots,n)$,

$$\sum_{i=1}^{n}|f(b_i)-f(a_i)|\leqslant L\sum_{i=1}^{n}(b_i-a_i).$$

$\forall\varepsilon>0$,取$\delta=\dfrac{\varepsilon}{L}>0$,当$\displaystyle\sum_{i=1}^{n}(b_i-a_i)<\delta$时,

$$\sum_{i=1}^{n}|f(b_i)-f(a_i)|\leqslant L\sum_{i=1}^{n}(b_i-a_i)<\varepsilon.$$

所以$f\in AC[a,b]$.

定理3.30　设$f\in AC[a,b]$,则f在$[a,b]$上一致连续,并且$f\in BV[a,b]$.

证明　在绝对连续函数的定义中,取$n=1$时即可得$f(x)$在$[a,b]$上一致连续.

对于$\varepsilon=1$,存在$\delta_0>0$,使得对$[a,b]$中任意有限个互不相交的开区间$(a_i,b_i)$$(i=1,2,3,\cdots,n)$,当$\displaystyle\sum_{i=1}^{n}(b_i-a_i)<\delta_0$时,有$\displaystyle\sum_{i=1}^{n}|f(b_i)-f(a_i)|<1$.

取定$[a,b]$的一个分划

$$T:a=x_0<x_1<\cdots<x_N=b,$$

使得$x_i-x_{i-1}<\delta_0,i=1,2,\cdots,N$. 容易看出,$V_{x_{i-1}}^{x_i}(f)\leqslant1,i=1,2,\cdots,N$,所以有

$$V_a^b(f)=\sum_{i=1}^{N}V_{x_{i-1}}^{x_i}(f)\leqslant N,$$

这表明$f\in BV[a,b]$.

由定理3.30和定理3.28知,$[a,b]$上的绝对连续函数$f(x)$几乎处处存在有限的导数$f'(x)$,并且$f'(x)$在$[a,b]$可积. 但是$f(x)$在$[a,b]$上不一定处处可导,例如取$[-1,1]$上的函数

$$f(x)=\begin{cases}0,&-1\leqslant x\leqslant0,\\x,&0\leqslant x\leqslant1.\end{cases}$$

显然这个函数满足Lipschitz条件,故绝对连续,但不是处处可导.

定理3.31　设$f,g\in AC[a,b]$,则$f\pm g\in AC[a,b]$,$f\cdot g\in AC[a,b]$;又当在$[a,b]$上$g(x)\neq0$时,$\dfrac{f}{g}\in AC[a,b]$.

证明　因为$f,g\in AC[a,b]$,所以$\forall\varepsilon>0$,存在$\delta>0$,使得对$[a,b]$中任意有限个互不相交的开区间$(a_i,b_i)(i=1,2,3,\cdots,n)$,当$\displaystyle\sum_{i=1}^{n}(b_i-a_i)<\delta$时,有

$$\sum_{i=1}^{n}|f(b_i)-f(a_i)|<\varepsilon,\quad\sum_{i=1}^{n}|g(b_i)-g(a_i)|<\varepsilon.$$

于是

$$\sum_{i=1}^{n}|(f(b_i)\pm g(b_i))-(f(a_i)\pm g(a_i))|$$

$$\leqslant \sum_{i=1}^{n} |f(b_i) - f(a_i)| + \sum_{i=1}^{n} |g(b_i) - g(a_i)| < 2\varepsilon,$$

即 $f \pm g \in AC[a,b]$.

又由于 $f, g \in BV[a,b]$，所以 $f(x)$ 和 $g(x)$ 都是有界函数，存在常数 $M > 0$，使得 $|f(x)| \leqslant M$, $|g(x)| \leqslant M$，于是

$$\sum_{i=1}^{n} |f(b_i)g(b_i) - f(a_i)g(a_i)|$$

$$\leqslant M \sum_{i=1}^{n} |f(b_i) - f(a_i)| + M \sum_{i=1}^{n} |g(b_i) - g(a_i)| < 2M\varepsilon,$$

即 $f \cdot g \in AC[a,b]$.

因为在 $[a,b]$ 上 $g(x) \neq 0$，所以存在常数 $\sigma > 0$，使得 $|g(x)| \geqslant \sigma$. 于是

$$\sum_{i=1}^{n} \left| \frac{1}{g(b_i)} - \frac{1}{g(a_i)} \right| \leqslant \frac{1}{\sigma^2} \sum_{i=1}^{n} |g(b_i) - g(a_i)| < \frac{\varepsilon}{\sigma^2},$$

即 $\dfrac{1}{g} \in AC[a,b]$，从而 $\dfrac{f}{g} \in AC[a,b]$.

定理 3.32 设 $f(x)$ 是 $[a,b]$ 上的绝对连续函数. 如果 $f'(x) \overset{\text{a.e.}}{=} 0$，则 $f(x)$ 为常数.

这个定理的证明见《实变函数与泛函分析概要》(郑维行，王声望 1989). 定理中绝对连续的条件是必需的. 事实上，考虑 $[-1,1]$ 上的 Heaviside 函数 $H(x)$，即可知 $H'(x) \overset{\text{a.e.}}{=} 0$，但是 $H(x)$ 不是常数函数.

定理 3.33 设 $f(x)$ 是 $[a,b]$ 上的可积函数，则函数

$$F(x) = \int_a^x f(t) \mathrm{d}t \tag{3.10}$$

是 $[a,b]$ 上的绝对连续函数.

证明 因为 $f(x)$ 可积，故 $|f(x)|$ 也可积. 对任意 $\varepsilon > 0$，由积分的绝对连续性，存在 $\delta > 0$，当 $A \subset [a,b]$，$\mu A < \delta$ 时，有

$$\int_A |f(x)| \mathrm{d}x < \varepsilon.$$

设 $(a_i, b_i)(i = 1, 2, 3, \cdots, n)$ 是 $[a,b]$ 中任意有限个互不相交的开区间，如果

$$\mu\left(\bigcup_{i=1}^{n} (a_i, b_i) \right) = \sum_{i=1}^{n} (b_i - a_i) < \delta,$$

那么

$$\sum_{i=1}^{n} |F(b_i) - F(a_i)| = \sum_{i=1}^{n} \left| \int_a^{b_i} f(t) \mathrm{d}t - \int_a^{a_i} f(t) \mathrm{d}t \right|$$

$$= \sum_{i=1}^{n} \left| \int_{a_i}^{b_i} f(t) \mathrm{d}t \right| \leqslant \sum_{i=1}^{n} \int_{a_i}^{b_i} |f(t)| \mathrm{d}t$$

$$= \int_{\bigcup\limits_{i=1}^{n}(a_i,b_i)} |f(t)|\, \mathrm{d}t < \varepsilon.$$

从而 $F(x)$ 是 $[a,b]$ 上的绝对连续函数.

定理 3.34　设 $f(x)$ 是 $[a,b]$ 上的可积函数,则对由(3.10)式定义的函数 $F(x)$,有 $F'x \overset{\text{a.e.}}{=} f(x)$ 成立.

定理的证明见《实变函数与泛函分析概要》(郑维行,王声望 1989).

定理 3.35　设 $F(x)$ 是 $[a,b]$ 上的绝对连续函数,则

$$F(x) = \int_a^x F'(t)\mathrm{d}t + F(a), \quad x \in [a,b].$$

证明　因为 $F(x)$ 是绝对连续函数,则 $F(x)$ 在 $[a,b]$ 上几乎处处存在有限的导数 $F'(x)$,并且 $F'(x)$ 在 $[a,b]$ 可积. 令

$$\Phi(x) = F(a) + \int_a^x F'(t)\mathrm{d}t,$$

由定理 3.33 和定理 3.34 知, $\Phi(x)$ 是绝对连续函数且

$$\Phi'(x) \overset{\text{a.e.}}{=} F'(x).$$

根据定理 3.32,存在常数 C,使得

$$\Phi(x) - F(x) = C, \quad x \in [a,b].$$

但是 $\Phi(a) = F(a)$,从而 $C = 0$,故 $\Phi(x) = F(x)$.

由定理 3.33 和定理 3.35,容易得到下面两个推论.

推论 1　函数 $F(x)$ 在 $[a,b]$ 上绝对连续的充分必要条件是存在可积函数 $f(x)$,使得

$$F(x) = \int_a^x f(t)\mathrm{d}t + C, \quad x \in [a,b],$$

其中 C 是常数.

推论 2　设 $F \in AC[a,b]$,则 Newton-Leibniz 公式

$$\int_a^b F'(x)\mathrm{d}x = F(b) - F(a)$$

成立.

定理 3.36　设 $f \in AC[a,b]$,如果 $f'(x) \overset{\text{a.e.}}{\geqslant} 0$,则 $f(x)$ 是单调递增函数.

证明　因为 $f \in AC[a,b]$,所以根据定理 3.35,

$$f(x) = \int_a^x f'(t)\mathrm{d}t + f(a), \quad x \in [a,b].$$

于是 $\forall x, y \in [a,b]$,当 $x \leqslant y$ 时,

$$f(y) - f(x) = \int_a^y f'(t)\mathrm{d}t - \int_a^x f'(t)\mathrm{d}t = \int_{[x,y]} f'(t)\mathrm{d}t \geqslant 0,$$

故 $f(x)$ 是单调递增函数.

下面的两个定理见《实变函数论》(那汤松　1958).

定理 3.37　设 $f \in AC[a,b]$，则 $\int_a^b |f'(t)| \mathrm{d}t = V_a^b(f)$.

定理 3.38(积分的变量替换)　设 $\varphi \in AC[\alpha,\beta]$，严格单调增加，$\varphi(\alpha)=a$，$\varphi(\beta)=b$. 如果 $f(x)$ 是 $[a,b]$ 上的可积函数，那么

$$\int_a^b f(x)\mathrm{d}x = \int_\alpha^\beta f(\varphi(t))\varphi'(t)\mathrm{d}t.$$

3.5　Fubini 定理

本节给出关于重积分交换积分次序的 Fubini 定理.

定理 3.39　存在唯一的子集族 $\mathscr{L}(\mathbf{R}^2) \subset 2^{\mathbf{R}^2}$ 及集函数 $m:\mathscr{L}(\mathbf{R}^2) \to [0,+\infty]$ 满足下面的性质：

$(P_1)\varnothing \in \mathscr{L}(\mathbf{R}^2)$;

(P_2)如果 $A_n \in \mathscr{L}(\mathbf{R}^2)(n \in \mathbf{N})$，则 $\bigcup\limits_{n=1}^\infty A_n \in \mathscr{L}(\mathbf{R}^2)$;

(P_3)如果 $A \in \mathscr{L}(\mathbf{R}^2)$，则 $A^C \in \mathscr{L}(\mathbf{R}^2)$;

(P_4)如果 $G \subset \mathbf{R}^2$ 是开集，则 $G \in \mathscr{L}(\mathbf{R}^2)$;

$(Q_1)m(\varnothing)=0$;

(Q_2)如果 $A,B \in \mathscr{L}(\mathbf{R})$，则 $A \times B \in \mathscr{L}(\mathbf{R}^2)$，并且 $m(A \times B) = \mu A \cdot \mu B$;

$(Q_3)(\sigma\text{-可加性})$如果 $A_n \in \mathscr{L}(\mathbf{R}^2)(n \in \mathbf{N})$ 互不相交，则

$$m\Big(\bigcup_{n=1}^\infty A_n\Big) = \sum_{n=1}^\infty m(A_n);$$

$(Q_4)(\text{完备性})$设 $A \in \mathscr{L}(\mathbf{R}^2)$，并且 $mA=0$，如果 $B \subset A$，则 $B \in \mathscr{L}(\mathbf{R}^2)$;

$(Q_5)(\text{平移不变性})$如果 $A \in \mathscr{L}(\mathbf{R}^2)$，$A \neq \varnothing$，$M \in \mathbf{R}^2$，则 $A+M \in \mathscr{L}(\mathbf{R}^2)$，并且 $m(A+M)=mA$;

$(Q_6)(\text{逼近性质})$如果 $A \in \mathscr{L}(\mathbf{R}^2)$，则 $\forall \varepsilon > 0$，存在闭集 F 与开集 G，$F \subset A \subset G$，使得 $m(G \backslash F) < \varepsilon$.

集族 $\mathscr{L}(\mathbf{R}^2)$ 中的元素是 $\mathbf{R}^2$ 的子集，称为 Lebesgue 可测集. 集函数

$$m:\mathscr{L}(\mathbf{R}^2) \to [0,+\infty]$$

称为 $\mathscr{L}(\mathbf{R}^2)$ 上的 Lebesgue 测度. $\mathbf{R}^2$ 中的 Lebesgue 可测集和 Lebesgue 测度具有类似于第 1 章中的相应结论. 由此可以类似地定义 $\mathbf{R}^2$ 中的可测函数和可测函数的 Lebesgue 积分，并具有相应的性质. 最后我们给出关于重积分交换积分次序的 Fubini 定理.

定理 3.40(Fubini)　设 $E_1,E_2 \in \mathscr{L}(\mathbf{R})$，$f(x,y)$ 是 $E_1 \times E_2$ 上的可积函数，则

(1)对几乎所有的 $x \in E_1(y \in E_2)$，$f(x,y)$ 是 $E_2(E_1)$ 上的可积函数；

(2)在 $E_1(E_2)$ 上几乎处处有定义的函数

$$g_1(x) = \int_{E_2} f(x,y)\mathrm{d}y \left(g_2(y) = \int_{E_1} f(x,y)\mathrm{d}x \right)$$

是 $E_1(E_2)$ 上的可积函数;

(3)积分可以交换次序

$$\int_{E_1 \times E_2} f(x,y)\mathrm{d}m = \int_{E_1 \times E_2} f(x,y)\mathrm{d}x\mathrm{d}y$$

$$= \int_{E_1} \mathrm{d}x \int_{E_2} f(x,y)\mathrm{d}y = \int_{E_2} \mathrm{d}y \int_{E_1} f(x,y)\mathrm{d}x.$$

本节定理的详细证明以及相关的一些内容,可以参看本书所列的参考文献.

例 3.4　设 $f(x,y)$ 在 $[0,1] \times [0,1]$ 上可积,证明

$$\int_0^1 \mathrm{d}x \int_0^x f(x,y)\mathrm{d}y = \int_0^1 \mathrm{d}y \int_y^1 f(x,y)\mathrm{d}x.$$

证明　记 $E = \{(x,y) \mid 0 \leqslant y \leqslant x, 0 \leqslant x \leqslant 1\}$,则 $E \in \mathscr{L}(\mathbf{R}^2)$,且 $\chi_E(x,y)f(x,y)$ 是可测函数. 因为

$$|\chi_E(x,y)f(x,y)| \leqslant |f(x,y)|,$$

所以 $\chi_E(x,y)f(x,y)$ 可积. 根据 Fubini 定理

$$\int_0^1 \mathrm{d}x \int_0^x f(x,y)\mathrm{d}y = \int_0^1 \mathrm{d}x \int_0^1 \chi_E(x,y)f(x,y)\mathrm{d}y$$

$$= \int_0^1 \mathrm{d}y \int_0^1 \chi_E(x,y)f(x,y)\mathrm{d}x$$

$$= \int_0^1 \mathrm{d}y \int_y^1 f(x,y)\mathrm{d}x.$$

习　题　3

1. 设 $f(x)$ 和 $h(x)$ 是 E 上的可积函数,$g(x)$ 在 E 上可测,并且在 E 上

$$f(x) \overset{a.e.}{\leqslant} g(x) \overset{a.e.}{\leqslant} h(x),$$

证明 $g(x)$ 在 E 上积.

2. 设 $f(x)$ 和 $g(x)$ 在 E 上可测,$f^2(x)$ 和 $g^2(x)$ 在 E 上可积,证明 $f(x) \cdot g(x)$ 在 E 上可积.

3. 设 $f(x)$ 和 $g(x)$ 在 E 上可积,证明 $\sqrt{f^2(x) + g^2(x)}$ 在 E 上可积.

4. 设 $E_k(k=1,2,3,\cdots,n)$ 是 $[0,1]$ 中的可测集,如果 $[0,1]$ 中的任意一点都至少属于这 n 个集合中的 q 个,证明存在 $k_0(1 \leqslant k_0 \leqslant n)$,使得 $\mu(E_{k_0}) \geqslant \dfrac{q}{n}$.

5. 设 $f(x)$ 在 E 上可积,证明 $\lim\limits_{n \to \infty} n\mu E[\,|f| \geqslant n] = 0$.

6. 设 $f(x)$ 在 E 上可测,$\mu E < +\infty$. 证明 $f(x)$ 在 E 上可积的充分必要条件是级数 $\sum\limits_{n=1}^{\infty} \mu E[\,|f| \geqslant n]$ 收敛. 当 $\mu E = +\infty$ 时,结论是否成立?

7. 设 $\mu E > 0$，$f(x)$ 和 $g(x)$ 在 E 上可积. 如果 $f(x) < g(x)$，$\forall x \in E$，证明

$$\int_E f(x) \mathrm{d}x < \int_E g(x) \mathrm{d}x.$$

8. 设 $f(x)$ 和 $g(x)$ 在 E 上可积，证明 $f(x) \overset{a.e.}{=} g(x)$ 的充分必要条件是对任意可测子集 $A \subset E$，有 $\int_A f(x) \mathrm{d}x = \int_A g(x) \mathrm{d}x$.

9. 设 $f(x)$ 在 E 上可积，如果对任意可测子集 $A \subset E$，有 $\int_A f(x) \mathrm{d}x \geqslant 0$，证明 $f(x) \overset{a.e.}{\geqslant} 0$.

10. 设 $f(x)$ 在 E 上可积，如果对于 E 上的任何有界可测函数 $\varphi(x)$，都有

$$\int_E f(x) \varphi(x) \mathrm{d}x = 0,$$

证明 $f(x) \overset{a.e.}{=} 0$.

11. 设 $f(x)$ 为 $[0,1]$ 上的可积函数，并且对任意 $c \in [0,1]$，有

$$\int_{[0,c]} f(x) \mathrm{d}x = 0,$$

证明 $f(x) \overset{a.e.}{=} 0$.

12. 设 $\mu E < +\infty$，$f(x)$ 在 E 上可积，$\{E_n \mid n \in \mathbf{N}\}$ 为 E 的一列可测子集. 如果 $\lim\limits_{n \to \infty} \mu E_n = \mu E$，证明 $\lim\limits_{n \to \infty} \int_{E_n} f(x) \mathrm{d}x = \int_E f(x) \mathrm{d}x$.

13. 设 $f(x)$ 是 E 上几乎处处有限的非负可测函数，令

$$f_n(x) = \begin{cases} f(x), & x \in E[f \leqslant n], \\ 0, & x \in E[f > n]. \end{cases}$$

证明 $f_n(x) \overset{a.e.}{\to} f(x)$ 且 $\int_E f(x) \mathrm{d}x = \lim\limits_{n \to \infty} \int_E f_n(x) \mathrm{d}x$.

14. 设 $\{f_n(x) \mid n \in \mathbf{N}\}$ 是 E 上一列非负可测函数，且在 E 上 $f_n(x) \overset{\mu}{\to} f(x)$，证明 $\int_E f(x) \mathrm{d}x \leqslant \varliminf\limits_{n \to \infty} \int_E f_n(x) \mathrm{d}x$.

15. 设 $\{f_n(x) \mid n \in \mathbf{N}\}$ 是 E 上一列可积函数，并且 $f_n(x) \overset{a.e.}{\to} f(x)$ 或 $f_n(x) \overset{\mu}{\to} f(x)$，如果存在常数 K，使得

$$\int_E |f_n(x)| \mathrm{d}x \leqslant K, \quad \forall n \in \mathbf{N},$$

证明 $f(x)$ 是可积函数.

16. 设 $f(x)$ 和 $f_n(x) (n \in \mathbf{N})$ 都是 E 上的可积函数，$f_n(x) \overset{a.e.}{\to} f(x)$，并且

$$\lim\limits_{n \to \infty} \int_E |f_n(x)| \mathrm{d}x = \int_E |f(x)| \mathrm{d}x,$$

证明在任意可测子集 $A \subset E$ 上，有

$$\lim\limits_{n \to \infty} \int_A |f_n(x)| \mathrm{d}x = \int_A |f(x)| \mathrm{d}x.$$

17. 证明定理 3.26.

18. 设 $f \in BV[a,b]$，证明 $|f| \in BV[a,b]$.

19. 证明 $f \in BV[a,b]$ 的充分必要条件是：存在一个单调增加的函数 $\varphi(x)$，使得对任意的 $a \leqslant x_1 < x_2 \leqslant b$，有不等式 $|f(x_2) - f(x_1)| \leqslant \varphi(x_2) - \varphi(x_1)$.

20. 设 $f \in BV[a,b]$，$g(x)$ 在 $\mathbf{R}$ 上满足 Lipschitz 条件，证明 $g \circ f \in BV[a,b]$.

21. 设 $f \in C[a,b]$，如果除去 $[a,b]$ 中有限个点外 $f(x)$ 可导，并且导函数有界，证明 $f \in BV[a,b]$.

22. 设 $f \in BV[a,b]$，证明 $\displaystyle\int_a^b |f'(t)| \, dt \leqslant V_a^b(f)$.

23. 设 $f_n \in BV[a,b]$（$\forall n \in \mathbf{N}$），$\{V_a^b(f_n)\}$ 有界. 如果 $f_n(x) \to f(x)$，其中 $f(x)$ 是 $[a,b]$ 上的有限函数，证明 $f \in BV[a,b]$，并且 $V_a^b(f) \leqslant \sup\{V_a^b(f_n)\}$.

24. 设 $f \in AC[a,b]$，证明 $|f| \in AC[a,b]$.

25. 设 $f \in AC[a,b]$，$g(x)$ 在 $\mathbf{R}$ 上满足 Lipschitz 条件，证明 $g \circ f \in AC[a,b]$.

26. 设 $f \in AC[a,b]$，如果存在 $g \in C[a,b]$，使得 $g(x) \overset{a.e.}{=} f'(x)$，证明 $f(x)$ 处处可导.

27. 设 $f_n \in AC[a,b]$（$\forall n \in \mathbf{N}$），并且存在 $[a,b]$ 上的非负可积函数 $F(x)$，使得 $|f_n'(x)| \overset{a.e.}{\leqslant} F(x)$. 如果 $f_n(x) \to f(x)$，$f_n'(x) \overset{a.e.}{\to} \varphi(x)$，证明 $f \in AC[a,b]$，并且 $f'(x) \overset{a.e.}{=} \varphi(x)$.

28. 设 $f \in BV[a,b]$，$V(x) = V_a^x(f)$，$x \in [a,b]$. 证明 $f \in AC[a,b]$ 当且仅当 $V \in AC[a,b]$，并且此时 $V'(x) \overset{a.e.}{=} |f'(x)|$.

29. 设 $f(x)$ 在 $\mathbf{R}$ 上可积，证明对任意区间 $[a,b]$，

$$\lim_{h \to 0} \int_a^b |f(x+h) - f(x)| \, dx = 0.$$

30. 设 E 是可测集，且 $\mu E < +\infty$，$M(E)$ 是 E 上全体可测函数的集合，并且把 E 上两个几乎处处相等的可测函数视为 $M(E)$ 中同一个元素. $\forall f, g \in M(E)$，定义

$$d(f,g) = \int_E \frac{|f(t) - g(t)|}{1 + |f(t) - g(t)|} \, dt,$$

证明：(1) d 是 $M(E)$ 上的度量；

(2) $M(E)$ 中的点列 $f_n \to f$ 的充要条件是可测函数列 $f_n(t) \overset{\mu}{\longrightarrow} f(t)$.

第 4 章　线性赋范空间

泛函分析是现代数学中一个重要分支,它是古典分析的发展与提高,主要研究无穷维空间的结构及其上的线性算子理论,被视为现代数学理论的三根支柱之一.泛函分析的主要研究对象之一是抽象空间.本章将在一维、二维、三维空间及 n 维空间这些原始素材的基础上,将普通的几何、代数和分析中基本概念予以抽象和拓展,着重介绍各种常见的抽象空间(特别是无穷维空间)的代数结构与拓扑结构的基本性质.

所论及的数域 K 是指实数域 **R** 或复数域 **C**.

4.1　线 性 空 间

1. 线性空间的定义

定义 4.1　称非空集合 X 是定义在数域 K 上的一个线性空间,如果在 X 中定义了两种代数运算——元素的加法及元素与数的乘法,满足下列条件:

Ⅰ. 关于加法成为交换群,对 X 中任意两个元素 x 与 y,存在唯一的元素 $u \in X$ 与之对应,称为 x 与 y 的和,记为 $u=x+y$,且满足

(1) $x+y=y+x$;

(2) $(x+y)+z=x+(y+z)$;

(3) 在 X 中存在一个元素 θ,称为 X 的零元素,使 $x+\theta=x,\forall x \in X$;

(4) $\forall x \in X$,存在一个元素 $-x \in X$,称为 x 的负元素,使 $(-x)+x=\theta$.

Ⅱ. $\forall x \in X$,及 $\forall \alpha \in K$,存在唯一的元素 $u \in X$ 与之对应,称为 α 与 x 的积,记为 $u=\alpha x$,且满足:$\forall \alpha,\beta \in K$,

(5) $\alpha(\beta x)=(\alpha\beta)x$;

(6) $1 \cdot x=x$;

(7) $(\alpha+\beta)x=\alpha x+\beta x$;

(8) $\alpha(x+y)=\alpha x+\alpha y$.

线性空间 X 也称为向量空间,X 中的元素又称为向量.当 K 为实数域或复数域时,分别称 X 为实线性空间或复线性空间.

例 4.1　n 维向量空间 K^n(即 **R**^{n} 或 **C**^{n})是指全体 n 个数的有序组所组成的集合:

$$K^n = \{x = (\xi_1, \xi_2, \cdots, \xi_n) \mid \xi_i \in K, i = 1, 2, 3, \cdots, n\},$$

在其上定义加法与数乘运算为：$\forall x = (\xi_1, \xi_2, \cdots, \xi_n) \in K^n, y = (\eta_1, \eta_2, \cdots, \eta_n) \in K^n$ 及 $\forall \lambda \in K$，有

$$x + y = (\xi_1 + \eta_1, \xi_2 + \eta_2, \cdots, \xi_n + \eta_n), \lambda x = (\lambda \xi_1, \lambda \xi_2, \cdots, \lambda \xi_n).$$

易知 K^n 是线性空间. 显然，K^n 中的零元素 $\theta = (0, 0, \cdots, 0)$.

例 4.2 p 方可和序列空间 $l^p (1 \leqslant p < +\infty)$ 是指满足条件 $\sum\limits_{n=1}^{\infty} |\xi_n|^p < +\infty$ 的数列 $(\xi_n)_{n=1}^{\infty} = (\xi_1, \xi_2, \cdots, \xi_n, \cdots)$ 的全体所组成的集合：

$$l^p = \Big\{ x = (\xi_n)_{n=1}^{\infty} \mid \xi_n \in K (n \in \mathbf{N}), \sum_{n=1}^{\infty} |\xi_n|^p < +\infty \Big\},$$

在其上按照通常的数列加法与数乘的规定，引入加法与数乘运算为：$\forall x = (\xi_n)_{n=1}^{\infty}$，$y = (\eta_n)_{n=1}^{\infty} \in l^p$ 及 $\forall \lambda \in K$，

$$x + y = (\xi_n + \eta_n)_{n=1}^{\infty}, \quad \lambda x = (\lambda \xi_n)_{n=1}^{\infty},$$

显然有 $\lambda x \in l^p$. 又因

$$|\xi_n + \eta_n|^p \leqslant (|\xi_n| + |\eta_n|)^p \leqslant 2^p (\max\{|\xi_n|, |\eta_n|\})^p \leqslant 2^p (|\xi_n|^p + |\eta_n|^p),$$

所以

$$\sum_{n=1}^{\infty} |\xi_n + \eta_n|^p \leqslant 2^p \Big(\sum_{n=1}^{\infty} |\xi_n|^p + \sum_{n=1}^{\infty} |\xi_n|^p \Big) < +\infty,$$

故有 $x + y \in l^p$，从而 l^p 是线性空间.

例 4.3 有界数列的全体组成的集合 l^{∞} 按照通常的数列加法与数乘运算构成一个线性空间.

例 4.4 定义在有限闭区间 $[a, b] \subset \mathbf{R}$ 上的连续实（或复）值函数的全体组成的集合 $C[a, b]$，按通常函数的加法与数乘运算构成一个线性空间，其中零元素 θ 是在 $[a, b]$ 上恒等于 0 的函数.

例 4.5 定义在有限闭区间 $[a, b] \subset \mathbf{R}$ 上，具有 k 阶连续导数的实值函数的全体组成的集合 $C^k[a, b]$，按通常函数的加法与数乘运算构成一个线性空间.

2. 基与维数

与线性代数中类似，可以在线性空间中引入线性相关、线性无关以及基的概念. 设 $x_1, x_2, \cdots, x_n \in X$，如果存在不全为零的数 $\alpha_1, \alpha_2, \cdots, \alpha_n \in K$，使得

$$\alpha_1 x_1 + \alpha_2 x_2 + \cdots + \alpha_n x_n = \theta,$$

则称 $x_1, x_2, \cdots, x_n$ 是线性相关的. 否则，称为线性无关.

定义 4.2 如果线性空间 X 中存在 n 个线性无关的元素 $x_1, x_2, \cdots, x_n$，使得每个 $x \in X$ 都可表示成 $x = \sum\limits_{i=1}^{n} \alpha_i x_i$，则称 $\{x_1, x_2, \cdots, x_n\}$ 为 X 的一组基. n 称为 X

的维数,记为 $\dim E = n$. 此时称 X 是有限维线性空间. 不是有限维的线性空间称为无限维线性空间,记为 $\dim E = +\infty$.

空间 $C[a,b]$, l^∞, $C^k[a,b]$, $L^p[a,b]$ 都是无限维的.

特别,仅含一个零元素的线性空间 $X = \{\theta\}$ 是有限维的,规定其维数为 0.

3. 子空间与凸集

定义 4.3　设 M 是线性空间 X 的子集,如果 $\forall x, y \in M$ 及 $\forall \lambda, \mu \in K$,有 $\lambda x + \mu y \in M$,则称 M 是 X 的子空间. 即 M 在 X 的原有运算下仍构成线性空间.

设 M 是线性空间 X 的真子空间,并且对于 X 中任何一个以 M 为真子集的线性子空间 M_1,必有 $M_1 = E$,则称 M 是 X 的一个极大子空间.

定义 4.4　设 M, N 是线性空间 X 的两个子空间,如果 X 中的每一个元素 x 可以唯一地表示为

$$x = m + n, \quad m \in M, \quad n \in N,$$

则称 X 为 M 与 N 的直和,记为 $X = M \oplus N$.

例如,如果 L^1 是 $\mathbf{R}^3$ 中的一条过原点的直线,L^2 是 $\mathbf{R}^3$ 中的一个过原点的平面,且 L^1 不落在 L^2 上,则 $\mathbf{R}^3 = L^1 \oplus L^2$.

定义 4.5　设 X 是线性空间,$A \subset X$. 如果存在 $x_0 \in X$ 及 X 中一个线性子空间 L,使得

$$A = x_0 + L = \{y \mid y = x_0 + x, x \in L\},$$

则称 A 是 X 中的一个仿射流形. 当 L 是 X 的极大子空间时,称 A 是 X 中的一个超平面.

例如,在 $\mathbf{R}^3$ 中,如果 L^1 是一条过原点的直线(它是 $\mathbf{R}^3$ 中的一维子空间),则所有平行于 L^1 的直线都是对应于 L^1 的仿射流形. 如果 L^2 是 $\mathbf{R}^3$ 中的一个二维子空间(即过原点的平面),则所有平行于 L^2 的平面都是超平面.

简单地说,仿射流形就是线性子空间对应某个向量的平移. 易证下面对仿射流形的刻画.

定理 4.1　设 X 是线性空间,则 $A \subset X$ 为仿射流形的充要条件是:$\forall x, y \in A$ 及 $\lambda, \mu \in K, \lambda + \mu = 1$,有 $\lambda x + \mu y \in A$.

我们还经常遇到线性空间中的另一种重要的集合——凸集.

定义 4.6　设 A 是线性空间 X 的子集. 如果 $\forall x, y \in A$ 及 $\lambda, \mu \in \mathbf{R}, \lambda + \mu = 1, \lambda \geq 0, \mu \geq 0$,有 $\lambda x + \mu y \in A$,则称 A 为 X 中的凸集.

凸集的几何意义是:连结凸集中任意两点的线段都在集合中.

注　虽然子空间、仿射流形、凸集都要求元素 $\lambda x + \mu y$ 与 x, y 一起属于本集合,但对 λ, μ 的要求不同,故这三种集合有明显的差别.

4. 线性空间的同构

定义 4.7　设 X,Y 是同一数域 K 上的两个线性空间. 如果映射 $T: X \to Y$ 满足

(1) T 是双射;

(2) T 是线性映射, 即 $\forall x, y \in X$ 及 $\forall \alpha \in K$, 有

$$T(x+y) = Tx + Ty, \quad T(\alpha x) = \alpha Tx,$$

则称 T 是映 X 到 Y 的一个同构映射. 如果两个线性空间 X 与 Y 之间存在一个同构映射, 则称 X 与 Y 是线性同构的, 简称为同构.

4.2　线性赋范空间

1. 范数

我们知道, 每一个实数或复数, 都有相应的绝对值和模; 每一个 n 维向量都可定义其长度. 本节将"长度"的概念推广到一般抽象空间的元素上去. 以向量模的基本性质为出发点, 我们用公理形式在一般线性空间中引入向量范数的概念, 建立一类具有拓扑性质的线性空间——线性赋范空间.

定义 4.8　设 X 是数域 K 上的线性空间, 如果映射

$$\|\cdot\| : X \to \mathbf{R}$$

满足下列条件 (称为范数公理):

(N1) 正定性: $\|x\| \geqslant 0, \forall x \in X$, 且 $\|x\| = 0 \Leftrightarrow x = \theta$;

(N2) 正齐性: $\|\alpha x\| = |\alpha| \cdot \|x\|, \forall x \in X$ 及 $\forall \alpha \in K$;

(N3) 三角不等式: $\|x+y\| \leqslant \|x\| + \|y\|, \forall x, y \in X$.

则称映射 $\|\cdot\|$ 是 X 上的一个范数, $x \in X$ 处的像 $\|x\|$ 称为 x 的范数. 定义了范数的线性空间称为线性赋范空间, 记为 $(X, \|\cdot\|)$, 简记为 X. 当 $K = \mathbf{R}$ 或 $K = \mathbf{C}$ 时, 分别称 X 为实线性赋范空间或复线性赋范空间.

2. 线性赋范空间中的距离

应用范数公理, 不难证明下面的定理.

定理 4.2　设 $(X, \|\cdot\|)$ 是线性赋范空间, 定义映射 $d: X \times X \to \mathbf{R}$ 为

$$d(x,y) = \|x-y\|, \forall x, y \in X,$$

则映射 d 满足度量公理.

定义 4.9　定理 4.2 中的映射 $d(\cdot, \cdot)$ 称为 X 中由范数诱导的距离或度量.

在线性赋范空间中能由范数诱导出距离 $d(x,y) = \|x-y\|$, 故线性赋范空间

都是度量空间. 但线性空间上的距离未必都能由范数诱导. 我们有下面的定理.

定理 4.3　设 X 是线性空间, d 是 X 上的距离, 则 d 能由范数诱导的充要条件是 d 具有下列两条性质:

(1) 平移不变性: $d(x-y,\theta)=d(x,y)$, $\forall x,y\in X$;

(2) 正齐性: $d(\alpha x,\theta)=|\alpha|d(x,\theta)$, $\forall x\in X, \alpha\in K$.

证明　必要性显然.

充分性. 在 X 上定义 $\|x\|=d(x,\theta)$, 则由 d 的平移不变性和正齐性易证 $\|\cdot\|$ 满足范数公理 (N1)—(N3), 故 $\|\cdot\|$ 是 X 上的范数, 且

$$d(x,y)=\|x-y\|, \quad \forall x,y\in X.$$

定义 4.10　设 M 是线性赋范空间 X 的非空子集, $x\in X$. 于是点 x 到集合 M 的距离为

$$d(x,M)=\inf_{y\in M}\|x-y\|.$$

如果 $y_0\in M$, 使得 $\|x-y_0\|=\inf_{y\in M}\|x-y\|$, 则称 y_0 是 M 中对于 x 的最佳逼近元.

我们将在 5.3 节中进一步讨论最佳逼近元的存在性, 这在工程技术和自然科学中具有重要意义.

3. 线性赋范空间的例

例 4.6　在 n 维向量空间 K^n 中定义

$$\|x\|=\sqrt{\sum_{j=1}^{n}|\xi_j|^2}, \quad \forall x=(\xi_1,\xi_2,\cdots,\xi_n)\in K^n.$$

易证 $\|\cdot\|$ 满足范数公理, 称为 Euclid 范数.

$\forall x=(\xi_1,\xi_2,\cdots,\xi_n)\in K^n, y=(\eta_1,\eta_2,\cdots,\eta_n)\in K^n$, 它们之间的距离

$$d(x,y)=\|x-y\|=\sqrt{\sum_{j=1}^{n}|\xi_j-\eta_j|^2}$$

就是 Euclid 距离.

注　在 K^n 上定义

$$\|x\|_1=|\xi_1|+|\xi_2|+\cdots+|\xi_n|, \|x\|_p=\left(\sum_{j=1}^{n}|\xi_j|^p\right)^{\frac{1}{p}},$$

$$\|x\|_\infty=\max\{|\xi_1|,|\xi_2|,\cdots,|\xi_n|\}, \forall x=(\xi_1,\xi_2,\cdots,\xi_n)\in K^n.$$

易证 $\|\cdot\|_1, \|\cdot\|_p$ 及 $\|\cdot\|_\infty$ 都是 K^n 上的范数. 由此可知在同一个线性空间上可以定义多种不同的范数.

例 4.7　p 方可积函数空间 $L^p[a,b]$ $(1\leqslant p<+\infty)$.

设 $f(t)$ 是 $[a,b]$ 上的可测函数, 如果 $|f(t)|^p$ 是 $[a,b]$ 上的 Lebesgue 可积函数, 则称 $f(t)$ 是 $[a,b]$ 上 p 方可积函数, $[a,b]$ 上的 p 方可积函数的全体组成的集

合记为 $L^p[a,b]$. 当 $p=1$ 时,$L^1[a,b]$ 即为 $[a,b]$ 上的 Lebesgue 可积函数全体. 在 $L^p[a,b]$ 中,我们把两个几乎处处相等的函数视为同一个元素.

设 $f,g \in L^p[a,b]$,因为

$$|f(t)+g(t)|^p \leqslant (2\max\{|f(t)|,|g(t)|\})^p \leqslant 2^p(|f(t)|^p+|g(t)|^p),$$

所以,$|f(t)+g(t)|^p$ 是 $[a,b]$ 上的 Lebesgue 可积函数,即 $f+g \in L^p[a,b]$. 至于 $L^p[a,b]$ 中关于数乘运算封闭是显然的. 于是 $L^p[a,b]$ 按函数通常的加法和数乘运算成为线性空间. 在 $L^p[a,b]$ 上定义

$$\|f\|_p = \left(\int_a^b |f(t)|^p \mathrm{d}t\right)^{\frac{1}{p}}, \forall f \in L^p[a,b],$$

则 $L^p[a,b]$($1 \leqslant p < +\infty$)按 $\|f\|_p$ 成为线性赋范空间. 为此,首先证明几个重要的不等式.

引理 4.1(Hölder 不等式)　设 $p>1$,$\dfrac{1}{p}+\dfrac{1}{q}=1$,$f \in L^p[a,b]$,$g \in L^q[a,b]$,那么 $f(t)g(t)$ 在 $[a,b]$ 上 Lebesgue 可积,并且成立

$$\int_a^b |f(t)g(t)| \mathrm{d}t \leqslant \|f\|_p \|g\|_q. \tag{4.1}$$

证明　首先证明当 $p>1$,$\dfrac{1}{p}+\dfrac{1}{q}=1$ 时,对任何正数 A,B,有

$$A^{\frac{1}{p}}B^{\frac{1}{q}} \leqslant \frac{A}{p}+\frac{B}{q}. \tag{4.2}$$

事实上,令 $a=\dfrac{1}{p}$,$b=\dfrac{1}{q}$,则 $a+b=1$. 考虑函数 $y=x^a$,因为 $y''=a(a-1)x^{a-2}<0(x>0)$,故 $y=x^a$ 在 $x>0$ 为上凸函数,因而函数在点 $(1,1)$ 的切线位于曲线的上方,故有不等式

$$x^a \leqslant ax+b \quad (x>0).$$

令 $x=\dfrac{A}{B}$ 代入上式,即得要证不等式.

如果 $\|f\|_p=0$(或 $\|g\|_q=0$),则 $f(t)=0$ a.e. 于 $[a,b]$(或 $g(t)=0$ a.e. 于 $[a,b]$),这时不等式(4.1)自然成立. 所以不妨设 $\|f\|_p>0$,$\|g\|_q>0$. 作函数

$$u(t) = \frac{f(t)}{\|f\|_p}, \quad v(t) = \frac{g(t)}{\|g\|_q},$$

令 $A=|u(t)|^p$,$B=|v(t)|^q$,代入不等式(4.2),得到

$$|u(t)v(t)| \leqslant \frac{|u(t)|^p}{p}+\frac{|v(t)|^q}{q}.$$

故 $u(t)v(t)$ 在 $[a,b]$ 上 Lebesgue 可积,从而 $f(t)g(t)$ 在 $[a,b]$ 上也 Lebesgue 可积. 对上式两边积分,得到

$$\int_a^b |u(t)v(t)| \mathrm{d}t \leqslant \int_a^b \frac{|u(t)|^p}{p}\mathrm{d}t + \int_a^b \frac{|v(t)|^q}{q}\mathrm{d}t = 1.$$

因此 $\int_a^b |f(t)g(t)|\,\mathrm{d}t \leqslant \|f\|_p \|g\|_q$. 证毕.

引理 4.2(Minkowski 不等式)　设 $p\geqslant 1, f, g \in L^p[a,b]$,那么 $f+g \in L^p[a,b]$,并且成立不等式

$$\|f+g\|_p \leqslant \|f\|_p + \|g\|_p. \tag{4.3}$$

证明　当 $p=1$ 时,因 $|f(t)+g(t)| \leqslant |f(t)| + |g(t)|$,由积分性质可知 (4.3)式自然成立. 设 $p>1$,因为 $f+g \in L^p[a,b]$,所以

$$|f(t)+g(t)|^{\frac{p}{q}} \in L^q[a,b].$$

由 Hölder 不等式,有

$$\int_a^b |f(t)|\,|f(t)+g(t)|^{\frac{p}{q}}\,\mathrm{d}t \leqslant \|f\|_p \left(\int_a^b |f(t)+g(t)|^p\,\mathrm{d}t\right)^{\frac{1}{q}}.$$

类似,对 g 也有

$$\int_a^b |g(t)|\,|f(t)+g(t)|^{\frac{p}{q}}\,\mathrm{d}t \leqslant \|g\|_p \left(\int_a^b |f(t)+g(t)|^p\,\mathrm{d}t\right)^{\frac{1}{q}}.$$

因而

$$\int_a^b |f(t)+g(t)|^p\,\mathrm{d}t$$

$$=\int_a^b |f(t)+g(t)|\,|f(t)+g(t)|^{p-1}\,\mathrm{d}t$$

$$\leqslant \int_a^b |f(t)|\,|f(t)+g(t)|^{\frac{p}{q}}\,\mathrm{d}t + \int_a^b |g(t)|\,|f(t)+g(t)|^{\frac{p}{q}}\,\mathrm{d}t$$

$$\leqslant (\|f\|_p + \|g\|_p)\left(\int_a^b |f(t)+g(t)|^p\,\mathrm{d}t\right)^{\frac{1}{q}}.$$

如果 $\int_a^b |f(t)+g(t)|^p\,\mathrm{d}t = 0$,则 $\|f+g\|_p = 0$,不等式(4.3)显然成立. 如果 $\int_a^b |f(t)+g(t)|^p\,\mathrm{d}t \neq 0$,则在上式两边除以 $\left(\int_a^b |f(t)+g(t)|^p\,\mathrm{d}t\right)^{\frac{1}{q}}$ 得到

$$\left(\int_a^b |f(t)+g(t)|^p\,\mathrm{d}t\right)^{1-\frac{1}{q}} \leqslant \|f\|_p + \|g\|_p.$$

由 $\dfrac{1}{p} + \dfrac{1}{q} = 1$,得

$$\|f+g\|_p = \left(\int_a^b |f(t)+g(t)|^p\,\mathrm{d}t\right)^{\frac{1}{p}} \leqslant \|f\|_p + \|g\|_p.$$

由上述不等式可得 $L^p[a,b]$ $(1\leqslant p<+\infty)$ 按 $\|\cdot\|_p$ 成为线性赋范空间. 事实上,$\|\cdot\|_p$ 满足(N1),(N2)显然. 又由 Minkowski 不等式,$\forall f,g \in L^p[a,b]$,有 $\|f+g\|_p \leqslant \|f\|_p + \|g\|_p$,即 $\|\cdot\|_p$ 满足(N3). 故 $\|\cdot\|_p$ 是 $L^p[a,b]$ 上的范数. 且 f, g 间的距离

$$d(f,g) = \left(\int_a^b |f(t) - g(t)|^p \mathrm{d}t \right)^{\frac{1}{p}}.$$

注　引理 4.1、引理 4.2 的情形为连续型不等式,类似有离散型(或称级数形式)Hölder 不等式,记 $x = (\xi_n)_{n=1}^{\infty} \in l^p, y = (\eta_n)_{n=1}^{\infty} \in l^q$,则有

$$\sum_{n=1}^{\infty} |\xi_n \eta_n| \leqslant \left(\sum_{n=1}^{\infty} |\xi_n|^p \right)^{\frac{1}{p}} \left(\sum_{n=1}^{\infty} |\eta_n|^q \right)^{\frac{1}{q}},$$

其中 $p > 1, \dfrac{1}{p} + \dfrac{1}{q} = 1$.

离散型(或称级数形式)Minkowski 不等式:记 $x = (\xi_n)_{n=1}^{\infty}, y = (\eta_n)_{n=1}^{\infty} \in l^q (1 \leqslant p < +\infty)$,则有

$$\left(\sum_{n=1}^{\infty} |\xi_n + \eta_n|^p \right)^{\frac{1}{p}} \leqslant \left(\sum_{n=1}^{\infty} |\xi_n|^p \right)^{\frac{1}{p}} + \left(\sum_{n=1}^{\infty} |\eta_n|^p \right)^{\frac{1}{p}}.$$

类似可讨论 p 方可和序列空间 $l^p (1 \leqslant p < +\infty)$.

例 4.8　p 方可和序列空间 $l^p (1 \leqslant p < +\infty)$. 在 l^p 上定义映射 $\| \cdot \|_p : l^p \to \mathbf{R}$ 为

$$\|x\|_p = \left(\sum_{n=1}^{\infty} |\xi_n|^p \right)^{\frac{1}{p}}, \forall x = (\xi_n)_{n=1}^{\infty} \in l^p,$$

则 l^p 按 $\| \cdot \|_p$ 是线性赋范空间.

证明　$\| \cdot \|_p$ 满足(N1),(N2)显然.

(N3)　设 $x = (\xi_n)_{n=1}^{\infty}, y = (\eta_n)_{n=1}^{\infty} \in l^p$,应用 Minkowski 不等式,有

$$\|x + y\|_p = \left(\sum_{n=1}^{\infty} |\xi_n + \eta_n|^p \right)^{\frac{1}{p}} \leqslant \left(\sum_{n=1}^{\infty} |\xi_n|^p \right)^{\frac{1}{p}} + \left(\sum_{n=1}^{\infty} |\eta_n|^p \right)^{\frac{1}{p}}$$
$$= \|x\|_p + \|y\|_p,$$

所以 $\| \cdot \|_p$ 是 l^p 上的范数. 又 l^p 上的距离

$$d(x,y) = \|x - y\|_p = \left(\sum_{n=1}^{\infty} |\xi_n - \eta_n|^p \right)^{\frac{1}{p}}.$$

注　关于 $L^p[a,b]$ 和 l^p 今后还要进一步讨论.

例 4.9　有界序列空间 l^{∞}. 在 l^{∞} 中定义映射 $\| \cdot \| : l^{\infty} \to \mathbf{R}$ 为

$$\|x\| = \sup_n |\xi_n|, \forall x = (\xi_n)_{n=1}^{\infty} \in l^{\infty},$$

则 l^{∞} 是线性赋范空间.

证明　(N1)与(N2)显然. 又 $\forall x = (\xi_n)_{n=1}^{\infty}, y = (\eta_n)_{n=1}^{\infty} \in l^{\infty}$,

$$\|x + y\| = \sup_n |\xi_n + \eta_n| \leqslant \sup_n \{ |\xi_n| + |\eta_n| \}$$
$$\leqslant \sup_n |\xi_n| + \sup_n |\eta_n| = \|x\| + \|y\|,$$

即(N3)满足,故 $\| \cdot \|$ 是 l^{∞} 上的范数. 又 l^{∞} 上的距离

$$d(x,y) = \|x-y\| = \sup_n |\xi_n - \eta_n|.$$

例 4.10　连续函数空间 $C[a,b]$. 在 $C[a,b]$ 上定义

$$\|x\| = \max_{a \leqslant t \leqslant b} |x(t)|, \forall x \in C[a,b].$$

易证 $(C[a,b], \|\cdot\|)$ 是线性赋范空间,仍记为 $C[a,b]$,且

$$d(x,y) = \max_{a \leqslant t \leqslant b} |x(t) - y(t)|, \forall x, y \in C[a,b].$$

注　如果定义 $\|x\|_0 = \int_a^b |x(t)| \, \mathrm{d}t, \forall x \in C[a,b]$,易证 $(C[a,b], \|\cdot\|_0)$ 也是线性赋范空间.

4.3　线性赋范空间中的收敛

在上一节,我们利用范数诱导出了线性赋范空间中的距离概念,从而可以在线性赋范空间中引入点列的收敛性,定义映射的连续性.应用范数诱导的距离还可以定义邻域和开集,构造出线性赋范空间中的拓扑结构.

1. 收敛点列

定义 4.11　设 X 是线性赋范空间,$\{x_n | n \in \mathbf{N}\}$ 是 X 中的点列,简记为 $\{x_n\} \subset X, x_0 \in X$. 如果 $\lim_{n \to \infty} \|x_n - x_0\| = 0$. 则称 $\{x_n\}$ 依范数收敛于 x_0,简称 $\{x_n\}$ 收敛于 x_0,记为

$$\lim_{n \to \infty} x_n = x_0 \text{ 或 } x_n \to x_0 \quad (n \to \infty).$$

有时为了强调依某个范数 $\|\cdot\|$ 收敛,也可记为 $x_n \xrightarrow{\|\cdot\|} x_0 (n \to \infty)$.

线性赋范空间中的收敛点列,也有类似于数学分析中收敛数列的一些性质,例如:设 $\{x_n\} \subset X, \{y_n\} \subset X, \{\alpha_n\} \subset K, x, y \in X, \alpha \in K$,

(1)唯一性:收敛点列的极限必唯一;

(2)有界性:如果 $x_n \to x(n \to \infty)$,则 $\{x_n\}$ 必为有界点列,即存在常数 $M > 0$,使得 $\|x_n\| \leqslant M, \forall n \in \mathbf{N}$;

(3)加法连续:如果 $x_n \to x, y_n \to y$,则 $x_n + y_n \to x + y$ $(n \to \infty)$;

(4)数乘连续:$x_n \to x, \alpha_n \to \alpha$,则 $\alpha_n x_n \to \alpha x$ $(n \to \infty)$.

这些性质的证明,都和数学分析中相类似. 我们以(2)为例,设 $x_n \to x(n \to \infty)$,则对于 $\varepsilon_0 = 1$,存在 $N \in \mathbf{N}$,当 $n > N$ 时,$\|x_n - x\| < 1$. 由三角不等式得

$$\|x_n\| = \|(x_n - x) + x\| \leqslant \|x_n - x\| + \|x\| < 1 + \|x\|.$$

取 $M = \max\{\|x_1\|, \|x_2\|, \cdots, \|x_N\|, 1 + \|x\|\}$,则 $\|x_n\| \leqslant M, \forall n \in \mathbf{N}$,故 $\{x_n\}$ 为有界点列.

下面讨论在几个常见空间中收敛点列的具体意义.

例 4.11 在 K^n(即 $\mathbf{R}^n$ 或 $\mathbf{C}^n$)中,设 $x_k \to x(k \to \infty)$,其中

$$x_k = (\xi_1^{(k)}, \xi_2^{(k)}, \cdots, \xi_n^{(k)}), k \in \mathbf{N}, x = (\xi_1, \xi_2, \cdots, \xi_n),$$

则由命题 1.2 可知

$$\lim_{k \to \infty} x_k = x \Leftrightarrow \lim_{k \to \infty} \xi_j^{(k)} = \xi_j \quad (j = 1, 2, \cdots, n),$$

即点列 $\{x_k\}$ 按"坐标"收敛于 x.

例 4.12 在 l^∞ 中,设 $x_k \to x(k \to \infty)$,其中 $x = (x_n)_{n=1}^\infty = (\xi_1, \xi_2, \cdots, \xi_n, \cdots)$, $x_k = (x_n^{(k)})_{n=1}^\infty = (\xi_1^{(k)}, \xi_2^{(k)}, \cdots, \xi_n^{(k)}, \cdots)$,同样有

$$\lim_{k \to \infty} x_k = x \Leftrightarrow \lim_{k \to \infty} \|x_k - x\| = \lim_{k \to \infty} (\sup_n |\xi_n^{(k)} - \xi_n|) = 0$$

$$\Leftrightarrow \lim_{k \to \infty} \xi_n^{(k)} = \xi_n \text{ 关于 } n \text{ 一致}(n \in \mathbf{N}).$$

即点列 $\{x_k\}_{k=1}^\infty$ 按"坐标"一致收敛于 x.

例 4.13 在 $C[a,b]$ 中,如果记 $x_k = x_k(t)(k \in \mathbf{N})$, $x = x(t)$,则

$$\lim_{k \to \infty} x_k = x \Leftrightarrow \lim_{k \to \infty} \|x_k - x\| = \lim_{k \to \infty} (\max_{a \leqslant t \leqslant b} |x_k(t) - x(t)|) = 0$$

$$\Leftrightarrow \forall \varepsilon > 0, \text{存在 } N \in \mathbf{N}, \text{当 } k > N \text{ 时}, \forall t \in [a,b], \text{有 } |x_k(t) - x(t)| < \varepsilon$$

$$\Leftrightarrow \text{在}[a,b] \text{上函数列} \{x_k(t)\} \text{一致收敛于 } x(t).$$

即 $C[a,b]$ 中的依范数收敛就是函数列的一致收敛.

例 4.14 在 $L^p[a,b](p \geqslant 1)$ 中,

$$\lim_{k \to \infty} x_k = x \Leftrightarrow \lim_{k \to \infty} \|x_k - x\|$$

$$\Leftrightarrow \lim_{k \to \infty} \left(\int_a^b |x_k(t) - x(t)|^p \mathrm{d}t \right)^{\frac{1}{p}} = 0$$

$$\Leftrightarrow \lim_{k \to \infty} \int_a^b |x_k(t) - x(t)|^p \mathrm{d}t = 0,$$

此时称函数列 $\{x_k(t)\}$ 在 $[a,b]$ 上 p 方平均收敛于 $x(t)$. 特别当 $p = 2$ 时即为平方平均收敛.

以上各例表明,在一些具体空间中各不相同的收敛概念,可以统一于线性赋范空间中依范数收敛的概念,这就为深入研究和统一处理各种极限过程提供了方便.

2. 等价范数

在同一个线性空间上可以定义不同的范数,构成不同的线性赋范空间. 但是,定义范数的目的主要在于引入收敛性概念,而不在于范数自身所具有的形式. 从这个意义上讲,当同一个线性空间上的两个范数诱导出相同的收敛性时,就可以认为这两个范数是没有区别的,从而引导出等价范数的概念.

定义 4.12 设 $\|\cdot\|_1$ 与 $\|\cdot\|_2$ 是同一个线性空间 X 上的两个范数,如果对任意的 $\{x_n\} \subset X$,由 $\|x_n\|_1 \to 0(n \to \infty)$ 可推出 $\|x_n\|_2 \to 0(n \to \infty)$,则称范数 $\|\cdot\|_1$ 比 $\|\cdot\|_2$ 强. 如果 $\|\cdot\|_1$ 比 $\|\cdot\|_2$ 强,同时又有 $\|\cdot\|_2$ 比 $\|\cdot\|_1$ 强,则称 $\|\cdot\|_1$ 与

$\|\cdot\|_2$ 等价.

定理 4.4　线性空间 X 上的范数 $\|\cdot\|_1$ 比 $\|\cdot\|_2$ 强当且仅当存在常数 $c>0$，使 $\|x\|_2 \leqslant c\|x\|_1, \forall x \in X$.

证明　必要性. 如若不然，则 $\forall n \in \mathbf{N}$，存在 $x_n \in X$，使得 $\|x_n\|_2 > n\|x_n\|_1$. 令 $y_n = \dfrac{x_n}{\|x_n\|_2}$，则 $\|y_n\|_2 = 1$，但 $\|y_n\|_1 < \dfrac{1}{n} \to 0 (n \to \infty)$，这与 $\|\cdot\|_1$ 比 $\|\cdot\|_2$ 强矛盾.

充分性显然.

推论　线性空间 X 上的两个范数 $\|\cdot\|_1$ 与 $\|\cdot\|_2$ 等价的充要条件是存在常数 $c_1, c_2 > 0$，使得

$$c_1\|x\|_1 \leqslant \|x\|_2 \leqslant c_2\|x\|_1, \forall x \in X.$$

例 4.15　在 $C[a,b]$ 上考察下面两种范数

$$\|x\|_1 = \max_{a \leqslant t \leqslant b} |x(t)|, \quad \|x\|_2 = \int_a^b |x(t)|\,\mathrm{d}t, \forall x \in C[a,b],$$

则 $\|\cdot\|_1$ 比 $\|\cdot\|_2$ 强，但两个范数不等价.

证明　设 $\|x_n\|_1 \to 0 (n \to \infty)$，则函数列 $\{x_n(t)\}$ 在 $[a,b]$ 上一致收敛于 0，于是 $\lim\limits_{n \to \infty} \int_a^b |x_n(t)|\,\mathrm{d}t = \int_a^b \lim\limits_{n \to \infty} |x_n(t)|\,\mathrm{d}t = 0$，即 $\|x_n\|_2 \to 0 (n \to \infty)$，故 $\|\cdot\|_1$ 比 $\|\cdot\|_2$ 强. 如果取连续函数列 $\{x_n(t)\}$ 为

$$x_n(t) = \begin{cases} -n(t-a)+1, & t \in \left[a, a+\dfrac{1}{n}\right], \\ 0, & t \in \left[a+\dfrac{1}{n}, b\right] \end{cases} \quad (n \in \mathbf{N}),$$

则 $\|x_n\|_2 = \int_a^b |x_n(t)|\,\mathrm{d}t = \dfrac{1}{2n} \to 0 (n \to \infty)$，但 $\|x_n\|_1 = 1$.

3. 连续映射

定义 4.13　设 $(X, \|\cdot\|_X)$ 与 $(Y, \|\cdot\|_Y)$ 都是线性赋范空间，映射 $T: X \to Y$. 称 T 在点 $x_0 \in X$ 连续，如果对于 X 中任意收敛于 x_0 的点列 $\{x_n\}: x_n \xrightarrow{\|\cdot\|_X} x_0 (n \to \infty)$，$Y$ 中的相应点列 $\{Tx_n\}$ 收敛于 $Tx_0: Tx_n \xrightarrow{\|\cdot\|_Y} Tx_0 (n \to \infty)$. 如果 T 在 X 上每点都连续，则称 T 在 X 上连续.

读者不难自己证明下述连续性的等价命题.

定理 4.5　映射 $T: X \to Y$ 在点 $x_0 \in X$ 连续的充要条件是：$\forall \varepsilon > 0$，存在 $\delta > 0$，当 $\|x - x_0\|_X < \delta, x \in X$ 时，就有 $\|Tx - Tx_0\|_Y < \varepsilon$.

定理 4.6　线性赋范空间 $(X, \|\cdot\|)$ 中的范数 $\|\cdot\|$ 是 $X \to \mathbf{R}$ 的连续映射.

证明　设 $\{x_n\} \subset X$ 且 $x_n \to x \in X (n \to \infty)$，则

$$|\|x_n\| - \|x\|| \leqslant \|x_n - x\| \to 0 (n \to \infty).$$

即 $\|x_n\| \to \|x\|$,故 $\|\cdot\|$ 连续.

定义 4.14 设 T 是线性赋范空间 X 到 Y 的双射.如果 T 及它的逆映射 T^{-1} 都是连续的,则称 T 为 X 到 Y 的拓扑映射,这时称 X 和 Y 是拓扑同构的或同胚的.

由定义知,如果两个空间 X 和 Y 是拓扑同构的,不仅 X,Y 之间的点可以一一对应,而且 X,Y 中开集之间也一一对应.然而由于连续性的概念只依赖于开集的概念,因此当我们讨论仅与连续性有关的问题时,可以把两个拓扑同构的空间看成一个.拓扑同构是拓扑空间理论中很重要的概念.

4. 稠密与可分空间

定义 4.15 设 X 是线性赋范空间,$M \subset X, N \subset X$,如果 N 中每点或是 M 的点,或是 M 的聚点,则称 M 在 N 中稠密,当 $N = X$ 时,称 M 为 X 的稠密子集.

显然,M 是 X 的稠密子集 $\Leftrightarrow \overline{M} = X \Leftrightarrow \forall x \in X$ 及 $\delta > 0, B(x, \delta) \bigcap M \neq \varnothing$.

定义 4.16 如果线性赋范空间 X 具有可数的稠密子集,则称 X 是可分空间.

在我们讨论过的一些线性赋范空间中:

(1) 欧氏空间 $\mathbf{R}^n$ 的子集

$$M = \{x = (\xi_1, \xi_2, \cdots, \xi_n) \mid \xi_i \text{ 是有理数}, i = 1, 2, \cdots, n\}$$

是 $\mathbf{R}^n$ 的一个可数稠密子集,故 $\mathbf{R}^n$ 是可分空间.

(2) l^p 的子集 $M = \{x = (\xi_n)_{n=1}^\infty \mid \xi_n \text{ 是实部和虚部均为有理数的复数}, n \in \mathbf{N}\}$ 是 l^p 的一个可数稠密子集,故 l^p 是可分空间.

(3) $C[a,b]$ 是可分空间.根据 Weierstrass 逼近定理,$\forall x \in C[a,b], \forall \varepsilon > 0$,存在实系数多项式 $p(t)$,使得

$$\|x - p\| = \max_{a \leqslant t \leqslant b} |x(t) - p(t)| < \frac{\varepsilon}{2},$$

同时又可找到一个有理系数的多项式 $p_0(t)$,使得

$$\|p_0 - p\| = \max_{a \leqslant t \leqslant b} |p_0(t) - p(t)| < \frac{\varepsilon}{2},$$

于是 $\|x - p_0\| \leqslant \|x - p\| + \|p_0 - p\| < \frac{\varepsilon}{2} + \frac{\varepsilon}{2} = \varepsilon$. 从而 $[a,b]$ 上全体有理系数多项式的集合 $P_0[a,b]$ 是 $C[a,b]$ 的可数稠密子集.

(4) $L^p[a,b]$ 是可分空间.因 $L^p[a,b]$ 中每个元素可用连续函数序列逼近,因而 $C[a,b]$ 在 $L^p[a,b]$ 中稠密,从而 $[a,b]$ 上全体有理系数多项式的集合 $P_0[a,b]$ 也是 $L^p[a,b]$ 的可数稠密子集.

(5) l^∞ 是不可分空间.这就是说,空间 l^∞ 中任何可数集都不是稠密子集.

4.4　空间的完备性

我们在数学分析课程中学习了有关数列极限的 Cauchy 收敛准则,或称 Cauchy 原理(数列收敛的充分必要条件是数列为 Cauchy 列),它的成立完全是由于实数集的完备性所致.在线性赋范空间中这一结果未必总是成立.为此,我们引入一个重要的概念——空间的完备性.

1. Banach 空间

定义 4.17　设 (X, d) 是度量空间,$\{x_n\}$ 是 X 中的点列,如果 $\forall \varepsilon > 0$,存在 $N \in \mathbf{N}$,$\forall n, m > N$,有 $d(x_n, x_m) < \varepsilon$,就称 $\{x_n\}$ 是 X 中的 Cauchy 列或基本列.

度量空间中的 Cauchy 列具有下列与 $\mathbf{R}$ 中的 Cauchy 列类似的性质.

定理 4.7　度量空间 X 中的 Cauchy 列具有下列性质:

(1)Cauchy 列必有界;

(2)收敛点列必为 Cauchy 列.

但是 Cauchy 收敛准则在一般度量空间中不成立,即度量空间中的 Cauchy 列不一定是收敛点列.

例 4.16　在连续函数空间 $C[0,1]$ 中定义范数 $\|\cdot\|_0$ 为

$$\|x\|_0 = \int_0^1 |x(t)| \, \mathrm{d}t, \forall x \in C[0,1].$$

记 $\widetilde{L^1}[0,1] = (C[0,1], \|\cdot\|_0)$.考察线性赋范空间 $\widetilde{L^1}[0,1]$ 中的点列 $\{x_n \mid n \in \mathbf{N}\}$:

$$x_n(t) = \begin{cases} 0, & t \in \left[0, \dfrac{1}{2} - \dfrac{1}{n}\right], \\ nt - \dfrac{n}{2} + 1, & t \in \left(\dfrac{1}{2} - \dfrac{1}{n}, \dfrac{1}{2}\right], \\ 1, & t \in \left(\dfrac{1}{2}, 1\right]. \end{cases}$$

因当 $n, m \to \infty$ 时,有 $\|x_n - x_m\|_0 = \dfrac{1}{2} \left| \dfrac{1}{n} - \dfrac{1}{m} \right| \to 0$,所以 $\{x_n\}$ 是 $\widetilde{L^1}[0,1]$ 中的 Cauchy 列,但它不是收敛的.事实上,如果存在 $x \in \widetilde{L^1}[0,1]$,使 $\|x_n - x\|_0 \to 0 (n \to \infty)$,则因

$$\|x_n - x\|_0 = \int_0^1 |x_n(t) - x(t)| \, \mathrm{d}t$$

$$= \int_0^{\frac{1}{2} - \frac{1}{n}} |x(t)| \, \mathrm{d}t + \int_{\frac{1}{2} - \frac{1}{n}}^{\frac{1}{2}} |x_n(t) - x(t)| \, \mathrm{d}t + \int_{\frac{1}{2}}^1 |1 - x(t)| \, \mathrm{d}t$$

$$\rightarrow \int_0^{\frac{1}{2}} |x(t)|\,\mathrm{d}t + \int_{\frac{1}{2}}^1 |1 - x(t)|\,\mathrm{d}t = 0,$$

故有

$$x(t) = \begin{cases} 0, & 0 \leqslant t \leqslant \dfrac{1}{2}, \\ 1, & \dfrac{1}{2} < t \leqslant 1. \end{cases}$$

这与 $x \in \widetilde{L^1}[0,1]$ 矛盾. 因此 $\{x_n\}$ 不是 $\widetilde{L^1}[0,1]$ 中的收敛点列.

定义 4.18　如果度量空间 (X,d) 中每个 Cauchy 列都收敛于 X 中的点, 则称 (X,d) 是完备度量空间. 完备的线性赋范空间又称为 Banach 空间.

例 4.17　由例 4.16 可知线性赋范空间 $\widetilde{L^1}[0,1]$ 不是 Banach 空间. 一般, 还可在连续函数空间 $C[a,b]$ 上定义范数 $(1 \leqslant p < +\infty)$:

$$\|x\|_p = \left(\int_a^b |x(t)|^p \mathrm{d}t \right)^{\frac{1}{p}}, \forall x \in C[a,b],$$

记 $\widetilde{L^p}[a,b] = (C[a,b], \|\cdot\|_p)$. 同理可知 $\widetilde{L^p}[a,b]$ 不是 Banach 空间.

我们在 4.2 节中列举的五个线性赋范空间 K^n, $L^p[a,b]$($1 \leqslant p < +\infty$), l^p($1 \leqslant p < +\infty$), l^∞, $C[a,b]$ 都是 Banach 空间. 下面以 $C[a,b]$ 和 l^p 为例进行讨论.

例 4.18　$C[a,b]$ 是 Banach 空间.

证明　设 $\{x_n\}$ 是 $C[a,b]$ 中的 Cauchy 列, 则 $\forall \varepsilon > 0$, 存在 $N \in \mathbf{N}$, 当 $n, m > N$ 时,

$$\|x_n - x_m\| = \max_{a \leqslant t \leqslant b} |x_n(t) - x_m(t)| < \varepsilon,$$

这表明对一切 $t \in [a,b]$, 都有 $|x_n(t) - x_m(t)| < \varepsilon$. 由数学分析中函数列一致收敛的 Cauchy 准则, 函数列 $\{x_n(t)\}$ 在 $[a,b]$ 上一致收敛于某个函数 $x(t)$, 又因 $\{x_n(t)\}$ 是连续函数列, 故 $x = x(t)$ 也是连续函数, 从而有

$$x_n \rightarrow x \in C[a,b] \quad (n \rightarrow \infty).$$

即 $C[a,b]$ 是 Banach 空间.

例 4.19　$l^p (p \geqslant 1)$ 是 Banach 空间.

证明　设 $\{x_n\}_{n=1}^\infty = \{(\xi_1^{(n)}, \xi_2^{(n)}, \cdots, \xi_k^{(n)}, \cdots)\}_{n=1}^\infty$ 是 l^p 中的 Cauchy 列, 则 $\forall \varepsilon > 0$, 存在 $N \in \mathbf{N}$, 当 $n, m > N$ 时,

$$\|x_n - x_m\|_p = \left(\sum_{k=1}^\infty |\xi_k^{(n)} - \xi_k^{(m)}|^p \right)^{\frac{1}{p}} < \varepsilon. \tag{4.4}$$

特别, $\forall k \in \mathbf{N}$, 有

$$|\xi_k^{(n)} - \xi_k^{(m)}| \leqslant \|x_n - x_m\|_p < \varepsilon, \forall n, m > N.$$

这表明 $\{\xi_k^{(n)}\}_{n=1}^\infty$ 是数域 K 中的 Cauchy 列, 由数域 K 的完备性知, 每个数列

$\{\xi_k^{(n)}\}_{n=1}^\infty$ 在 K 中收敛. 设 $\lim\limits_{n\to\infty}\xi_k^{(n)}=\xi_k(k=1,2,\cdots)$. 令 $x=(\xi_1,\xi_2,\cdots,\xi_k,\cdots)$. 下面证 $x\in l^p$ 且 $x_n\to x(n\to\infty)$.

由 (4.4) 式, 当 $n,m>N$ 时, $\forall r\in\mathbf{N}$, 均有

$$\left(\sum_{k=1}^r|\xi_k^{(n)}-\xi_k^{(m)}|^p\right)^{\frac{1}{p}}<\varepsilon.$$

令 $m\to\infty$, 得

$$\left(\sum_{k=1}^r|\xi_k^{(n)}-\xi_k|^p\right)^{\frac{1}{p}}\leqslant\varepsilon\quad(n>N),$$

再令 $r\to\infty$, 又有

$$\left(\sum_{k=1}^\infty|\xi_k^{(n)}-\xi_k|^p\right)^{\frac{1}{p}}\leqslant\varepsilon\quad(n>N),$$

由 Minkowski 不等式及上式得

$$\left(\sum_{k=1}^\infty|\xi_k|^p\right)^{\frac{1}{p}}=\left(\sum_{k=1}^\infty|(\xi_k-\xi_k^{(n)})+\xi_k^{(n)}|^p\right)^{\frac{1}{p}}<+\infty$$

及 $\|x_n-x\|_p\leqslant\varepsilon(n>N)$. 故 $x\in l^p$, 并且 $x_n\to x(n\to\infty)$, 从而 l^p 是完备的, 即为 Banach 空间.

2. 子空间的完备性

定义 4.19　设 $(X,\|\cdot\|)$ 是线性赋范空间, M 是 X 的线性子空间, 并以 X 上的范数 $\|\cdot\|$ 为范数, 于是 $(M,\|\cdot\|)$ 也是线性赋范空间, 称为 $(X,\|\cdot\|)$ 的子空间; 如果 M 又是 X 的闭子集, 则称 M 为 X 的闭子空间. Banach 空间中的闭子空间具有下述特性.

定理 4.8　设 X 是 Banach 空间, M 是 X 的子空间, 则 M 完备的充要条件是 M 为闭子空间.

证明　必要性. 设 M 是 X 的完备子空间, 点列 $\{x_n\}\subset M$, 使 $x_n\to x(n\to\infty)$, 从而 $\{x_n\}$ 是 M 中的 Cauchy 列. 因 M 完备, 所以存在 $x'\in M$, 使 $x_n\to x'(n\to\infty)$. 由极限的唯一性, $x=x'\in M$, 故 M 是闭的.

充分性. 设 $\{x_n\}$ 是 M 中的 Cauchy 列. 因 X 完备, 所以存在 $x\in X$ 使 $x_n\to x(n\to\infty)$, 这表明 x 是 M 的聚点, 因 M 闭, 故 $x\in M$, 所以 M 是完备的.

注　必要性的证明并未用到 X 的完备性, 这实际上蕴含如下结果: 线性赋范空间的完备子空间必是闭子空间.

3. 线性赋范空间的完备化

实数集 $\mathbf{R}$ 的完备性在数学分析中起着十分重要的作用. Cauchy 收敛准则以及

与它等价的若干命题,是建立极限理论的基础.线性赋范空间的完备性是 **R** 中这个基本属性的抽象和扩充,它同样在泛函分析中占有重要的位置.但是,不完备的线性赋范空间是大量存在的,如同把有理数集扩充为实数集那样,我们也设想在不完备的空间中,添进一些点,使得空间中原来不收敛的 Cauchy 列也具有极限,从而将不完备的线性赋范空间扩充为 Banach 空间.

定义 4.20　设 $(X, \| \cdot \|_x)$ 与 $(Y, \| \cdot \|_Y)$ 是同一个数域 K 上的两个线性赋范空间,如果映射 $T: X \to Y$ 满足条件:

(1) T 是同构映射;

(2) T 是保范映射,即 $\|Tx\|_Y = \|x\|_X, \forall x \in X$,

则称 T 为映 X 到 Y 的一个保范同构映射,如果两个线性赋范空间之间存在着一个保范同构映射,则称这两个空间是保范同构的或是等价的.

两个保范同构的空间一定是拓扑同构的.由于保范同构映射是一个双射,并且保持线性运算和范数不变,而一般抽象线性赋范空间中的数学命题并不涉及元素的具体含义,因此在两个保范同构的线性赋范空间之一成立的数学命题,通过保范同构映射,在另一个空间中有相应的命题成立.所以撇开空间的元素的具体意义,可以将两个保范同构的线性赋范空间视为同一个抽象的空间而不加区别,也就是说,在保范同构的意义下可以认为 $X = Y$.

定理 4.9(空间完备化定理)　对于线性赋范空间 $(X, \| \cdot \|_x)$,必存在 Banach 空间 $(\widetilde{X}, \| \cdot \|_{\widetilde{x}})$ 使 X 保范同构于 $\widetilde{X}$ 的某一个稠密子空间,且在保范同构的意义下, $\widetilde{X}$ 是唯一的.

这就是说:在保范同构的意义下,存在唯一的一个 Banach 空间 $\widetilde{X}$,使 X 为 $\widetilde{X}$ 的一个稠密子空间.

完备化定理的证明,在一般泛函分析教材中都可查阅到,因篇幅关系,本书在此略去.

例 4.20　连续函数空间 $\widetilde{L^p}[a, b] (p \geqslant 1)$ 完备化空间为 $L^p[a, b]$. 由此也可知 $L^p[a, b] (p \geqslant 1)$ 是可分的,事实上,有理系数多项式集合 $P_0[a, b]$ 在 $\widetilde{L^p}[a, b]$ 中稠密,而 $\widetilde{L^p}[a, b]$ 在 $L^p[a, b]$ 中稠密.

4.5　列紧性与有限维空间

1. 列紧性

在数学分析中有一个与 Cauchy 收敛准则等价的定理,即 Bolzano-Weierstrass 定理(又称致密性定理):有界数列必有收敛的子序列.这个定理可以推广到 **R**^{n} 中去,但在无限维空间中却不再成立.

例 4.21　考察 $C[0,1]$ 中如下点列 $\{x_n\}$:

$$x_n = x_n(t) = \begin{cases} 1 - nt, t \in \left[0, \dfrac{1}{n}\right), \\ 0, \quad t \in \left[\dfrac{1}{n}, 1\right] \end{cases} \quad (n \in \mathbf{N}).$$

因为 $\forall n \in \mathbf{N}$, $\|x_n\| = \max\limits_{0 \leqslant t \leqslant 1} |x_n(t)| = 1$, 所以 $\{x_n\}$ 是 $C[0,1]$ 中的有界点列, 但它不含有收敛子点列. 事实上, $\{x_n(t)\}$ 的极限函数为

$$x(t) = \lim_{n \to \infty} x_n(t) = \begin{cases} 1, & t = 0, \\ 0, & t \in (0, 1], \end{cases}$$

因 $C[0,1]$ 完备, 假设 $\{x_n\}$ 有收敛子序列 $\{x_{n_k}\}$, 即 $x_{n_k} \xrightarrow{\ \|\cdot\|\ } x\,(k \to \infty)$, 则应有 $x \in C[0,1]$, 即 $x(t)$ 是 $[0,1]$ 上的连续函数, 矛盾.

依据集合中点列是否有收敛子序列, 我们给出列紧的概念.

定义 4.21　设 X 是线性赋范空间, $M \subset X$. 如果 M 中每个点列都有收敛子序列收敛于一点 $x \in X$, 则称 M 为相对列紧集; 如果 M 中每个点列都有收敛子序列收敛于一点 $x \in M$, 则称 M 是列紧集.

由定义推出列紧集具有下列性质.

定理 4.10　设 X 是线性赋范空间, $M \subset X$, 那么

(1) 如果 M 列紧, 则 M 必相对列紧;

(2) M 相对列紧的充要条件是 $\overline{M}$ 为列紧集;

(3) 有限集必为列紧集;

(4) 如果 M 是相对列紧集, 则 M 是有界集;

(5) 如果 M 是列紧集, 则 M 是有界闭集.

证明　(1) 显然.

(2) 必要性. 设 M 是相对列紧集, $\{x_n\} \subset \overline{M}$. 如果 $\{x_n\}$ 有某个子序列 $\{x_{n_k}\}$ 属于 M, 则 $\{x_{n_k}\}$ 有收敛子序列, 不妨仍记为 $\{x_{n_k}\}$, 设 $x_{n_k} \to x \in X$. 由 $\overline{M}$ 是闭集得 $x \in \overline{M}$. 如果 $\{x_n\}$ 没有任何子序列含于 M 中, 则当 n 充分大时, 有 $x_n \in M'$, 不妨设 $\{x_n\} \subset M'$. 于是 $\forall n \in \mathbf{N}$, 存在 $y_n \in M$, 使得 $\|y_n - x_n\| < \dfrac{1}{n}$. 设 $\{y_{n_k}\}$ 是 $\{y_n\}$ 的收敛子序列: $y_{n_k} \to y \in \overline{M}\,(k \to \infty)$. 则

$$\|x_{n_k} - y\| \leqslant \|x_{n_k} - y_{n_k}\| + \|y_{n_k} - y\| < \frac{1}{n_k} + \|y_{n_k} - y\| \to 0 \quad (k \to \infty).$$

这表明 $\{x_n\}$ 的子序列 $x_{n_k} \to y \in \overline{M}$, 因而 $\overline{M}$ 为列紧集.

充分性. 设 $\overline{M}$ 为列紧集, $\{x_n\} \subset M$, 则 $\{x_n\} \subset \overline{M}$, 于是存在子序列 $x_{n_k} \to x \in \overline{M} \subset X$, 从而 M 是相对列紧集.

(3)显然.

(4)假设 M 是无界集,则 $\forall n \in \mathbf{N}$,存在 $x_n \in M$,使 $\|x_n\| \geqslant n$. 这表明 $\|x_n\| \to \infty$ $(n \to \infty)$,于是对于 $\{x_n\}$ 的任何子序列 $\{x_{n_k}\}$ 都有 $\|x_{n_k}\| \to \infty (k \to \infty)$,即 $\{x_n\}$ 的任何子序列都不收敛,矛盾.

(5)$\forall x \in M'$,存在 M 中点列 $x_n \to x$. 因 M 是列紧集,故 $x \in M$,即 M 闭. 再由 (4),M 是有界闭集.

下面结论说明连续映射能把列紧集映成列紧集. 也可将数学分析中闭区间上连续函数的某些性质推广到线性赋范空间的列紧集上.

定理 4.11　设 X, Y 是两个线性赋范空间,$T: X \to Y$ 连续,则 T 把 X 中的(相对)列紧集映成 Y 中的(相对)列紧集.

证明　设 M 是 X 中的列紧集,$\{y_n\} \subset T(M)$,则对每个 y_n,存在 $x_n \in M$,使 $y_n = Tx_n$. 于是 $\{x_n\}$ 有收敛子序列 $\{x_{n_k}\}$,设 $x_{n_k} \to x \in M (k \to \infty)$. 因 T 连续,$\{y_n\}$ 的相应子序列 $\{y_{n_k}\}$ 满足

$$y_{n_k} = Tx_{n_k} \to Tx \in T(M) \quad (k \to \infty).$$

记 $y = Tx$,于是 $y_{n_k} \to y \in T(M)(k \to \infty)$. 从而 $T(M)$ 是 Y 中的列紧集.

定理 4.12　设 M 是线性赋范空间 X 中的列紧集,映射 $f: X \to \mathbf{R}$ 连续,则 f 在 M 上有界,且在 M 上有最大值和最小值.

证明　由定理 4.11 知,$f(M)$ 是 $\mathbf{R}$ 中的列紧集,从而也是 $\mathbf{R}$ 中的有界闭集,因而 $y_1 = \inf f(M)$ 与 $y_2 = \sup f(M)$ 都存在,且都在 $f(M)$ 之中. 这表明存在 $x_1 \in M$ 及 $x_2 \in M$,使 $y_1 = f(x_1), y_2 = f(x_2)$,即映射 f 分别在 $x_1 \in M$ 及 $x_2 \in M$ 处取得它在 M 上的最小值和最大值.

注　在一般拓扑空间中也有紧性的概念,它是用有限覆盖来定义的,与列紧性是两个不同的概念. 但在线性赋范空间中,这两个概念却是等价的,因此在线性赋范空间中,我们常常将列紧性说成紧性.

2. 有限维线性赋范空间的性质

有限维线性赋范空间是线性赋范空间中的较为简单的一类,无限维空间中一些问题的解往往可以用有限维空间的解来逼近. 虽然空间的维数是由线性结构所确定的代数性质,但由于在线性赋范空间中收敛性与线性结构之间有一定的联系,因此有限维线性赋范空间具有一些特殊的性质.

1)有限维线性赋范空间上范数的等价性

定理 4.13　设 X 是数域 K 上的 n 维线性赋范空间,$\{e_1, e_2, \cdots, e_n\}$ 是 X 的一个基,则存在两个常数 $\lambda \geqslant \mu > 0$,使 $\forall x \in X$,$x = \sum_{i=1}^{n} \xi_i e_i$ 时,有

$$\mu\|x\| \leqslant \left(\sum_{i=1}^{n} |\xi_i|^2\right)^{\frac{1}{2}} \leqslant \lambda\|x\|.$$

证明　$\forall x \in X$，有

$$\|x\| = \left\|\sum_{i=1}^{n} \xi_i e_i\right\| \leqslant \sum_{i=1}^{n} |\xi_i| \|e_i\| \leqslant \left(\sum_{i=1}^{n} |\xi_i|^2\right)^{\frac{1}{2}} \left(\sum_{i=1}^{n} \|e_i\|^2\right)^{\frac{1}{2}}.$$

记 $\delta = \left(\sum_{i=1}^{n} \|e_i\|^2\right)^{\frac{1}{2}}$，则有 $\|x\| \leqslant \delta\left(\sum_{i=1}^{n} |\xi_i|^2\right)^{\frac{1}{2}}$.

另一方面，任取 $y = \sum_{i=1}^{n} \eta_i e_i \in X$，由上述不等式知

$$\left| \|x\| - \|y\| \right| \leqslant \|x - y\| \leqslant \delta\left(\sum_{i=1}^{n} |\xi_i - \eta_i|^2\right)^{\frac{1}{2}}.$$

这说明，范数 $\|x\|$ 是 K^n 上关于 $\xi_1, \xi_2, \cdots, \xi_n$ 的连续函数 $f(\xi_1, \xi_2, \cdots, \xi_n) = \|x\|$. 当 $(\xi_1, \xi_2, \cdots, \xi_n)$ 位于 K^n 的单位球面 S 上，即 $\sum_{i=1}^{n} |\xi_i|^2 = 1$ 时，有 $\left\|\sum_{i=1}^{n} \xi_i e_i\right\| = \|x\| \neq 0$. 事实上，如果 $\left\|\sum_{i=1}^{n} \xi_i e_i\right\| = 0$，必有 $\sum_{i=1}^{n} \xi_i e_i = \theta$，由 $\{e_1, e_2, \cdots, e_n\}$ 线性无关得，ξ_1, $\xi_2, \cdots, \xi_n$ 全为零，与 $\sum_{i=1}^{n} |\xi_i|^2 = 1$ 矛盾. 这就是说，$f(\xi_1, \xi_2, \cdots, \xi_n) = \|x\|$ 在 S 上处处不为零. 因 S 是 K^n 中的有界闭集，故 f 在 S 上取得最小值 m，且 $m > 0$. 于是，$\forall x \in X$，令 $z = \left(\sum_{i=1}^{n} |\xi_i|^2\right)^{-\frac{1}{2}} x$，则 $\left(\sum_{i=1}^{n} |\xi_i|^2\right)^{-\frac{1}{2}} (\xi_1, \xi_2, \cdots, \xi_n) \in S$，且 $\|z\| \geqslant m$. 从而，

$$m\left(\sum_{i=1}^{n} |\xi_i|^2\right)^{\frac{1}{2}} \leqslant \left(\sum_{i=1}^{n} |\xi_i|^2\right)^{\frac{1}{2}} \|z\| = \|x\| \leqslant \delta\left(\sum_{i=1}^{n} |\xi_i|^2\right)^{\frac{1}{2}}.$$

令 $\mu = \dfrac{1}{\delta}, \lambda = \dfrac{1}{m}$，即得结论.

推论 1　设 X 是 n 维线性空间，$\|\cdot\|_1, \|\cdot\|_2$ 是 X 上的两个范数，则 $\|\cdot\|_1$ 与 $\|\cdot\|_2$ 等价.

证明　我们记 $\|x\|_0 = \left(\sum_{i=1}^{n} |\xi_i|^2\right)^{\frac{1}{2}}$，其中 $x = \sum_{i=1}^{n} \xi_i e_i$. 由定理 4.13 可知，存在正数 k, k' 及 L, L' 使

$$k\|x\|_1 \leqslant \|x\|_0 \leqslant k'\|x\|_1, \quad L\|x\|_2 \leqslant \|x\|_0 \leqslant L'\|x\|_2,$$

综合上面两式得，$c_1\|x\|_1 \leqslant \|x\|_2 \leqslant c_2\|x\|_1$，其中 $c_1 = \dfrac{k}{L'}, c_2 = \dfrac{k'}{L}$. 所以，$\|\cdot\|_1$ 与 $\|\cdot\|_2$ 等价.

推论 2　任何有限维线性赋范空间都是 Banach 空间.

推论 3　线性赋范空间的任何有限维子空间必是闭子空间.

考察映射 $T: X \to K^n, Tx = (\xi_1, \xi_2, \cdots, \xi_n)$,其中 $x = \sum_{i=1}^{n} \xi_i e_i$,由定理 4.13 及推论可得下面定理.

定理 4.14　任何实 n 维线性赋范空间必与 $\mathbf{R}^n$ 同构且同胚;任何复 n 维线性赋范空间必与 $\mathbf{C}^n$ 同构且同胚.

2)有限维空间的紧性刻画

定理 4.15　有限维线性赋范空间中任何有界集都是相对列紧集.

证明　设 X 是 n 维线性赋范空间,则 X 与 K^n 同构且同胚. 记 X 到 K^n 的同构映射为 T,则 T^{-1} 也是拓扑映射. 对于 X 中的有界集 M,$T(M)$ 是 K^n 中的有界集,从而是 K^n 中的相对列紧集. 由定理 4.11 知,$T(M)$ 的原像 M 是 X 中的相对列紧集.

反过来,我们可以证明:如果在一个线性赋范空间中每个有界集都是相对列紧的,那么这个空间必是有限维的.

我们先给出下面的 Riesz 引理.

定理 4.16(Riesz 引理)　设 M 是线性赋范空间 X 的一个真闭子空间,则 $\forall \varepsilon > 0$,存在 $x_0 \in X, \|x_0\| = 1$,使得
$$d(x_0, M) = \inf\{\|y - x_0\| \mid y \in M\} \geqslant 1 - \varepsilon.$$

证明　因 $M \neq X$,故有 $x_1 \in X \setminus M$. 记 $d = \inf\{\|y - x_1\| \mid y \in M\}$,则 $d > 0$. 设 $\varepsilon \in (0, 1)$,那么 $\dfrac{d}{1-\varepsilon} > d$. 根据下确界定义,存在 $y_0 \in M$,使 $\|y_0 - x_1\| < \dfrac{d}{1-\varepsilon}$. 令 $x_0 = \dfrac{x_1 - y_0}{\|x_1 - y_0\|}$,则 $\|x_0\| = 1$,且 $\forall y \in M$,有

$$\|y - x_0\| = \left\| y - \frac{x_1 - y_0}{\|x_1 - y_0\|} \right\| = \frac{\|\|x_1 - y_0\| y + y_0 - x_1\|}{\|x_1 - y_0\|}.$$

又 $y, y_0 \in M, M$ 是子空间,所以 $\|x_1 - y_0\| y + y_0 \in M$. 从而

$$\|y - x_0\| \geqslant \frac{d}{\|x_1 - y_0\|} > 1 - \varepsilon,$$

即 $d(x_0, M) \geqslant 1 - \varepsilon$.

由定理 4.15 和定理 4.16 可得下面关于有限维空间的刻画.

定理 4.17　线性赋范空间 X 是有限维的充要条件是 X 中每个有界集是相对列紧集.

证明　只须证如果 X 是无限维的,则 X 中必有有界集不是相对列紧集. 事实上单位球 $\|x\| \leqslant 1$ 不是相对列紧集. 任取 $x_1 \in X, \|x_1\| = 1$,令

$$X_1 = \{x \in X \mid x = \lambda x_1, \lambda \in K\},$$

则 X_1 是 X 的真闭子空间,由定理 4.16(Riesz 引理),存在 $x_2 \in X, \|x_2\| = 1$,使得 $d(x_2, X_1) > \frac{1}{2}$. 我们用 X_2 表示由 x_1, x_2 张成的二维子空间,则 X_2 是 X 的真闭子空间,于是又可以对 X_2 应用 Riesz 引理. 因 X 是无限维的,这样继续做下去,就从 X 选出了一列单位向量 $\{x_n\}$ 及一列真闭子空间 $\{X_n\}$,满足 $d(x_{n+1}, X_n) > \frac{1}{2}$ ($n \in$ $\mathbf{N}$). 因而,当 $m > n$ 时,由 $x_n \in X_{m-1}$ 知,$\|x_m - x_n\| \geqslant d(x_m, X_{m-1}) > \frac{1}{2}$. 这样的点列 $\{x_n\}$ 不可能含有收敛的子序列. 所以有界集 $\|x\| \leqslant 1$ 不是相对列紧集.

3)有限维子空间最佳逼近元的存在性

我们曾在 4.2 节中定义了最佳逼近元,下面的定理给出了有限维子空间最佳逼近元的存在性.

定理 4.18 设 M 是线性赋范空间 X 的有限维子空间,则 $\forall x \in X$,在 M 中总存在对 x 的最佳逼近元,即存在 $y_0 \in M$ 使

$$\|x - y_0\| = \inf_{y \in M} \|x - y\|.$$

4.6　不动点定理

在泛函分析中,习惯把映射(特别是在线性空间上的映射)称为算子,把值域为数集的算子称为泛函. 设 X 为线性赋范空间,M 是 X 的非空子集,算子 $T: M \to M$. 如果存在 $x^* \in M$,使 $Tx^* = x^*$,则称 x^* 是算子 T 的不动点. 在众多自然科学和工程技术中,常常把求解方程问题转化成求某个算子的不动点问题. 压缩映射原理就是某一类算子不动点的存在性和唯一性问题,特别不动点可以通过迭代序列求出.

定义 4.22 设 M 是线性赋范空间 X 的非空子集,映射 $T: M \to M$. 如果存在正数 $k < 1$,使得

$$\|Tx - Ty\| \leqslant k\|x - y\|, \forall x, y \in M,$$

则称 T 是 M 上的一个压缩算子或压缩映射. 显然压缩算子是连续的.

定理 4.19(Banach 压缩映射原理)　设 X 是 Banach 空间,$T: X \to X$ 是压缩映射,则 T 在 X 中有唯一的不动点 x^*,并且 $\forall x_0 \in X$,迭代序列 $x_n = T^n x_0$ ($n \in \mathbf{N}$) 收敛于 x^*.

证明　因 T 是压缩映射,故存在 $k \in (0,1)$,使得

$$\|Tx - Ty\| \leqslant k\|x - y\|, \forall x, y \in X.$$

$\forall x_0 \in X$,构造迭代序列

$$x_n = Tx_{n-1} = T^2 x_{n-2} = \cdots = T^n x_0 \quad (n \in \mathbf{N}),$$

则 $\forall n \in \mathbf{N}$,

$$\|x_{n+1} - x_n\| = \|Tx_n - Tx_{n-1}\| \leqslant k\|x_n - x_{n-1}\|$$
$$= k\|Tx_{n-1} - Tx_{n-2}\| \leqslant k^2\|x_{n-1} - x_{n-2}\| \leqslant \cdots \leqslant k^n\|x_1 - x_0\|.$$

因此 $\forall n, p \in \mathbf{N}$, 有

$$\|x_{n+p} - x_n\| \leqslant \|x_{n+p} - x_{n+p-1}\| + \|x_{n+p-1} - x_{n+p-2}\| + \cdots + \|x_{n+1} - x_n\|$$
$$\leqslant (k^{n+p-1} + k^{n+p-2} + \cdots + k^n)\|x_1 - x_0\|$$
$$\leqslant \frac{k^n}{1-k}\|x_1 - x_0\| \to 0 \quad (n \to \infty). \tag{4.5}$$

这表明 $\{x_n\}$ 是 X 中的 Cauchy 列. 因 X 完备, 故存在 $x^* \in X$, 使得 $x_n \to x^*$ ($n \to \infty$). 因 T 连续, 对等式 $x_{n+1} = Tx_n$ 两边取极限(令 $n \to \infty$)得 $Tx^* = x^*$, 即 x^* 是 T 不动点, 且由证明知 $\forall x_0 \in X$, 迭代序列 $x_n = T^n x_0 \to x^*$ ($n \to \infty$).

再证不动点的唯一性, 假如另有 $y^* \in X$ 使 $Ty^* = y^*$, 则

$$\|x^* - y^*\| = \|Tx^* - Ty^*\| \leqslant k\|x^* - y^*\|.$$

因为 $0 < k < 1$, 所以必有 $y^* = x^*$.

注 1 Banach 压缩映射原理不仅证明了 Banach 空间中压缩映射的不动点的存在与唯一性, 而且还给出了不动点的迭代求法.

注 2 在(4.5)式中令 $p \to \infty$, 就得到近似解 x_n 与精确解 x^* 之间的误差估计式 $\|x_n - x^*\| \leqslant \frac{k^n}{1-k}\|x_1 - x_0\|$. 并且可以根据事先要求的精确度 $\|x_n - x^*\| \leqslant \varepsilon$, 由 $\frac{k^n}{1-k}\|x_1 - x_0\| \leqslant \varepsilon$ 计算出迭代次数 n.

注 3 在完备度量空间中, 压缩映射原理成立. 设 (X, d) 是完备度量空间, $T: X \to X$ 是压缩映射, 即存在常数 $k \in (0,1)$, 使得 $d(Tx, Ty) \leqslant kd(x, y)$, $\forall x, y \in X$. 则 T 在 X 中有唯一不动点 x^*, 且 $\forall x_0 \in X$, 迭代序列 $x_n = T^n x_0 (n \in \mathbf{N})$ 收敛于 x^*.

除了 Banach 压缩映射原理之外, 还有两个著名的关于连续映射的不动点定理, 一个是 Brouwer 用拓扑学的方法证明的有限维空间的不动点定理, 另一个是 Schauder 进一步拓广到无限维空间的结果. 我们将这两个著名的定理不加证明地叙述如下.

定理 4.20(Brouwer 不动点定理) 设 M 是 $\mathbf{R}^n$ 中非空紧凸集, $T: M \to M$ 是连续映射, 则 T 在 M 中有不动点.

定理 4.21(Schauder 不动点定理) 设 M 是 Banach 空间 X 中非空紧凸集, $T: M \to M$ 是连续映射, 则 T 在 M 中有不动点.

下面给出 Banach 压缩映射原理的一个应用.

例 4.22 对于一阶常微分方程的初值问题

$$\begin{cases} \dfrac{\mathrm{d}y}{\mathrm{d}x} = f(x,y), \\ y|_{x=x_0} = y_0. \end{cases} \tag{4.6}$$

解的存在与唯一问题,有下面的 Picard 定理:设二元函数 $f(x,y)$ 在矩形 $D=\{(x,y)\mid |x-x_0|\leqslant a, |y-y_0|\leqslant b\}$ 上连续,且关于 y 满足 Lipschitz 条件,即存在常数 $L>0, \forall (x,y),(x,y')\in D$,有

$$|f(x,y)-f(x,y')|\leqslant L|y-y'|,$$

则问题(4.6)在区间 $[x_0-\delta, x_0+\delta]$ 上有唯一解;这里 $0<\delta<\min\left\{a, \dfrac{b}{M}, \dfrac{1}{L}\right\}, M=\max\limits_{(x,y)\in D}|f(x,y)|$.

证明 首先,问题(4.6)等价于积分方程

$$y(x) = y_0 + \int_{x_0}^{x} f(x,y(x))\mathrm{d}x. \tag{4.7}$$

令

$$\widetilde{C} = \{y\in C[x_0-\delta, x_0+\delta]\mid d(y,y_0) = \max_{|x-x_0|\leqslant\delta}|y(x)-y_0|\leqslant M\delta\},$$

$$(Ty)(x) = y_0 + \int_{x_0}^{x} f(x,y(x))\mathrm{d}x,$$

则 $\widetilde{C}$ 是完备度量空间 $C[x_0-\delta, x_0+\delta]$ 的闭子空间,故 $\widetilde{C}$ 也是完备的. 而映射 $T:\widetilde{C}\to\widetilde{C}$.

事实上,$\forall y\in\widetilde{C}, Ty$ 是 $[x_0-\delta, x_0+\delta]$ 上的连续函数,即 $Ty\in C[x_0-\delta, x_0+\delta]$,且有

$$\|Ty-y_0\| = \max_{|x-x_0|\leqslant\delta}|Ty(x)-y_0|$$

$$= \max_{|x-x_0|\leqslant\delta}\left|\int_{x_0}^{x} f(x,y(x))\mathrm{d}x\right| \leqslant \max_{|x-x_0|\leqslant\delta} M|x-x_0| = M\delta,$$

故 $Ty\in\widetilde{C}$. 其次,$\forall y_1,y_2\in\widetilde{C}$,

$$\|Ty_1-Ty_2\| = \max_{|x-x_0|\leqslant\delta}|Ty_1(x)-Ty_2(x)|$$

$$= \max_{|x-x_0|\leqslant\delta}\left|\int_{x_0}^{x} [f(x,y_1(x))-f(x,y_2(x))]\mathrm{d}x\right|$$

$$\leqslant \max_{|x-x_0|\leqslant\delta}\left|\int_{x_0}^{x} L|y_1(x)-y_2(x)|\mathrm{d}x\right|$$

$$\leqslant Ld(y_1,y_2)\max_{|x-x_0|\leqslant\delta}|x-x_0| = L\delta\cdot\|y_1-y_2\|.$$

因 $L\delta<1$,故 T 是 $\widetilde{C}$ 上的压缩映射. 于是,由压缩映射原理,存在唯一的 $\varphi\in\widetilde{C}$,使 $T\varphi=\varphi$,即积分方程(4.7)有唯一解 $y=\varphi(x)$,也就是问题(4.6)在区间 $[x_0-\delta, x_0+\delta]$ 上有唯一解 $y=\varphi(x)$.

4.7 拓扑空间简介

在度量空间(X,d)中,开集是通过球形邻域来定义的,并且开集具有下述基本性质:

(1)X与$\varnothing$都是开集;

(2)任意多个开集的并集是开集;

(3)有限个开集的交集是开集.

我们可以不依赖于邻域,而把上述三条开集的基本性质作为基础,用公理化的方法引进拓扑空间的概念.

定义 4.23 设X是非空集合,$\mathscr{T}$是X的子集族,满足以下条件:

(1)X和$\varnothing$都属于$\mathscr{T}$;

(2)$\mathscr{T}$中任意多个集合的并集属于$\mathscr{T}$;

(3)$\mathscr{T}$中任意有限个集合的交集属于$\mathscr{T}$,

则称$\mathscr{T}$为X的一个拓扑,并称$(X,\mathscr{T})$为拓扑空间,如果无需特别指明拓扑,就简称X是拓扑空间.$\mathscr{T}$中每个成员U称为X的一个$\mathscr{T}$-开集,简称为开集.

例 4.23 设(X,d)为度量空间,令
$$\mathscr{T}=\{G\subset X\,|\,G\text{ 是}(X,d)\text{ 中的开集}\}.$$
由上述讨论知,$\mathscr{T}$是X上的一个拓扑,称为由度量d生成的度量拓扑.

例 4.24 设X是非空集合,令$\mathscr{T}=\{X,\varnothing\}$,则$\mathscr{T}$是$X$上的一个拓扑,称为平凡拓扑,$(X,\mathscr{T})$称为平凡拓扑空间

例 4.25 设X是非空集合,令$\mathscr{T}=2^X$为X的所有子集构成的集合(即X的幂集),则$\mathscr{T}$是X上的一个拓扑,称为离散拓扑,$(X,2^X)$称为离散拓扑空间.

当$X=\mathbf{R}^n$时,$\mathbf{R}^n$上由通常距离生成的度量拓扑又称为$\mathbf{R}^n$上的通常拓扑.

在拓扑空间中,我们用开集来定义邻域,从而可以讨论更为一般的邻域概念.

定义 4.24 设$(X,\mathscr{T})$是拓扑空间,$x\in X$,$A\subset X$. 如果存在开集$U\in\mathscr{T}$,使得$x\in U\subset A$,则称A为x的邻域.

注意点x的邻域A不一定是开集.但如果$x\in A$且A是开集,则A必为x的邻域,此时称A是x的开邻域.

定理 4.22 设$(X,\mathscr{T})$是拓扑空间,$U\subset X$. 则U为开集的充要条件是对任意$x\in U$,U是x的邻域.

证明 必要性. 显然.

充分性.设$x\in U$,U是x的邻域,则存在开集V_x,使$x\in V_x\subset U$. 因$V_x\subset U$,所以$\bigcup\{V_x\,|\,x\in U\}\subset U$;又由$x\in V_x$知,$U\subset\bigcup\{V_x\,|\,x\in U\}$. 从而有
$$U=\bigcup\{V_x\,|\,x\in U\}.$$

因为每个 V_x 都是开集,所以 U 是开集.

应用邻域,我们给出拓扑空间 $(X,\mathcal{T})$ 中的某些定义.

定义 4.25 设 $A\subset X,x\in X$. 如果 x 的每个开邻域 U 都含有 A 中异于 x 的点,即 $U\bigcap(A\setminus\{x\})\neq\varnothing$,则称 x 为 A 的聚点或极限点. A 的所有聚点的集合称为 A 的导集,记为 A'.

定义 4.26 (1)设 $A\subset X$. 如果 A 的所有聚点都属于 A ,则称 A 为闭集;

(2) A 与其导集的并集称为 A 的闭包,记为 $\overline{A}$,即 $\overline{A}=A\bigcup A'$. 由定义可知, A 是闭集 $\Leftrightarrow A'\subset A\Leftrightarrow A=\overline{A}$; $x\in\overline{A}\Leftrightarrow$ 对于 x 的任何开邻域 U ,有 $U\bigcap A\neq\varnothing$.

习 题 4

1.(1)构造出 l^2 的一个有限维线性子空间;

(2)构造出 l^2 的一个无限维线性子空间 L ,使 $L\neq l^2$.

2. 设 $x=(\xi_1,\xi_2,\cdots,\xi_n)\in\mathbf{R}^n$,如果定义

$$\|x\|_1=|\xi_1|+|\xi_2|+\cdots+|\xi_n|;$$

$$\|x\|_\infty=\max\{|\xi_1|,|\xi_2|,\cdots,|\xi_n|\};$$

$$\|x\|_p=(|\xi_1|^p+|\xi_2|^p+\cdots+|\xi_n|^p)^{\frac{1}{p}}(1\leqslant p\leqslant+\infty).$$

证明 $\|\cdot\|_1,\|\cdot\|_\infty,\|\cdot\|_p$ 都是 $\mathbf{R}^n$ 上的范数.

3. 证明:(1)线性赋范空间中的 Cauchy 列是有界集;

(2)如果 Cauchy 列 $\{x_n\}$ 有一个子序列 $x_{n_k}\to x(k\to\infty)$,则 $x_n\to x(n\to\infty)$.

4. 设 X,Y 是线性赋范空间,映射 $T:X\to Y$,证明 T 在 X 上连续的充要条件是对于任何开集 $B\subset Y,T^{-1}(B)$ 是 X 中的开集.

5. 设 $\|\cdot\|_1$ 与 $\|\cdot\|_2$ 是线性空间 X 上的两个等价范数,证明空间 $(X,\|\cdot\|_1)$ 与 $(X,\|\cdot\|_2)$ 中的 Cauchy 列是相同的.

6. 设 X 是线性空间, $\|\cdot\|_1$ 与 $\|\cdot\|_2$ 都是 X 上的范数,且 $\|\cdot\|_2$ 比 $\|\cdot\|_1$ 强,如果 X 的子集 A 是 $(X,\|\cdot\|_1)$ 中的开集,则 A 必是 $(X,\|\cdot\|_2)$ 中的开集.

7. 设 M 是 l^∞ 中只有有限个非零分量的数列的全体所有的集,证明 M 是 l^∞ 线性子空间,但不是 l^∞ 的闭子空间.

8. 证明线性赋范空间中的有限集是列紧集.

9. 设 X 是线性赋范空间, $M_1,M_2,\cdots,M_n$ 是 X 中有限个列紧集. 证明 $\bigcup\limits_{i=1}^{n}M_i$ 是 X 中的列紧集. 这个结果能推广到无限多个列紧集的并吗?

10. 设 $X=[1,+\infty)$,定义映射 $T:X\to X$ 为

$$Tx=\frac{x}{2}+\frac{1}{x}.$$

证明 T 是压缩映射,并求出 T 的不动点.

第 5 章　内 积 空 间

在前一章中,我们把 n 维欧氏空间 $\mathbf{R}^n$ 中向量的长度推广到一般线性空间中去,得到了线性赋范空间的概念.但这对于研究若干个向量之间的相互关系是不够的.因此需要把 $\mathbf{R}^n$ 中内积(数量积)的概念予以推广.本章我们将介绍定义了内积的抽象空间,建立一类特殊的线性赋范空间——内积空间,并且应用内积讨论向量的模(长度)、投影及两向量的夹角、正交(垂直)等几何性质.

5.1　内积空间与 Hilbert 空间

1. 内积

首先回忆 $\mathbf{R}^3$ 中向量的内积的概念.定义两个向量 $x=(\xi_1,\xi_2,\xi_3)$ 与 $y=(\eta_1,\eta_2,\eta_3)$ 的内积为 $\langle x,y\rangle=\xi_1\eta_1+\xi_2\eta_2+\xi_3\eta_3$,它是 $\mathbf{R}^3\times\mathbf{R}^3\to\mathbf{R}$ 的映射.不难证明它具有如下基本性质:

(1) $\langle x,x\rangle\geqslant0,\forall x\in\mathbf{R}^3$,且 $\langle x,x\rangle=0\Leftrightarrow x=(0,0,0)$;

(2) $\langle x,y\rangle=\langle y,x\rangle,\forall x,y\in\mathbf{R}^3$;

(3) $\langle x+y,z\rangle=\langle x,z\rangle+\langle y,z\rangle,\forall x,y,z\in\mathbf{R}^3$;

(4) $\langle\lambda x,y\rangle=\lambda\langle x,y\rangle,\forall x,y\in\mathbf{R}^3,\lambda\in\mathbf{R}$.

我们把这四条基本性质抽象出来,用公理化的方法在一般线性空间上给出内积的定义.

定义 5.1　设 H 是数域 K 上的线性空间,如果对于 H 中任意两个元素 x 和 y,有唯一 K 中的数与之对应,记为 $\langle x,y\rangle$,且满足下述条件(称为内积公理):

(I1) $\langle x,x\rangle\geqslant0,\forall x\in H$,且 $\langle x,x\rangle=0\Leftrightarrow x=\theta$;

(I2) $\langle x,y\rangle=\overline{\langle y,x\rangle},\forall x,y\in H$;

(I3) $\langle x+y,z\rangle=\langle x,z\rangle+\langle y,z\rangle,\forall x,y,z\in H$;

(I4) $\langle\lambda x,y\rangle=\lambda\langle x,y\rangle,\forall x,y\in H,\lambda\in K$.

则称 $\langle x,y\rangle$ 为向量 x 与 y 的内积.定义了内积的线性空间,称为内积空间,记为 $(H,\langle\cdot,\cdot\rangle)$,简记为 H.当 K 为实数域 $\mathbf{R}$(或复数域 $\mathbf{C}$)时,称 H 为实(或复)内积空间.若无特别说明,内积空间一般均指复内积空间.

由条件(I2)~(I4)易得,$\forall x,y,z\in H,\alpha,\beta\in K$,

$$\langle\alpha x+\beta y,z\rangle=\alpha\langle x,z\rangle+\beta\langle y,z\rangle,\quad\langle x,\alpha y+\beta z\rangle=\bar{\alpha}\langle x,y\rangle+\bar{\beta}\langle x,z\rangle.$$

2. 内积空间的范数

定理 5.1（Schwarz 不等式）　设 H 为内积空间，$\forall x,y \in H$，成立不等式：

$$|\langle x,y \rangle| \leqslant \sqrt{\langle x,x \rangle} \cdot \sqrt{\langle y,y \rangle}, \tag{5.1}$$

证明　如果 $y=\theta$，不等式 (5.1) 显然成立. 设 $y \neq \theta$，则 $\forall \lambda \in K$，有

$$0 \leqslant \langle x-\lambda y, x-\lambda y \rangle = \langle x,x \rangle - \bar{\lambda} \langle x,y \rangle - \lambda \langle y,x \rangle + |\lambda|^2 \langle y,y \rangle.$$

取 $\lambda = \dfrac{\langle x,y \rangle}{\langle y,y \rangle}$，代入上式得

$$\langle x,y \rangle - \frac{|\langle x,y \rangle|^2}{\langle y,y \rangle} \geqslant 0.$$

由此得到

$$|\langle x,y \rangle| \leqslant \sqrt{\langle x,x \rangle} \cdot \sqrt{\langle y,y \rangle}.$$

由 Schwarz 不等式的证明可见，(5.1) 式中等号成立的充要条件是 $x-\lambda y=\theta$，即 x 与 y 线性相关.

定理 5.2（内积空间的范数）　设 H 是内积空间，$\forall x \in H$，令

$$\|x\| = \sqrt{\langle x,x \rangle}, \tag{5.2}$$

则 $\|\cdot\|$ 是 H 上的范数（称为由内积诱导的范数）.

证明　$\|\cdot\|$ 满足 (N1)、(N2) 可直接由内积的定义推出.

$\forall x,y \in H$，由 Schwarz 不等式

$$\begin{aligned}
\|x+y\|^2 &= \langle x+y, x+y \rangle = \langle x,x \rangle + \langle x,y \rangle + \overline{\langle x,y \rangle} + \langle y,y \rangle \\
&= \|x\|^2 + 2\mathrm{Re}\langle x,y \rangle + \|y\|^2 \leqslant \|x\|^2 + 2|\langle x,y \rangle| + \|y\|^2 \\
&\leqslant \|x\|^2 + 2\|x\| \cdot \|y\| + \|y\|^2 = (\|x\| + \|y\|)^2,
\end{aligned}$$

从而有 $\|x+y\| \leqslant \|x\| + \|y\|$，即 $\|\cdot\|$ 满足 (N3).

定理 5.2 表明，当 H 是内积空间时，可由 (5.2) 式给出 H 上的范数使之成为线性赋范空间，反之，通过直接计算可得，内积与范数之间成立如下等式，

$$\langle x,y \rangle = \frac{1}{4}(\|x+y\|^2 - \|x-y\|^2 + \mathrm{i}\|x+\mathrm{i}y\|^2 - \mathrm{i}\|x-\mathrm{i}y\|^2).$$

上式称为极化恒等式，它表示内积可以用它所导出的范数来表示. 当 H 是实内积空间时，极化恒等式变为

$$\langle x,y \rangle = \frac{1}{4}(\|x+y\|^2 - \|x-y\|^2).$$

关于线性赋范空间的有关内容都适用于内积空间. 据此可得下面的概念和结论.

定义 5.2　如果内积空间 H 按内积诱导的范数是完备的，则称 H 是 Hilbert 空间.

定理 5.3　内积 $\langle \cdot,\cdot \rangle$ 是 $H \times H \to \mathbf{R}$ 的二元连续函数,即如果 $x_n \to x, y_n \to y$ $(n \to \infty)$,则 $\langle x_n, y_n \rangle \to \langle x, y \rangle (n \to \infty)$.

定理 5.4　线性空间 H 上的范数 $\| \cdot \|$ 能由内积诱导的充要条件是 $\| \cdot \|$ 满足平行四边形公式:

$$\|x+y\|^2 + \|x-y\|^2 = 2(\|x\|^2 + \|y\|^2), \forall x, y \in H. \tag{5.3}$$

证明　必要性. 由

$$\|x+y\|^2 = \langle x+y, x+y \rangle = \|x\|^2 + \|y\|^2 + \langle x,y \rangle + \langle y,x \rangle,$$
$$\|x-y\|^2 = \langle x-y, x-y \rangle = \|x\|^2 + \|y\|^2 - \langle x,y \rangle - \langle y,x \rangle,$$

相加即得(5.3)式.

充分性. 应用极化恒等式

$$\mathrm{Re}\langle x,y \rangle = \frac{1}{4}(\|x+y\|^2 - \|x-y\|^2),$$

$$\mathrm{Im}\langle x,y \rangle = \frac{1}{4}(\|x+\mathrm{i}y\|^2 - \|x-\mathrm{i}y\|^2).$$

通过直接计算可验证 $\langle \cdot,\cdot \rangle$ 是 H 上的内积(当 H 是实内积空间时 $\mathrm{Im}\langle x,y \rangle = 0$).

注　在 $\mathbf{R}^2$ 中,(5.3)式即为几何中的平行四边形定律:平行四边形的对角线长度的平方和等于四条边的长度平方和.

3. 常见的 Hilbert 空间

例 5.1　n 维欧氏空间 $\mathbf{R}^n$ 与 n 维酉空间 $\mathbf{C}^n$ 分别是实和复 Hilbert 空间,其中向量 $x = (\xi_1, \xi_2, \cdots, \xi_n)$ 与 $y = (\eta_1, \eta_2, \cdots, \eta_n)$ 的内积为 $\langle x,y \rangle = \sum_{i=1}^{n} \xi_i \overline{\eta_i}$;内积诱导的范数 $\|x\| = \sqrt{\langle x,x \rangle} = \sqrt{\sum_{i=1}^{n} |\xi_i|^2}$ 即为欧氏范数.

例 5.2　空间 l^2.

设 $x = (\xi_1, \xi_2, \cdots, \xi_k, \cdots), y = (\eta_1, \eta_2, \cdots, \eta_k, \cdots) \in l^2$,令

$$\langle x,y \rangle = \sum_{k=1}^{\infty} \xi_k \overline{\eta_k}, \tag{5.4}$$

则由级数形式 Hölder 不等式得到

$$\left| \sum_{k=1}^{\infty} \xi_k \overline{\eta_k} \right| \leqslant \sum_{k=1}^{\infty} |\xi_k \overline{\eta_k}| \leqslant \left(\sum_{k=1}^{\infty} |\xi_k|^2 \right)^{\frac{1}{2}} \left(\sum_{k=1}^{\infty} |\eta_k|^2 \right)^{\frac{1}{2}} < +\infty,$$

故(5.4)式有意义,容易验证其满足内积公理,又由此内积诱导的范数为 $\|x\| = \left(\sum_{k=1}^{\infty} |\xi_k|^2 \right)^{\frac{1}{2}}$.已经知道 l^2 按此范数是 Banach 空间,所以 l^2 是 Hilbert 空间.

例 5.3　空间 $L^2[a,b]$.

设 $x, y \in L^2[a,b]$,令

$$\langle x,y \rangle = \int_a^b x(t) \overline{y(t)} \mathrm{d}t, \tag{5.5}$$

则由积分形式 Hölder 不等式,

$$\left| \int_a^b x(t) \overline{y(t)} \mathrm{d}t \right| \leqslant \int_a^b | x(t) \overline{y(t)} | \mathrm{d}t$$

$$\leqslant \left(\int_a^b |x(t)|^2 \mathrm{d}t \right)^{\frac{1}{2}} \left(\int_a^b |y(t)|^2 \mathrm{d}t \right)^{\frac{1}{2}} < +\infty,$$

所以(5.5)式有意义,容易验证其满足内积公理. 又由该内积诱导的范数为 $\|x\| = \left(\int_a^b |x(t)|^2 \mathrm{d}t \right)^{\frac{1}{2}}$. $L^2[a,b]$ 按此范数是完备空间,故 $L^2[a,b]$ 是 Hilbert 空间.

例 5.4　当 $1 \leqslant p < +\infty$ 且 $p \neq 2$ 时,l^p 不是内积空间.

证明　只需验证当 $p \neq 2$ 时,l^p 中的范数不满足平行四边形公式,从而不能由内积诱导. 取 $x = (1,1,0,\cdots,0,\cdots)$,$y = (1,-1,0,\cdots,0,\cdots) \in l^p$,则 $\|x\| = \|y\| = 2^{\frac{1}{p}}$,$\|x+y\| = \|x-y\| = 2$. 当 $p \neq 2$ 时,$\|x+y\|^2 + \|x-y\|^2 = 8 \neq 4 \times 2^{\frac{2}{p}} = 2(\|x\|^2 + \|y\|^2)$. 可见 l^p 中的范数不满足平行四边形公式,因此 l^p ($1 \leqslant p < +\infty$,$p \neq 2$)虽是 Banach 空间,但不是内积空间.

例 5.5　$C[a,b]$ 不是内积空间.

证明　取 $x = x(t) \equiv 1$,$y = y(t) = \dfrac{t-a}{b-a}$,则

$$\|x\| = \|y\| = 1, \|x+y\| = 2, \|x-y\| = 1,$$

于是,

$$\|x+y\|^2 + \|x-y\|^2 = 5 \neq 4 = 2(\|x\|^2 + \|y\|^2).$$

这表明 $C[a,b]$ 上的范数 $\|x\| = \max_{a \leqslant t \leqslant b} |x(t)|$ 不满足平行四边形公式,故 $C[a,b]$ 不是内积空间.

5.2　正交与正交补

1. 正交

$\mathbf{R}^3$ 中两个向量 a,b 的内积可表示为 $\langle a,b \rangle = \|a\| \|b\| \cos\theta$,$\theta$ 为 a,b 的夹角. 于是两个非零向量 a,b 垂直(即夹角 $\theta = \dfrac{\pi}{2}$)当且仅当 $\langle a,b \rangle = 0$. 应用这一思想,我们给出抽象内积空间中正交(垂直)的概念.

定义 5.3　设 H 是内积空间,$x,y \in H$,$M \subset H$,$N \subset H$ 且 $M, N \neq \varnothing$,

(1)如果$\langle x,y\rangle=0$,则称 x 与 y 正交或垂直,记为 $x\perp y$;

(2)如果 x 与 M 中每个向量都正交,则称 x 与 M 正交,记为 $x\perp M$;

(3)如果 $\forall x\in M,y\in N$,有 $x\perp y$,则称 M 与 N 正交,记为 $M\perp N$.

显然零向量 θ 与空间中的任何向量正交,即 $\theta\perp H$;且 $x\perp x$ 当且仅当 $x=0$.

由正交的定义和内积的性质,不难证明正交向量具有以下性质:

定理 5.5 设 H 是内积空间,$x,y,y_k\in H(k\in \mathbf{N})$,$M\subset H$ 且 $M\neq\varnothing$,则

(1)如果 $x\perp y_k(k=1,2)$,则 $x\perp\lambda_1 y_1+\lambda_2 y_2$,$\forall\lambda_k\in K(k=1,2)$;

(2)如果 $x\perp y_k(k\in \mathbf{N})$,且 $y_k\to y(k\to\infty)$,则 $x\perp y$;

(3)如果 $x\perp M$,则 $x\perp\overline{\mathrm{span}M}$;

(4)如果 $x\perp M$ 且 $\overline{\mathrm{span}M}=E$,则 $x=\theta$.

由内积的定义可直接验证下面关于 $\mathbf{R}^2$ 中勾股定理的推广.

定理 5.6 设 H 是内积空间,$x,y\in H$. 如果 $x\perp y$,则有勾股定理
$$\|x+y\|^2=\|x\|^2+\|y\|^2.$$

注 1 勾股定理可以推广到任意有限个向量:设 $\{x_1,x_2,\cdots,x_n\}$ 是内积空间 H 中任意有限个两两正交的向量,则
$$\|x_1+x_2+\cdots+x_n\|^2=\|x_1\|^2+\|x_2\|^2+\cdots+\|x_n\|^2.$$

注 2 勾股定理的逆定理在实内积空间中也是成立的,但在复内积空间中不再成立.

2. 正交补

定义 5.4 设 H 是内积空间,M 是 H 的非空子集,记 $M^{\perp}=\{x\in H\mid x\perp M\}$,称为 M 的正交补.

正交补具有以下性质:

定理 5.7 设 M,N 是内积空间 H 的非空子集,则

(1)$M^{\perp}$ 是 H 的闭子空间;

(2)如果 $M\subset N$,则 $M^{\perp}\supset N^{\perp}$;

(3)$M\subset M^{\perp\perp}$,其中 $M^{\perp\perp}=(M^{\perp})^{\perp}$;

(4)$M\cap M^{\perp}=\varnothing$ 或 $\{\theta\}$;

(5)$\{\theta\}^{\perp}=H$,$H^{\perp}=\{\theta\}$;

(6)$M^{\perp}=(\overline{\mathrm{span}M})^{\perp}$.

证明 (1)由定理 5.5 的(1)(2)可得;

(2)设 $x\in N^{\perp}$,则 $x\perp N$,但 $M\subset N$,故又有 $x\perp M$,即 $x\in M^{\perp}$,所以 $N^{\perp}\subset M^{\perp}$;

(3)设 $x\in M$,则 $x\perp M^{\perp}$,即 $x\in M^{\perp\perp}$,所以 $M\subset M^{\perp\perp}$;

(4)设 $x\in M\cap M^{\perp}$,则因 $x\in M$ 且 $x\in M^{\perp}$,应有 $x\perp x$,这表明 $x=\theta$,从而 $M\cap M^{\perp}=\varnothing$ 或 $\{\theta\}$;

(5)显然;

(6)由(2)知 $M^\perp \supset (\overline{\text{span}M})^\perp$. 又如果 $x \in M^\perp$,则 $x \perp M$. 由定理 5.5(3)得 $x \perp \overline{\text{span}M}$,即 $x \in (\overline{\text{span}M})^\perp$,从而又有 $M^\perp \subset (\overline{\text{span}M})^\perp$,故结论成立.

5.3 正交分解定理

在 $\mathbf{R}^3$ 中,设 M 是过原点 O 的平面,则 M 是 $\mathbf{R}^3$ 的一个闭子空间,而 $M^\perp$ 就是通过原点 O 并且垂直于 M 的直线. 由解析几何知道,$\mathbf{R}^3$ 中任一向量 x 可以分解为两个正交向量 y_0 与 z 之和:$x = y_0 + z$,其中 $y_0 \in M$,称为向量 x 在平面 M 上的正交投影;又向量 $z = x - y_0 \in M^\perp$,且其长度 $\|x - y_0\| = \inf\limits_{y \in M} \|x - y\|$ 就是 x 的顶点 P 到平面 M 的距离. 从而向量 x 在 M 上的投影就是 M 中对 x 的最佳逼近元,并且 $(x - y_0) \in M^\perp$. 这就是向量 x 关于 M 的正交分解,我们将把正交分解的思想,拓广到抽象 Hilbert 空间中去.

1. 变分引理

下面研究闭凸集对向量 x 的最佳逼近元.

定理 5.8(变分引理) 设 H 是 Hilbert 空间,M 为 H 中的非空闭凸子集,则 $\forall x \in H$,在 M 中必存在唯一的对 x 的最佳逼近元 x_0,即存在唯一的 $x_0 \in M$,使

$$\|x - x_0\| = \inf\limits_{y \in M} \|x - y\|.$$

证明 $\forall x \in H$. 记 $\rho = d(x, M) = \inf\limits_{y \in M} \|x - y\|$,由下确界的定义,$\forall n \in \mathbf{N}$,存在 $x_n \in M$,使 $\rho \leqslant \|x - x_n\| < \rho + \dfrac{1}{n}$.

下证 $\{x_n\}$ 是 Cauchy 列. 因 M 是 H 中的闭凸子集,则 $\dfrac{1}{2}(x_n + x_m) \in M$,从而 $\left\| x - \dfrac{1}{2}(x_n + x_m) \right\| \geqslant \rho$. 在平行四边形公式中以 $x_n - x$ 代换 x,以 $x - x_m$ 代换 y,则有

$$\|x_n - x_m\|^2 = \|(x_n - x) + (x - x_m)\|^2$$
$$= 2\|x_n - x\|^2 + 2\|x - x_m\|^2 - 4\left\| x - \dfrac{1}{2}(x_n + x_m) \right\|^2$$
$$\leqslant 2\left(\rho + \dfrac{1}{n}\right)^2 + 2\left(\rho + \dfrac{1}{m}\right)^2 - 4\rho^2 \to 0 \quad (n, m \to \infty).$$

故 $\{x_n\}$ 是 Hilbert 空间 H 中的 Cauchy 列,故存在 $x_0 \in H$,使 $x_n \to x_0$,又因为 $\{x_n\} \subset M$ 且 M 是闭集,所以 $x_0 \in M$,并且

$$\|x_0 - x\| = \lim\limits_{n \to \infty} \|x_n - x\| = \inf\limits_{y \in M} \|x - y\|.$$

再证唯一性. 设另有 $y_0 \in M$,满足 $\|y_0 - x\| = \rho$,则

$$\|x_0 - y_0\|^2 = 2(\|x_0 - x\|^2 + \|x - y_0\|^2) - 4\left\|x - \frac{x_0 + y_0}{2}\right\|^2$$
$$\leqslant 4\rho^2 - 4\rho^2 = 0,$$

所以 $y_0 = x_0$.

由于闭子空间是闭凸集,故当 M 是 H 的闭子空间时,定理结论仍成立.

2. 正交分解定理

定理 5.9(正交分解定理)　设 H 是 Hilbert 空间,M 是 H 中的闭子空间,则 $\forall x \in H$,存在 $x_0 \in M$ 及 $z \in M^\perp$ 使

$$x = x_0 + z, \tag{5.6}$$

且上述形式的分解是唯一的.

证明　$\forall x \in H$,由变分引理,在 M 中必存在唯一的对 x 的最佳逼近元 x_0,记 $\rho = \|x - x_0\| = \inf\limits_{y \in M} \|x - y\|$. $\forall \lambda \in K, y \in M$,有 $x_0 + \lambda y \in M$,且

$$\rho^2 \leqslant \|x - (x_0 + \lambda y)\|^2 = \langle (x - x_0) - \lambda y, (x - x_0) - \lambda y \rangle$$
$$= \|x - x_0\|^2 - \bar{\lambda}\langle x - x_0, y \rangle - \lambda\langle y, x - x_0 \rangle + |\lambda|^2\|y\|^2.$$

当 $y \neq \theta$ 时,取 $\lambda = \dfrac{\langle x - x_0, y \rangle}{\|y\|^2}$,代入上式,得 $\rho^2 \leqslant \rho^2 - \dfrac{|\langle x - x_0, y \rangle|^2}{\|y\|^2}$,于是,$\langle x - x_0, y \rangle = 0$. 再注意 $y = \theta$ 时,此式也成立,因而 $x - x_0 \in M^\perp$. 令 $z = x - x_0$;则 $z \in M^\perp$ 且 $x = x_0 + z, x_0 \in M, z \in M^\perp$.

如果另有 $y_0 \in M$ 及 $z' \in M^\perp$ 使 $x = y_0 + z' = x_0 + z$,则 $x_0 - y_0 = z' - z \in M \cap M^\perp = \{\theta\}$,所以 $y_0 = x_0, z' = z$.

注　(1) H 是内积空间时,对任意完备子空间 $M \subset H$,正交分解定理成立.

(2)(5.6)式称为向量 x 关于 M 的正交分解式,其中 x_0 称为 x 在 M 上的投影. 它是 $\mathbf{R}^3$ 中向量的正交分解的推广.

(3)最佳逼近元的几何特征:设 M 是 Hilbert 空间 H 的闭子空间,$x \in H$,则 $x_0 \in M$ 是 M 对 x 的最佳逼近元的充要条件是 $(x - x_0) \perp M$.

(4)由(5.6)式可见 $H = M \oplus M^\perp$. 因为 $M \perp M^\perp$,即 H 可表示为两个正交子空间的直和,常称 H 为 M 与 $M^\perp$ 的直交和,或直交分解.

定义 5.5　设 H 是 Hilbert 空间,M 是 H 的闭子空间,$\forall x \in H$,如果记 Px 为 x 在 M 上的投影,则称算子 $P: x \to Px$ 为 $H \to M$ 的投影算子.

5.4　内积空间中的 Fourier 级数

1. 正交化方法

仿照 $\mathbf{R}^3$(或 $\mathbf{R}^2$)中情形,可在内积空间引入直角坐标的概念.

定义 5.6 设 $\{e_k \mid k \in I\}$ 是内积空间 H 中至多可数个非零向量所成的集. 如果 $\langle e_i, e_j \rangle = 0, \forall i, j \in I, i \neq j$, 则称 $\{e_k \mid k \in I\}$ 为 H 的一个正交系. 如果每一个 e_i 的范数都是 1(称为单位向量), 则称 $\{e_k \mid k \in I\}$ 为 H 的标准正交系, 即 $\{e_k \mid k \in I\}$ 为 H 的标准正交系是指

$$\langle e_i, e_j \rangle = \delta_{ij} = \begin{cases} 1, & i = j, \\ 0, & i \neq j. \end{cases}$$

例 5.6 (1)在 $\mathbf{R}^n$ 中,

$$e_1 = (1, 0, 0, \cdots, 0),$$
$$e_2 = (0, 1, 0, \cdots, 0),$$
$$\cdots \cdots$$
$$e_n = (0, 0, 0, \cdots, 1)$$

组成一个标准正交系.

(2)在 l^2 中, $\{e_n = (\underbrace{0, \cdots, 0}_{(n-1)\text{个}}, 1, 0, \cdots) \mid n = 1, 2, 3, \cdots\}$ 构成一个标准正交系.

(3)在实内积空间 $L^2[-\pi, \pi]$ 中, $\left\{\dfrac{1}{\sqrt{2\pi}}, \dfrac{\sin x}{\sqrt{\pi}}, \dfrac{\cos x}{\sqrt{\pi}}, \cdots, \dfrac{\sin nx}{\sqrt{\pi}}, \dfrac{\cos nx}{\sqrt{\pi}}, \cdots\right\}$ 构成一个标准正交系.

易证标准正交系中的向量是线性无关的. 反之, 内积空间中任何一个由可数个线性无关的向量构成的集合都可以用下面的 Gram-Schmidt 正交化方法导出一个标准正交系.

定理 5.10 设 H 是内积空间, $\{x_k \mid k \in \mathbf{N}\}$ 是 H 中可数个线性无关的向量构成的集合, 则存在标准正交系 $\{e_k \mid k \in \mathbf{N}\}$, 使得 $\forall n \in \mathbf{N}$, 有

$$\mathrm{span}\{e_1, e_2, \cdots, e_n\} = \mathrm{span}\{x_1, x_2, \cdots, x_n\}.$$

证明 用数学归纳法证明.

令 $e_1 = \dfrac{x_1}{\|x_1\|}$, 则 $\|e_1\| = 1$, 且 $\mathrm{span}\{e_1\} = \mathrm{span}\{x_1\}$.

取 $y_2 = x_2 - \langle x_2, e_1 \rangle e_1$, 则 $y_2 \neq \theta$(否则将导致 x_2 与 x_1 线性相关, 矛盾), 且

$$\langle y_2, e_1 \rangle = \langle x_2, e_1 \rangle - \langle x_2, e_1 \rangle \langle e_1, e_1 \rangle = 0,$$

所以 $y_2 \perp e_1$. 令 $e_2 = \dfrac{y_2}{\|y_2\|}$, 则 $e_2 \perp e_1, \|e_2\| = 1$, 且因 $\{e_1, e_2\}$ 与 $\{x_1, x_2\}$ 可以互相线性表示, 所以 $\mathrm{span}\{e_1, e_2\} = \mathrm{span}\{x_1, x_2\}$.

假设已经取好标准正交系 $\{e_1, e_2, \cdots, e_k\}$, 而且

$$\mathrm{span}\{e_1, e_2, \cdots, e_k\} = \mathrm{span}\{x_1, x_2, \cdots, x_k\}.$$

取 $y_{k+1} = x_{k+1} - \sum_{i=1}^{k} \langle x_{k+1}, e_i \rangle e_i$, 则对每个 $j = 1, 2, \cdots, k$, 有

$$\langle y_{k+1}, e_j \rangle = \langle x_{k+1}, e_j \rangle - \sum_{i=1}^{k} \langle x_{k+1}, e_i \rangle \langle e_i, e_j \rangle = \langle x_{k+1}, e_j \rangle - \langle x_{k+1}, e_j \rangle = 0,$$

故 $y_{k+1} \perp e_j, j=1,2,\cdots,k$. 显然 $y_{k+1} \neq \theta$. 令 $e_{k+1} = \dfrac{y_{k+1}}{\|y_{k+1}\|}$,则 $\{e_1, e_2, \cdots, e_{k+1}\}$ 是标准正交系,且因 $\{e_1, e_2, \cdots, e_{k+1}\}$ 与 $\{x_1, x_2, \cdots, x_{k+1}\}$ 可以相互线性表出,所以 $\mathrm{span}\{e_1, e_2, \cdots, e_{k+1}\} = \mathrm{span}\{x_1, x_2, \cdots, x_{k+1}\}$. 如此进行下去,定理得证.

注　定理证明过程中求 $\{e_k\}$ 的方法称为 Gram-Schmidt 正交化方法.

2. Fourier 级数

定义 5.7　设 H 是内积空间,$\{e_n \mid n \in \mathbf{N}\}$ 为 H 的一个标准正交系,$x \in H$,称 $c_n = \langle x, e_n \rangle$ 为 x 关于 e_n 的 Fourier 系数 $(n \in \mathbf{N})$,简称为 x 的 Fourier 系数. 于是有形式级数 $\sum\limits_{n=1}^{\infty} c_n e_n$ 称为 x 关于 $\{e_n\}$ 的 Fourier 级数. 当 $x = \sum\limits_{n=1}^{\infty} c_n e_n$ 成立时,就说 x 关于 $\{e_n\}$ 可以展开为 Fourier 级数.

自然产生两个问题:x 的 Fourier 级数 $\sum\limits_{n=1}^{\infty} c_n e_n$ 是否收敛(注意这是指在范数 $\|\cdot\| = \sqrt{\langle \cdot, \cdot \rangle}$ 意义下的收敛)? 如果收敛,是否恰好收敛于 x? 一般情况下,Fourier 级数不一定收敛,即使收敛,也不一定收敛于 x. 下面我们研究在什么条件下,x 关于 $\{e_n\}$ 可以展开为 Fourier 级数.

定理 5.11　设 $\{e_n \mid n \in \mathbf{N}\}$ 为内积空间 H 的一个标准正交系,记
$$H_n = \mathrm{span}\{e_1, e_2, \cdots, e_n\},$$

则 $\forall x \in H$,x 在 H_n 上的投影是 $s_n = \sum\limits_{k=1}^{n} c_k e_k$,其中 $c_n = \langle x, e_n \rangle (n \in \mathbf{N})$,即 s_n 是 x 在 H_n 中的最佳逼近元.

证明　因 $x = s_n + (x - s_n)$,由于 $s_n \in H_n$,故只须证 $x - s_n \in H_n^{\perp}$. 由定理 5.7(6),又仅需证 $(x - s_n) \perp e_k, k=1,2,3,\cdots,n$. 于是,由

$$\langle x - s_n, e_k \rangle = \langle x, e_k \rangle - \langle \sum_{i=1}^{n} c_i e_i, e_k \rangle = 0,$$

可知结论成立.

注　对任意 $\sum\limits_{k=1}^{n} \lambda_k e_k \in H_n$,$x \in H$,都有 $\|x - s_n\| \leqslant \left\|x - \sum\limits_{k=1}^{n} \lambda_k e_k\right\|$.

定理 5.12(Bessel 不等式)　设 $\{e_n \mid n \in \mathbf{N}\}$ 是内积空间 H 中的标准正交系,则 $\forall x \in H$,成立

$$\sum_{n=1}^{\infty} |c_n|^2 \leqslant \|x\|^2,$$

其中 $c_n = \langle x, e_n \rangle (n \in \mathbf{N})$.

证明　因为 $(x-s_n)\perp s_n(n\in\mathbf{N})$，其中 $s_n=\sum\limits_{k=1}^{n}c_ke_k$，由勾股公式得

$$\|x\|^2=\|s_n\|^2+\|x-s_n\|^2\geqslant\|s_n\|^2=\left\|\sum_{k=1}^{n}c_ke_k\right\|^2$$

$$=\sum_{k=1}^{n}\|c_ke_k\|^2=\sum_{k=1}^{n}|c_k|^2,$$

令 $n\to\infty$，即得 Bessel 不等式.

推论　设 $\{e_n\,|\,n\in\mathbf{N}\}$ 是内积空间 H 中的标准正交系，则 $\forall\,x\in H$ 有 $\lim\limits_{n\to\infty}\langle x,e_n\rangle=0$.

定理 5.13　设 H 是 Hilbert 空间，$\{e_n\,|\,n\in\mathbf{N}\}$ 是 H 中的标准正交系，则 $\forall\,x\in H$，x 关于 $\{e_n\}$ 的 Fourier 级数 $\sum\limits_{n=1}^{\infty}c_ne_n$ 收敛，其中 $c_n=\langle x,e_n\rangle(n\in\mathbf{N})$.

证明　$\forall\,n,m\in\mathbf{N}$(不妨设 $n>m$)，有

$$\|s_n-s_m\|^2=\left\|\sum_{k=m+1}^{n}c_ke_k\right\|^2=\sum_{k=m+1}^{n}\|c_ke_k\|^2=\sum_{k=m+1}^{n}|c_k|^2,$$

其中 $s_n=\sum\limits_{k=1}^{n}c_ke_k(n\in\mathbf{N})$. 由 Bessel 不等式，正项级数 $\sum\limits_{n=1}^{\infty}|c_n|^2$ 收敛，故 $\{s_n\}$ 是 H 中的 Canchy 列. 因 H 完备，故 $\{s_n\}$ 收敛，从而级数 $\sum\limits_{n=1}^{\infty}\langle x,e_n\rangle e_n$ 在 H 中收敛.

在 $\mathbf{R}^n$ 中，标准正交基(直角坐标系)的极大性是至关重要的，对此我们有如下推广.

定义 5.8　设 $A=\{e_k\,|\,k\in I\}$ 是内积空间 H 的标准正交系，如果 $A^{\perp}=\{\theta\}$，就称 A 是完全的.

H 的标准正交系 A 是完全的，即指 H 中不再存在任何非零向量与 A 正交，也就是说 H 中不存在以 A 为真子集的标准正交系.

如例 5.6 中的标准正交系分别是相应空间 $\mathbf{R}^n,l^2,L^2[-\pi,\pi]$ 中的一个完全标准正交系.

定理 5.14　设 H 是 Hilbert 空间，$\{e_n\,|\,n\in\mathbf{N}\}$ 是 H 中的标准正交系，则下面的命题等价：

(1) $\{e_n\,|\,n\in\mathbf{N}\}$ 是完全的；

(2) $\forall\,x\in H$，成立 Parseval 等式：

$$\sum_{n=1}^{\infty}|c_n|^2=\|x\|^2,$$

其中 $c_n=\langle x,e_n\rangle(n\in\mathbf{N})$；

(3) $\forall\,x\in H$，x 关于 $\{e_n\}$ 可以展开为 Fourier 级数：

$$x = \sum_{n=1}^{\infty} c_n e_n,$$

其中 $c_n = \langle x, e_n \rangle (n \in \mathbf{N})$；

(4) $\forall x, y \in H$，有 $\langle x, y \rangle = \sum_{n=1}^{\infty} \langle x, e_n \rangle \overline{\langle y, e_n \rangle}$.

证明 (1)⇒(2). 设 $\{e_n | n \in \mathbf{N}\}$ 是完全的. $\forall x \in H$，记

$$c_n = \langle x, e_n \rangle, \quad s_n = \sum_{k=1}^{n} c_k e_k, \quad n \in \mathbf{N}.$$

由定理 5.13 知，$\sum_{n=1}^{\infty} c_n e_n$ 在 H 中收敛，设它收敛于 $y \in H$，从而有

$$\|y\|^2 = \sum_{n=1}^{\infty} |c_n|^2, \quad \langle x, e_n \rangle = \langle y, e_n \rangle, \quad n \in \mathbf{N}.$$

故 $\langle x - y, e_n \rangle = 0$，$\forall n \in \mathbf{N}$. 由于 $\{e_n | n \in \mathbf{N}\}$ 是完全的，于是，必有 $x = y$，因此有 $\sum_{n=1}^{\infty} |c_n|^2 = \|x\|^2$.

(2)⇒(3). 设命题(2)成立. $\forall x \in H$，由

$$\|x - s_n\|^2 = \|x\|^2 - \sum_{k=1}^{n} |c_k|^2 \to 0, \quad n \to \infty,$$

可得 $\sum_{n=1}^{\infty} c_n e_n = \lim_{n \to \infty} s_n = x$.

(3)⇒(4). 设命题(3)成立. $\forall x, y \in H$，令 $c_n = \langle x, e_n \rangle$，$d_n = \langle y, e_n \rangle$，则有 $x = \lim_{n \to \infty} \sum_{k=1}^{n} c_k e_k$，$y = \lim_{n \to \infty} \sum_{k=1}^{n} d_k e_k$. 于是有

$$\langle x, y \rangle = \lim_{n \to \infty} \langle \sum_{k=1}^{n} c_k e_k, \sum_{k=1}^{n} d_k e_k \rangle$$

$$= \lim_{n \to \infty} \sum_{k=1}^{n} c_k \overline{d_k} = \sum_{n=1}^{\infty} c_n \overline{d_n} = \sum_{n=1}^{\infty} \langle x, e_n \rangle \cdot \overline{\langle y, e_n \rangle}.$$

即命题(4)成立.

(4)⇒(1). 设命题(4)成立. 取 $x \in H$，且 $x \perp e_n$，$\forall n \in \mathbf{N}$. 此时任取 $y \in H$，有 $\langle x, y \rangle = \sum_{n=1}^{\infty} \langle x, e_n \rangle \overline{\langle y, e_n \rangle} = 0$，即 $x \perp H$，故 $x = \theta$，因此命题(1)成立. 定理证毕.

习 题 5

1. (1)证明在实内积空间中，勾股定理的逆命题成立；

(2)举例说明在复内积空间中，勾股定理的逆命题不成立.

2. 设 H 是内积空间，$x, y \in H$. 如果 $\forall z \in H$，都有 $\langle x, z \rangle = \langle y, z \rangle$，则必有 $x = y$.

3. 设 H 是内积空间，$x, y \in H$. 证明 x 与 y 正交的充要条件是 $\forall \alpha \in K$，$\|x + \alpha y\| \geqslant \|x\|$.

4. 证明内积对于第二变元是共轭线性的.

5. 在 $\mathbf{C}^2$ 中定义范数如下：$\forall x = (\varepsilon_1, \varepsilon_2) \in \mathbf{C}^2, \|x\|_1 = |\varepsilon_1| + |\varepsilon_2|$, 证明范数 $\|\cdot\|_1$ 不能由内积诱导.

6. 设 $E = C[-1, 1]$ 是实值连续函数空间, 定义内积

$$\langle f, g \rangle = \int_{-1}^{1} f(t)g(t)\mathrm{d}t, \forall f, g \in C[-1, 1].$$

如果 M 为 $C[-1, 1]$ 中奇函数的全体, N 为 $C[-1, 1]$ 中的偶函数的全体. 证明 $C[-1, 1] = M \oplus N$.

7. 设 M 实 Hilbert 空间 H 的闭子空间, $P: H \to M$ 为投影算子, 证明: $Px = x \Leftrightarrow x \in M; Px = \theta \Leftrightarrow x \in M^{\perp}$.

8. 设 H 是 Hilbert 空间, M 是 H 的非空子集, 证明: $M^{\perp\perp} = \overline{\mathrm{span}M}$.

9. 设 H 是 Hilbert 空间, 元素列 $x_n \in H (n \in \mathbf{N})$ 两两正交, 证明级数 $\sum_{n=1}^{\infty} x_n$ 收敛的充要条件是数值级数 $\sum_{n=1}^{\infty} \|x_n\|^2$ 收敛.

10. 如果 $\{e_n \mid n \in \mathbf{N}\}$ 是内积空间 H 中的标准正交系, 则 $\forall x, y \in H$, 成立

$$\sum_{n=1}^{\infty} |\langle x, e_n \rangle \langle y, e_n \rangle| \leqslant \|x\| \cdot \|y\|.$$

第6章 有界线性算子与有界线性泛函

在大量的数学、物理、工程技术问题中,都寻求用以描述某一事物在变化过程中的客观规律. 这种变化和运动的过程一般都可以用算子或算子方程来表示. 算子分为线性算子与非线性算子两大类,线性算子与线性泛函是泛函分析的基本对象,本章将介绍线性算子与线性泛函的基本理论.

6.1 有界线性算子

1. 线性算子与线性泛函

算子的概念起源于运算,第1章定义的"映射"实际上就是算子. 线性算子的概念起源于线性代数中的线性变换.

定义 6.1 设 X,Y 是同一数域 K 上的两个线性空间,$\mathcal{D}(T)$ 是 X 的线性子空间,如果映射 $T:\mathcal{D}(T)\subset X\to Y$ 满足

$$T(\alpha x+\beta y)=\alpha Tx+\beta Ty, \quad \forall x,y\in\mathcal{D}(T), \quad \forall \alpha,\beta\in K,$$

则称 T 是线性算子,$\mathcal{D}(T)$ 称为 T 的定义域. 当 $\mathcal{D}(T)=X$ 时,记为 $T:X\to Y$.

设 $T:\mathcal{D}(T)\subset X\to Y$ 是线性算子,记

$$\mathcal{N}(T)=\{x\in X|Tx=\theta\}, \mathcal{R}(T)=\{y\in Y|y=Tx,x\in\mathcal{D}(T)\}$$

分别称为算子 T 的零空间和值域. 不难证明 $\mathcal{N}(T)$ 与 $\mathcal{R}(T)$ 分别是 X 与 Y 的线性子空间.

若无特别说明,本章中的线性算子是指线性赋范空间到线性赋范空间的线性算子.

定义 6.2 设 $T:\mathcal{D}(T)\subset X\to Y$ 是线性算子,如果存在常数 $M\geqslant 0$,使得

$$\|Tx\|\leqslant M\|x\|, \quad \forall x\in\mathcal{D}(T),$$

则称 T 是有界线性算子. 不是有界的线性算子称为无界线性算子.

定义 6.3 在定义 6.1 与定义 6.2 中,如果 $Y=K$ 为数域,则分别称 T 为线性泛函与有界线性泛函,通常把线性泛函记为 f.

例 6.1 设 X 是线性赋范空间,α_0 是数域 K 中一个给定的数,定义

$$Tx=\alpha_0 x, \quad \forall x\in X,$$

显然 T 是有界线性算子,称为相似算子. 特别当 $\alpha_0=1$ 时,称 T 为恒等算子,记为 I_X 或 I;当 $\alpha_0=0$ 时,称 T 为零算子,记为 Θ.

例 6.2 $\forall x \in C[a,b]$,定义 $T: C[a,b] \to C[a,b]$ 为

$$(Tx)(t) = \int_a^t x(\tau) d\tau, \quad t \in [a,b], \quad f(x) = \int_a^b x(t) dt.$$

则由积分的线性性质知,T 是线性算子,f 是线性泛函,且因 $\forall x \in C[a,b]$,

$$\|Tx\| = \max_{a \le t \le b} \left| \int_a^t x(\tau) d\tau \right| \le \max_{a \le t \le b} \int_a^t |x(\tau)| d\tau$$

$$\le \int_a^b (\max_{a \le \tau \le b} |x(\tau)|) d\tau = (b-a)\|x\|,$$

所以 T 是有界线性算子. 又因

$$|f(x)| = \left| \int_a^b x(t) dt \right| \le \int_a^b |x(t)| dt \le (b-a)\|x\|,$$

故 f 是有界线性泛函.

例 6.3 取定一点 $t_0 \in [a,b]$,在 $C[a,b]$ 上定义泛函 f 为

$$f(x) = x(t_0), \quad \forall x \in C[a,b].$$

证明 f 是有界线性泛函.

证明 $\forall x, y \in C[a,b]$ 及 $\alpha \in K$,因为

$$f(x+y) = (x+y)(t_0) = x(t_0) + y(t_0) = f(x) + f(y),$$
$$f(\alpha x) = (\alpha x)(t_0) = \alpha x(t_0) = \alpha f(x),$$

所以 f 是线性泛函,又因

$$|f(x)| = |x(t_0)| \le \max_{a \le t \le b} |x(t)| = \|x\|,$$

所以 f 是有界线性泛函.

例 6.4 无界线性算子的例子. 定义 $T: C^1[0,1] \subset C[0,1] \to C[0,1]$ 为

$$(Tx)(t) = \frac{d}{dt} x(t), \forall x \in C^1[0,1],$$

证明 T 是无界线性算子.

证明 由微分的线性性质知,T 是 $C^1[0,1] \to C[0,1]$ 的线性算子,但 T 是无界的,因为如果取 $x_n(t) = t^n (n \in \mathbf{N})$,则 $\|x_n\| = \max_{0 \le t \le 1} |t^n| = 1$. $\forall M > 0$,当 $n > [M]$ 时,有 $\|Tx_n\| = \max_{0 \le t \le 1} |n t^{n-1}| = n > M\|x_n\|$,从而 T 是无界线性算子.

2. 线性算子的连续性与有界性

算子的连续性概念就是映射的连续性概念. 线性算子的连续性具有其独特的刻画.

定理 6.1 设 $T: \mathscr{D}(T) \subset X \to Y$ 是线性算子,如果 T 在一点 $x_0 \in \mathscr{D}(T)$ 连续,则 T 在 $\mathscr{D}(T)$ 上连续.

证明 $\forall x \in \mathscr{D}(T), \{x_n\} \subset \mathscr{D}(T)$,且 $x_n \to x (n \to \infty)$,则 $x_n - x + x_0 \to x_0$,于是

$$Tx_n - Tx + Tx_0 = T(x_n - x + x_0) \to Tx_0 (n \to \infty),$$

所以 $Tx_n \to Tx(n \to \infty)$,即 T 在 x 处连续,从而 T 在 $\mathcal{D}(T)$ 上连续.

由此可知,要验证线性算子的连续性,只须验证其在一点的连续性.特别,线性算子的连续性可由其在零元的连续性来刻画,即线性算子 T 连续等价于如果 $x_n \to \theta(X$ 中零元$)$,则 $Tx_n \to \theta(Y$ 中零元$)$.

下面定理表明对于线性算子来说,其连续性与有界性是等价的.

定理 6.2 设 $T: \mathcal{D}(T) \subset X \to Y$ 是线性算子,则 T 连续的充要条件是 T 有界.

证明 充分性.设 T 有界,则存在常数 $M > 0$,使 $\|Tx\| \leqslant M\|x\|$,$\forall x \in \mathcal{D}(T)$.如果 $x_n \to \theta(n \to \infty)$,$\{x_n\} \subset \mathcal{D}(T)$,则

$$\|Tx_n\| \leqslant M\|x_n\| \to 0 \quad (n \to \infty),$$

故 $Tx_n \to \theta$,即 T 连续.

必要性.假设 T 无界,则 $\forall n \in \mathbf{N}$,存在 $x_n \in \mathcal{D}(T)$,使得

$$\|Tx_n\| > n\|x_n\|.$$

令 $y_n = \dfrac{x_n}{n\|x_n\|}$,则 $\|y_n\| = \dfrac{1}{n} \to 0$,即 $y_n \to \theta(n \to \infty)$.但 $\|Ty_n\| = \dfrac{\|Tx_n\|}{n\|x_n\|} > 1$,即 $Ty_n \nrightarrow \theta$,这与 T 的连续性矛盾.

对于线性泛函还有下面的关于连续性等价的结论.

定理 6.3 设 $f: \mathcal{D}(f) \subset X \to K$ 是线性泛函,则 f 连续的充要条件是 f 的零空间 $\mathcal{M}(f)$ 是 X 的闭子空间.

证明 必要性.设 f 是连续线性泛函,$\{x_n\} \subset \mathcal{M}(f)$,且 $x_n \to x(n \to \infty)$.由 f 的连续性得到 $f(x) = \lim\limits_{n \to \infty} f(x_n) = 0$.因此 $x \in \mathcal{M}(f)$.所以 $\mathcal{M}(f)$ 是闭集.

充分性.设 $\mathcal{M}(f)$ 是闭集,如果 f 不是有界的,那么 $\forall n \in \mathbf{N}$,存在 $x_n \in \mathcal{D}(f)$,使 $\|x_n\| = 1$,$|f(x_n)| \geqslant n$.令

$$y_n = \frac{x_n}{f(x_n)} - \frac{x_1}{f(x_1)},$$

则 $f(y_n) = 0$,即 $y_n \in \mathcal{M}(f)$.然而由于

$$\left\| \frac{x_n}{f(x_n)} \right\| = \frac{1}{|f(x_n)|} \to 0.$$

这样就得到 $y_n \to -\dfrac{x_1}{f(x_1)}$.但是 $f\left(-\dfrac{x_1}{f(x_1)}\right) = -1$,即 $\dfrac{-x_1}{f(x_1)} \notin \mathcal{M}(f)$.这与 $\mathcal{M}(f)$ 是闭集矛盾.

3. 有界线性算子的范数

定义 6.4 设 $T: X \to Y$ 是有界线性算子,定义

$$\|T\| = \sup_{x \neq \theta} \frac{\|Tx\|}{\|x\|}, \tag{6.1}$$

称为算子 T 的范数(后面证它满足范数公理).

如果把 $\dfrac{\|Tx\|}{\|x\|}$ 视为 T 沿 x 方向的伸缩率,则 $\|T\|$ 的几何意义就是 T 沿 X 中一切方向的伸缩率所构成集合的上确界. 由算子有界性的定义知它是存在的.

由线性算子范数的定义,容易推出下列结论:

定理 6.4　设 $T:X\to Y$ 是线性算子,则

(1) T 是有界线性算子 $\Leftrightarrow \|T\| < +\infty$;

(2) 如果 T 是有界线性算子 $\Rightarrow \|Tx\| \leqslant \|T\|\|x\|$, $\forall x \in X$;

(3) 有界线性算子 T 的范数 $\|T\|$ 是使不等式 $\|Tx\| \leqslant M\|x\|$（$\forall x \in X$）成立的非负数 M 的下确界. 即 $\|T\| = \inf\{M|\|Tx\| \leqslant M\|x\|, \forall x \in X\}$.

定理 6.5　设 $T:X\to Y$ 是有界线性算子,则

$$\|T\| = \sup_{|x| \leqslant 1} \|Tx\| = \sup_{|x| = 1} \|Tx\|.$$

证明　由

$$\|T\| = \sup_{x \neq 0} \frac{\|Tx\|}{\|x\|} = \sup_{x \neq 0} \left\| T\left(\frac{x}{\|x\|}\right) \right\| \leqslant \sup_{\|y\|=1} \|Ty\|$$
$$\leqslant \sup_{\|y\| \leqslant 1} \|Ty\| \leqslant \sup_{\|y\| \leqslant 1} \|T\|\|y\| \leqslant \|T\|,$$

即得.

推论　有界线性泛函 f 的范数

$$\|f\| = \sup_{x \neq 0} \frac{|f(x)|}{\|x\|} = \sup_{\|x\| \leqslant 1} |f(x)| = \sup_{\|x\|=1} |f(x)|.$$

例 6.5　计算例 6.2 中的有界线性算子 T 的范数 $\|T\|$ 和泛函 f 的范数 $\|f\|$.

解　因为 $\|Tx\| \leqslant (b-a)\|x\|$, $\forall x \in C[a,b]$, 所以,当 $x \neq \theta$ 时,$\dfrac{\|Tx\|}{\|x\|} \leqslant b-a$,

从而,$\|T\| = \sup\limits_{x \neq 0} \dfrac{\|Tx\|}{\|x\|} \leqslant b-a$.

另一方面,如果取 $x_0(t) \equiv 1$,则 $x_0 \in C[a,b]$ 且 $\|x_0\| = 1$. 于是

$$\|T\| = \sup_{\|x\|=1} \|Tx\| \geqslant \|Tx_0\| = b-a,$$

所以 $\|T\| = b-a$.

同理可得 $\|f\| = b-a$.

例 6.6　定义算子 $T:L^1[a,b] \to C[a,b]$ 为

$$(Tx)(t) = \int_a^t x(\tau)\mathrm{d}\tau, \quad \forall x \in L^1[a,b],$$

证明 T 是有界线性算子,且 $\|T\| = 1$.

证明　$\forall x \in L^1[a,b]$,则 $\|x\| = \int_a^b |x(t)|\,\mathrm{d}t$. 因 $Tx \in C[a,b]$, 所以

$$\|Tx\| = \max_{a \leqslant t \leqslant b} |(Tx)(t)| = \max_{a \leqslant t \leqslant b} \left| \int_a^t x(\tau)\mathrm{d}\tau \right|$$

$$\leqslant \max_{a \leqslant t \leqslant b} \int_a^t |x(\tau)| \, \mathrm{d}\tau = \int_a^b |x(\tau)| \, \mathrm{d}\tau = \|x\|,$$

这表明 $\|T\| \leqslant 1$. 另一方面, 取 $x_0(t) \equiv \dfrac{1}{b-a}$, 则 $x_0 \in L^1[a,b]$, 且 $\|x_0\| = \int_a^b \dfrac{1}{b-a} \mathrm{d}t$ $=1$, 于是

$$\|T\| = \sup_{\|x\|=1} \|Tx\| \geqslant \|Tx_0\| = \max_{a \leqslant t \leqslant b} \left| \int_a^t x_0(\tau) \, \mathrm{d}\tau \right| = \int_a^b \frac{1}{b-a} \mathrm{d}t = 1,$$

所以 $\|T\| = 1$.

4. 有界线性算子空间

设 X, Y 是同一数域 K 上的两个线性赋范空间, 用 $\mathscr{B}(X,Y)$ 表示 X 到 Y 的有界线性算子的全体所成的空间, 即

$$\mathscr{B}(X,Y) = \{T \mid T: X \to Y \text{ 是有界线性算子}\},$$

并在 $\mathscr{B}(X,Y)$ 中引入线性运算如下: 设 $T_1, T_2 \in \mathscr{B}(X,Y)$, 则

$$(T_1 + T_2)x = T_1 x + T_2 x, \quad (\alpha T_1)x = \alpha T_1 x, \quad \forall x \in X, \quad \forall \alpha \in K.$$

则 $\mathscr{B}(X,Y)$ 构成一个线性空间.

$\mathscr{B}(X,Y)$ 中的零元素就是零算子 Θ. 现证由 (6.1) 式所定义的算子范数 $\|T\|$ 满足范数公理.

(N1)　显然 $\|T\| \geqslant 0$, 且

$$\|T\| = \sup_{x \neq 0} \frac{\|Tx\|}{\|x\|} = 0 \Leftrightarrow \|Tx\| = 0 \quad (\forall x \in X \text{ 且 } x \neq \theta)$$

$$\Leftrightarrow Tx = \theta \quad (\forall x \in X) \quad \Leftrightarrow \quad T = \Theta \text{ 为零算子};$$

(N2)　$\|\alpha T\| = \sup_{x \neq \theta} \dfrac{\|\alpha Tx\|}{\|x\|} = |\alpha| \sup_{x \neq \theta} \dfrac{\|Tx\|}{\|x\|} = |\alpha| \, \|T\|$;

(N3)　$\|T_1 + T_2\| = \sup_{\|x\|=1} \|(T_1 + T_2)x\| = \sup_{\|x\|=1} \|T_1 x + T_2 x\|$

$$\leqslant \sup_{\|x\|=1} (\|T_1 x\| + \|T_2 x\|) \leqslant \sup_{\|x\|=1} \|T_1 x\| + \sup_{\|x\|=1} \|T_2 x\| = \|T_1\| + \|T_2\|.$$

综上所述, 得到下面的结果.

定理 6.6　$\mathscr{B}(X,Y)$ 是线性空间, 且按 (6.1) 式所定义的范数 $\|\cdot\|$ 成为线性赋范空间.

一般情况下, 空间 $\mathscr{B}(X,Y)$ 不一定完备, 但有下面定理.

定理 6.7　如果 Y 是 Banach 空间, 则 $\mathscr{B}(X,Y)$ 也是 Banach 空间.

证明　设 $\{T_n\}$ 是 $\mathscr{B}(X,Y)$ 中的 Cauchy 列, 则 $\forall \varepsilon > 0$, 存在 $N \in \mathbf{N}$, 使得当 $n, m > N$ 时, 有 $\|T_n - T_m\| < \varepsilon$. 于是 $\forall x \in X$, 有

$$\|T_n x - T_m x\| \leqslant \|T_n - T_m\| \|x\| < \varepsilon \|x\|, \tag{6.2}$$

即 $\forall x \in X, \{T_n x\}$ 是 Y 中的 Cauchy 列. 因 Y 完备, 故 $\{T_n x\}$ 在 Y 中收敛, 即存在 $\lim_{n \to \infty} T_n x = y \in Y$. 定义算子 $T: X \to Y$ 为

$$Tx = y, \quad \forall x \in X.$$

下面证 $T \in \mathscr{B}(X,Y)$，且 $T_n \to T (n \to \infty)$. 因为 $\forall n \in \mathbf{N}, T_n$ 都是线性算子，从而 T 也是线性的. 又因为 $\{T_n\}$ 是 Cauchy 列，所以数列 $\{\|T_n\|\}$ 是 Cauchy 列，从而有界，即存在常数 $M > 0$，使 $\|T_n\| \leqslant M, \forall n \in \mathbf{N}$. 从而

$$\|Tx\| = \lim_{n \to \infty} \|T_n x\| \leqslant M\|x\|, \quad \forall x \in X,$$

即 $T \in \mathscr{B}(X,Y)$. 在 (6.2) 式中令 $m \to \infty$，当 $n > N$ 时，有

$$\|T_n - T\| = \sup_{\|x\|=1} \|(T_n - T)x\| \leqslant \varepsilon,$$

从而 $T_n \to T$.

注 当 $X = Y$ 时，通常把有界线性算子空间 $\mathscr{B}(X,Y)$ 简记为 $\mathscr{B}(X)$.

6.2 开映射定理、共鸣定理和 Hahn-Banach 定理

本节介绍开映射定理、共鸣定理和 Hahn-Banach 定理，它们是线性泛函分析的三个基本定理，并且有着广泛的应用.

1. 开映射定理与逆算子定理

定义 6.5 设 X, Y 是线性赋范空间，$T : X \to Y$. 如果 X 中每个开集 G 的像 $T(G)$ 是 Y 中开集，则称 T 是开映射.

如果 $T : X \to Y$ 连续，则当 T 是单射时，T^{-1} 是 $Y \to X$ 的开映射，即对于 Y 中任何开集 $G, T^{-1}(G)$ 是 X 中开集，而当连续映射 T 是满射时，T 把 X 中开集映为 Y 中开集，即下面定理.

定理 6.8(开映射定理) 设 X, Y 都是 Banach 空间，$T : X \to Y$ 是连续线性映射且为满射，则 T 是开映射.

证明 为方便起见，对 $r > 0$，记 $B(r) = \{x \in X | \|x\| \leqslant r\}, U(r) = \{y \in Y | \|y\| \leqslant r\}$. 由于 $X = \bigcup_{n=1}^{\infty} B(n)$ 及 $Y = TX$，那么 $Y = \bigcup_{n=1}^{\infty} TB(n)$. Y 是 Banach 空间，据 Baire 纲定理，Y 是第二纲的，因此存在 $n_0 \in \mathbf{N}$，使 $TB\{n_0\}$ 在 Y 中某闭球 $U_{r_0}(y_0) = \{y \in Y | \|y - y_0\| \leqslant r_0\} (r_0 > 0)$ 中稠密. 令 $\delta_0 = \dfrac{r_0}{n_0}$. 下面证 $TB(1)$ 在 $U(\delta_0)$ 中稠密，即 $U(\delta_0) \subset \overline{TB(1)}$. 设 $y \in U(\delta_0)$，则 $y_0 + n_0 y, y_0 - n_0 y \in U_{r_0}(y_0)$. 于是存在点列 $\{x_k\}, \{x'_k\} \subset B(n_0)$，满足

$$\lim_{k \to \infty} Tx_k = y_0 + n_0 y, \quad \lim_{k \to \infty} Tx'_k = y_0 - n_0 y.$$

从而

$$\lim_{k \to \infty} T\left(\frac{x_k - x'_k}{2n_0}\right) = y,$$

再注意到

$$\left\|\frac{x_k - x'_k}{2n_0}\right\| \leqslant \frac{\|x_k\| - \|x'_k\|}{2n_0} \leqslant \frac{n_0 + n_0}{2n_0} = 1,$$

所以 $\dfrac{x_k - x'_k}{2n_0} \in B(1)$，即 $TB(1)$ 在 $U(\delta_0)$ 中稠密.

又因

$$\frac{1}{2^n} TB(1) = TB\left(\frac{1}{2^n}\right), \quad \frac{1}{2^n} U(\delta_0) = U\left(\frac{\delta_0}{2^n}\right),$$

故 $TB\left(\dfrac{1}{2^n}\right)$ 也在 $U\left(\dfrac{\delta_0}{2^n}\right)$ 中稠密.

下面证 $TB(1) \supset U\left(\dfrac{\delta_0}{2}\right)$. 因 $TB\left(\dfrac{1}{2}\right)$ 在 $U\left(\dfrac{\delta_0}{2}\right)$ 中稠密，任取 $y \in U\left(\dfrac{\delta_0}{2}\right)$，则存在 $x_1 \in B\left(\dfrac{1}{2}\right)$，使

$$\|y - Tx_1\| \leqslant \frac{\delta_0}{2^2},$$

即

$$y - Tx_1 \in U\left(\frac{\delta_0}{2^2}\right).$$

又 $TB\left(\dfrac{1}{2^2}\right)$ 在 $U\left(\dfrac{\delta_0}{2^2}\right)$ 中稠密，从而存在 $x_2 \in B\left(\dfrac{1}{2^2}\right)$，使得

$$\|y - Tx_1 - Tx_2\| = \|y - T(x_1 + x_2)\| \leqslant \frac{\delta_0}{2^3},$$

如此做下去可得点列 $\{x_n\}$ 满足

(1) $x_n \in B\left(\dfrac{1}{2^n}\right)$　$(n \in \mathbf{N})$；

(2) $\|y - T(x_1 + x_2 + \cdots + x_n)\| \leqslant \dfrac{\delta_0}{2^{n+1}}$.

令 $S_n = \displaystyle\sum_{i=1}^{n} x_i$，由 (1) $\|x_k\| \leqslant \dfrac{1}{2^k}$，且当 $n > m$ 时，有

$$\|S_n - S_m\| = \left\|\sum_{k=m+1}^{n} x_k\right\| \leqslant \sum_{k=m+1}^{n} \frac{1}{2^k} \to 0 \quad (m \to \infty),$$

故 $\{S_n\}$ 是 Cauchy 列. 因 X 是 Banach 空间，于是存在 $x \in X, S_n \to x$. 由 (2) 及 T 的连续性，令 $n \to \infty$，得到 $y = Tx$. 又 $\|x\| \leqslant \displaystyle\sum_{k=1}^{\infty} \|x_k\| \leqslant \sum_{k=1}^{\infty} \frac{1}{2^k} = 1$，所以 $x \in B(1)$. 这就证明了 $TB(1) \supset U\left(\dfrac{\delta_0}{2}\right)$.

最后，$\forall y \in Y, y \neq \theta$，则 $\dfrac{\delta_0 y}{2\|y\|} \in U\left(\dfrac{\delta_0}{2}\right)$. 由上面证明知，存在 $x' \in B(1)$，使得

$$Tx' = \frac{\delta_0 y}{2\|y\|}, \text{即} \ T\left(\frac{2\|y\|}{\delta_0} x'\right) = y. \ \text{令} \ x = \frac{2\|y\|}{\delta_0} x', \text{则} \ Tx = y, \text{且} \|x\| \leqslant \frac{2}{\delta_0}\|y\|. \ \text{从而}$$

X 中每个开集 G 的像 $T(G)$ 是 Y 中开集, 即 T 是开映射.

设 X, Y 是线性赋范空间, $T: X \to Y$ 是有界线性算子. "双射" 仅保证逆算子 T^{-1} 存在, 且也是线性算子. T^{-1} 是不是有界呢? 一般来说, 即使 X 是完备的, T^{-1} 也不一定是有界的. 下面是一个反例.

例 6.7　设 T 是定义在 $X = C[a,b]$ 上的积分算子:

$$(Tx)(t) = \int_a^t x(\tau)\mathrm{d}\tau, \quad \forall \, x \in C[a,b].$$

设 $Y = \{x \mid x \in C^1[a,b], x(a) = 0\}$; 它按照 $C[a,b]$ 中的范数成为线性赋范空间. 这时 T 是由 Banach 空间 $C[a,b]$ 到 Y 上的一对一的有界线性算子. 但是 $(T^{-1}y)(t) = y'(t)$. T^{-1} 就是例 6.4 中的算子, 那里已说过它不是有界的.

然而, 如果值域也是完备的, 情况就不同了. 这时有下面的逆算子定理, 它是深刻而应用广泛的定理.

定理 6.9(逆算子定理)　设 X, Y 都是 Banach 空间, $T: X \to Y$ 是有界线性算子且为双射, 则 T 的逆算子 $T^{-1}: Y \to X$ 也是有界线性算子.

证明　因 T 是双射, 故 T^{-1} 存在, 且由 T 是线性算子, 易证 T^{-1} 也是线性算子. 又因 T 是连续算子, 由开映射定理, 对于 X 中任何开集 G, $T(G)$ 是 Y 中的开集, 即

$$(T^{-1})^{-1}(G) = T(G)$$

是开集. 故 T^{-1} 是连续映射, 从而是有界线性算子.

作为逆算子定理的应用, 我们证明下面关于 Banach 空间上有关范数等价性的结论.

定理 6.10　设 $\|\cdot\|_1, \|\cdot\|_2$ 是线性空间 X 上的两个范数, 且 X 按这两个范数都成为 Banach 空间. 如果 $\|\cdot\|_2$ 强于 $\|\cdot\|_1$, 则 $\|\cdot\|_1$ 也必强于 $\|\cdot\|_2$. 从而 $\|\cdot\|_1$ 与 $\|\cdot\|_2$ 等价.

证明　设 $\|\cdot\|_2$ 强于 $\|\cdot\|_1$. 考察恒等算子 $I: (X, \|\cdot\|_1) \to (X, \|\cdot\|_2)$. 由定理 4.4 知, 存在常数 $c > 0$, 使得

$$\|Ix\|_1 = \|x\|_1 \leqslant c\|x\|_2, \quad \forall \, x \in X.$$

故 I 是 Banach 空间 $(X, \|\cdot\|_1)$ 到 $(X, \|\cdot\|_2)$ 有界线性算子且为双射, 由逆算子定理知, $I^{-1}(=I)$ 也是有界的, 因而存在常数 $c_1 > 0$(例如取 $c_1 = \|I^{-1}\|$), 使得

$$\|x\|_2 = \|I^{-1}x\|_2 \leqslant c_1\|x\|_1, \quad \forall \, x \in X.$$

这就是说 $\|\cdot\|_1$ 强于 $\|\cdot\|_2$.

2. 共鸣定理

定理 6.11(共鸣定理或一致有界定理)　设 X 是 Banach 空间, Y 是线性赋范

空间,算子列$\{T_n\}\subset\mathscr{B}(X,Y)$,如果$\forall x\in X,\sup\{\|T_nx\|\,|\,n\in\mathbf{N}\}<+\infty$,则

$$\sup\{\|T_n\|\,|\,n\in\mathbf{N}\}<+\infty.$$

证明　在 Banach 空间 X 上再定义一个范数:

$$\|x\|_1=\max\{\|x\|,\sup_{n\in\mathbf{N}}\|T_nx\|\}.$$

易知$\|x\|\leqslant\|x\|_1<+\infty$,且$\|\cdot\|_1$满足范数的三条公理.下面证三角不等式(N3)满足.事实上,由于

$$\|T_n(x+y)\|\leqslant\|T_nx\|+\|T_ny\|\leqslant\sup_{n\in\mathbf{N}}\|T_nx\|+\sup_{n\in\mathbf{N}}\|T_ny\|\leqslant\|x\|_1+\|y\|_1,$$

故有$\|x+y\|_1\leqslant\|x\|_1+\|y\|_1$.

现证 X 按$\|\cdot\|_1$成为 Banach 空间.设$\{x_n\}$是 X 中按$\|\cdot\|_1$的 Cauchy 列,则由$\|x\|\leqslant\|x\|_1$知,$\{x_n\}$是 X 中按$\|\cdot\|$的 Cauchy 列.从而存在$x_0\in X$,使得$\|x_n-x_0\|\rightarrow0$.下证$\{x_n\}$按$\|\cdot\|_1$收敛于x_0.$\forall\varepsilon>0$,存在$N\in\mathbf{N}$,当$n,m>N$时,$\|x_n-x_m\|_1<\dfrac{\varepsilon}{2}$.此式即表示$\forall k\in\mathbf{N}$,都有$\|T_k(x_n-x_m)\|<\dfrac{\varepsilon}{2}$.令$m\rightarrow\infty$,得$\|T_k(x_n-x_0)\|\leqslant\dfrac{\varepsilon}{2}$.故当$n>N$时,$\|x_n-x_0\|_1\leqslant\dfrac{\varepsilon}{2}<\varepsilon$.

根据定理 6.10,必存在$c>0$,使$\|x\|_1\leqslant c\|x\|$,$\forall x\in X$.此即表明$\{\|T_n\|\}$是有界数列,c 为其上界.定理得证.

推论(Banach-Steinhaus 定理)　设 X 是 Banach 空间,Y 是线性赋范空间,$\{T_n\}\subset\mathscr{B}(X,Y)$,如果$\forall x\in X,\lim\limits_{n\rightarrow\infty}T_nx$ 在 Y 中存在,定义线性算子 $T:X\rightarrow Y$ 为 $Tx=\lim\limits_{n\rightarrow\infty}T_nx$,则$T\in\mathscr{B}(X,Y)$.

注　(1)这一定理表明,由元素序列$\{T_nx\}$在 Y 中(依范数)有界可推出算子序列$\{T_n\}$在$\mathscr{B}(X,Y)$中(依范数)有界.或由算子列在每点有界可推出在单位球上一致有界.因此称之为一致有界定理或共鸣定理.

(2)定理对较直观的算子序列的情形给出,用同样的方法可证定理对一般算子族$\{T_\lambda\,|\,\lambda\in\Lambda\}$也成立.

3. Hahn-Banach 定理

Hahn-Banach 定理是泛函分析中著名的基本定理之一,该定理保证了线性赋范空间上有足够多的连续线性泛函.由于篇幅,略去定理的证明,读者可以在大多数泛函分析教材中查阅到.

定理 6.12(Hahn-Banach 定理)　设 M 是线性赋范空间 X 的线性子空间,g 是定义在 M 上的有界线性泛函,则存在定义在全空间 X 上的有界线性泛函 f,满足条件:

(1)$f(x)=g(x)$,$\forall x\in M$;

(2)$\|f\|=\|g\|_M$(其中$\|g\|_M=\sup\{|g(x)|\,|\,\|x\|=1,x\in M\}$).

换句话说,任一定义在 X 的子空间上的有界线性泛函,都可"保持范数"地延拓到全空间. 常称 f 为 g 的延拓.

Hahn-Banach 定理告诉我们,在很大程度上,一个有界线性泛函可由它在空间的某个相当小的部分上的值所决定. 根据 Hahn-Banach 定理,可推出一系列深刻而有意义的结论. 下面列举一些.

定理 6.13　设 X 是线性赋范空间,$\forall x_0 \in X$ 且 $x_0 \neq \theta$,则必存在 X 上的连续线性泛函 f,使 $f(x_0) = \|x_0\|$,且 $\|f\| = 1$.

证明　取 $M = \{\lambda x_0 \mid \lambda \in K\}$ 为 x_0 所张成的子空间,并在 M 上定义泛函

$$g(x) = \lambda \|x_0\|, \quad \forall x = \lambda x_0 \in M.$$

显然 g 是线性的,且 $|g(x)| = |\lambda| \|x_0\| = \|\lambda x_0\| = \|x\|$,所以 $g(x_0) = \|x_0\|$,且 $\|g\|_M = 1$. 由 Hahn-Banach 定理,存在 X 上的连续线性泛函 f,使 $\|f\| = \|g\|_M = 1$,且 $f(x) = g(x)$,$\forall x \in M$. 特别,对于 $x_0 \in M$,有 $f(x_0) = g(x_0) = \|x_0\|$.

推论　设 X 是线性赋范空间,$x_0 \in X$,如果对所有 X 上的连续线性泛函 f,都有 $f(x_0) = 0$,则必有 $x_0 = \theta$.

定理 6.14　设 M 是线性赋范空间 X 的线性子空间,$x_0 \in X$,$x_0 \notin M$,$d = d(x_0, M) > 0$,则必存在 X 上的连续线性泛函 f,使

(1) $\forall x \in M, f(x) = 0$;

(2) $f(x_0) = d$;

(3) $\|f\| = 1$.

证明　考虑由 M 及 x_0 所张成的子空间 A. 由于 $x_0 \notin M$,所以 A 中任一元素 x 能唯一表示成 $x = y + t x_0 (y \in M)$. 定义

$$g(x) = td,$$

那么 g 是 A 上的线性泛函,而且 $g(x_0) = d$. 当 $x \in M$ 时,$g(x) = 0$. 所以 g 适合定理中的 (1),(2). 由于

$$\|x\| = \|y + t x_0\| = |t| \left\| x_0 + \frac{y}{t} \right\| \geq |t| d(x_0, M) = |t| d = |g(x)|,$$

所以 g 是 A 上的有界线性泛函,且 $\|g\|_A \leq 1$. 另一方面,取一列 $x_n \in M (n \in \mathbf{N})$,使得 $\|x_n - x_0\| \to d(x_0, M)$. 由范数的定义知,

$$|g(x_0)| = |g(x_n - x_0)| \leq \|g\|_A \|x_n - x_0\| \to \|g\|_A d(x_0, M).$$

从而 $\|g\|_A \geq 1$,故 $\|g\|_A = 1$. 根据 Hahn-Banach 定理,必存在 X 上的连续线性泛函 f,使 $\|f\| = \|g\|_M = 1$,且 $f(x) = g(x)$,$\forall x \in M$. 所以 f 满足定理的要求.

在研究偏微分方程时,直接验证偏微分算子的有界性是比较困难的. 但是我们有一些充要条件来验证某些微分算子是闭算子. 下面的闭图像定理就是通过算子图像特征来验证算子的有界性. 由于篇幅,略去定理的证明,读者可以在大多数泛函分析教材中查阅到.

定义 6.6　设 X,Y 是线性赋范空间,$T:\mathscr{D}(T)\subset X\to Y$ 是线性算子,$X\times Y$ 中的集合

$$\mathscr{G}(T) = \{(x,y)\,|\,x\in\mathscr{D}(T),y=Tx\}$$

称为算子 T 的图像. 如果在 $X\times Y$ 中,定义

$$\|(x,y)\| = \|x\|+\|y\|,$$

易知 $X\times Y$ 按此范数成为线性赋范空间. 如果 $\mathscr{G}(T)$ 是 $X\times Y$ 中的闭集,则称 T 是闭算子.

定理 6.15(闭图像定理)　设 X,Y 是 Banach 空间,$T:\mathscr{D}(T)\subset X\to Y$ 是线性算子且为闭算子. 如果 $\mathscr{D}(T)$ 是 X 的闭子空间,则 T 是有界算子.

闭图像定理说明,一个闭线性算子的定义域如果是闭集,则它是有界算子,换一种说法就是:一个闭线性算子,如果是无界的,那么它的定义域一定不能是闭集.

6.3　共轭空间与共轭算子

1. 共轭空间

定义 6.7　设 X 是线性赋范空间,称 X 上全体连续线性泛函所成的空间为 X 的共轭空间(或对偶空间),记为 X^*,即

$$X^* = \{f\,|\,f\text{ 是 }X\text{ 上的连续线性泛函}\} = \mathscr{B}(X,K).$$

由定理 6.6 和定理 6.7 可得下面的定理.

定理 6.16　设 X 是线性赋范空间,X^* 是 X 的共轭空间,则 X^* 按范数

$$\|f\| = \sup_{x\ne\theta}\frac{|f(x)|}{\|x\|},\quad \forall f\in X^*$$

构成 Banach 空间.

在泛函分析的研究中,常常把线性赋范空间 X 中的问题转化为其共轭空间 X^* 中的问题,或者相反进行,因此讨论 X 上的连续线性泛函,即 X^* 中元素的表现形式,具有重要的意义. 下面在同构意义下给出几个 Banach 空间的共轭空间,以下的空间 $l^p,L^p[a,b]$ 等都假定是实空间.

例 6.8　$l^p(1<p<+\infty)$ 的共轭空间 $(l^p)^* = l^q$,其中 $\dfrac{1}{p}+\dfrac{1}{q}=1$,即 $\forall f\in(l^p)^*$,存在唯一的 $y_f=(\eta_1,\eta_2,\cdots,\eta_k,\cdots)\in l^q$,使 $\|f\|=\|y_f\|_q$,及

$$f(x) = \sum_{k=1}^{\infty}\xi_k\eta_k,\quad \forall x=(\xi_1,\xi_2,\cdots,\xi_k,\cdots)\in l^p.$$

证明　令 $e_n=(\delta_{n1},\delta_{n2},\delta_{n3},\cdots)(n\in\mathbf{N})$,其中 δ_{ni} 当 $i=n$ 时等于 1,当 $i\ne n$ 时等于 0,即 $e_n=(\underbrace{0,\cdots,0}_{(n-1)\text{个}},1,0,\cdots)$. 显然 $e_n\in l^p$,且 $\|e_n\|_p=1$. 易知

$$x = \lim_{n \to \infty} \sum_{k=1}^{n} \xi_k e_k, \quad \forall x = (\xi_1, \xi_2, \xi_3, \cdots) \in l^p.$$

$\forall f \in (l^p)^*$,令 $f(e_k) = \eta_k (k \in \mathbf{N})$,那么由于 f 是连续线性泛函,所以

$$f(x) = \sum_{k=1}^{\infty} \xi_k \eta_k.$$

如果 $f = 0$,则 $\eta_k = 0$, $\forall k \in \mathbf{N}$,所以不等式 $\left(\sum_{k=1}^{n} |\eta_k|^q \right)^{\frac{1}{q}} \leqslant \|f\|$ 自然成立. 如

果 $f \neq 0$,则 η_k 不全为 0. $\forall n \in \mathbf{N}$,令 $x_n = (\xi_1^{(n)}, \xi_2^{(n)}, \xi_3^{(n)}, \cdots)$,其中

$$\xi_k^{(n)} = \begin{cases} |\eta_k|^q / \eta_k, & \text{当 } k \leqslant n, \eta_k \neq 0 \text{ 时}, \\ 0, & \text{当 } k > n \text{ 或 } \eta_k = 0 \text{ 时}, \end{cases}$$

显然 $x_n \in l^p$,因为 $f(x_n) = \sum_{k=1}^{\infty} \xi_k^{(n)} \eta_k = \sum_{k=1}^{n} |\eta_k|^q$,另一方面又有

$$f(x_n) \leqslant \|f\| \|x_n\| = \|f\| \left(\sum_{k=1}^{n} |\xi_k^{(n)}|^p \right)^{\frac{1}{p}}$$

$$= \|f\| \left(\sum_{k=1}^{n} |\eta_k|^{(q-1)p} \right)^{\frac{1}{p}} = \|f\| \left(\sum_{k=1}^{n} |\eta_k|^q \right)^{\frac{1}{p}},$$

因为 η_k 不全为 0,所以当 n 足够大时, $\left(\sum_{k=1}^{n} |\eta_k|^q \right)^{\frac{1}{p}} \neq 0$,在上面不等式两边同除

以 $\left(\sum_{k=1}^{n} |\eta_k|^q \right)^{\frac{1}{p}}$,得到

$$\left(\sum_{k=1}^{n} |\eta_k|^q \right)^{1-\frac{1}{p}} = f(x_n) / \left(\sum_{k=1}^{n} |\eta_k|^q \right)^{\frac{1}{p}} \leqslant \|f\|,$$

令 $n \to \infty$,由 $1 - \dfrac{1}{p} = \dfrac{1}{q}$,我们得到

$$\left(\sum_{k=1}^{n} |\eta_k|^q \right)^{\frac{1}{q}} \leqslant \|f\|.$$

因此 $x = (\eta_1, \eta_2, \eta_3, \cdots) \in l^q$. 反之,对任何 $b = (\beta_1, \beta_2, \beta_3, \cdots) \in l^q$,令

$$g(x) = \sum_{k=1}^{\infty} \xi_k \beta_k, \quad \forall x = (\xi_1, \xi_2, \xi_3, \cdots) \in l^p.$$

易知 g 是 l^p 上线性泛函,并且由 Hölder 不等式,可以得到

$$|g(x)| \leqslant \left| \sum_{k=1}^{\infty} \xi_k \beta_k \right| \leqslant \left(\sum_{k=1}^{\infty} |\xi_k|^p \right)^{\frac{1}{p}} \left(\sum_{k=1}^{\infty} |\beta_k|^q \right)^{\frac{1}{q}} = \|x\|_p \|b\|_q,$$

所以 $\|g\| \leqslant \|b\|_q$. 作 $(l^p)^*$ 到 l^q 中的映射 T 如下:

$$Tf = (f(e_1), f(e_2), f(e_3), \cdots) \in l^q, \quad f \in (l^p)^*,$$

显然 T 是线性映射,由 T 的定义及前面证明知, T 是双射,且

$$\|Tf\|_q = \left[\sum_{k=1}^{\infty} |f(e_k)|^q \right]^{\frac{1}{q}} = \left(\sum_{k=1}^{\infty} |\eta_k|^q \right)^{\frac{1}{q}} \leqslant \|f\|.$$

另一方面，$\forall x=(\xi_1,\xi_2,\xi_3,\cdots)\in l^p$，有 $f(x)=\sum\limits_{k=1}^{\infty}\xi_k f(e_k)$. 所以

$$\|f\|\leqslant\|\{f(e_k)\}\|_q=\|Tf\|_q,$$

因此 T 是 $(l^p)^*$ 到 l^q 上的同构映射，所以 $(l^p)^*=l^q$.

类似可得下面例题.

例 6.9　$L^p[a,b](1<p<+\infty)$ 的共轭空间 $(L^p[a,b])^*=L^q[a,b]$，其中 $\dfrac{1}{p}+\dfrac{1}{q}=1$，即 $\forall f\in(L^p[a,b])^*$，存在唯一的 $y_f=y(t)\in L^q[a,b]$，使 $\|f\|=\|y_f\|_q$ 及

$$f(x)=\int_a^b x(t)y(t)\mathrm{d}t,\quad\forall x\in L^p[a,b].$$

例 6.10　l^1 的共轭空间 $(l^1)^*=l^\infty$，即 $\forall f\in(l^1)^*$，存在唯一的

$$y_f=(\eta_1,\eta_2,\cdots,\eta_k,\cdots)\in l^\infty,$$

使得 $\|f\|=\|y_f\|_\infty$ 及 $f(x)=\sum\limits_{k=1}^{\infty}\xi_k\eta_k,\forall x=(\xi_1,\xi_2,\cdots,\xi_k,\cdots)\in l^1$.

证明　令 $e_n=(\delta_{n1},\delta_{n2},\delta_{n3},\cdots)(n\in\mathbf{N})$，其中 δ_{ni} 当 $i=n$ 时等于 1，当 $i\neq n$ 时等于 0，显然 $e_n\in l^1$，且 $\forall x=(\xi_1,\xi_2,\xi_3,\cdots)\in l^1$，成立

$$x=\lim_{n\to\infty}\sum_{k=1}^{\infty}\xi_k e_k.$$

$\forall f\in(l^1)^*$，令 $f(e_k)=\eta_k(k\in\mathbf{N})$，那么由于 f 是连续线性泛函，所以

$$f(x)=\sum_{k=1}^{\infty}\xi_k\eta_k.$$

又 $\|e_n\|_1=1$，所以 $\forall k\in\mathbf{N}$，有 $|\eta_k|=|f(e_k)|\leqslant\|f\|\|e_k\|_1=\|f\|$. 由此可得

$$\sup_k|\eta_k|\leqslant\|f\|,$$

即 $(\eta_1,\eta_2,\eta_3,\cdots)\in l^\infty$. 反之，$\forall b=(\beta_1,\beta_2,\beta_3,\cdots)\in l^\infty$，令

$$g(x)=\sum_{k=1}^{\infty}\xi_k\beta_k,\quad\forall x=(\xi_1,\xi_2,\xi_3,\cdots)\in l^1,$$

易知 g 是 l^1 上线性泛函. 由

$$|g(x)|=\left|\sum_{k=1}^{\infty}\xi_k\beta_k\right|\leqslant\sum_{k=1}^{\infty}|\xi_k\|\beta_k|\leqslant\sup_k|\beta_k|\sum_{k=1}^{\infty}|\xi_k|=\sup_k|\beta_k|\|x\|_1,$$

所以 $g\in(l^1)^*$，且 $\|g\|\leqslant\sup\limits_k|\beta_k|=\|b\|_\infty$. 作 $(l^1)^*$ 到 l^∞ 中的映射 T 如下：

$$Tf=(f(e_1),f(e_2),f(e_3),\cdots),f\in(l^1)^*,$$

显然 T 是线性映射，由 T 的定义及前面证明知，T 是双射，且

$$\|Tf\|_\infty=\sup_k|f(e_k)|\leqslant\|f\|.$$

另一方面，$\forall x=(\xi_1,\xi_2,\xi_3,\cdots)\in l^1$，有 $f(x)=\sum\limits_{k=1}^{\infty}\xi_k f(e_k)$. 所以

$$\|f\| \leqslant \sup_k |f(e_k)| = \|Tf\|_\infty,$$

因此 T 是 $(l^1)^*$ 到 l^∞ 上的同构映射,所以 $(l^1)^* = l^\infty$.

注意 $(l^\infty)^*$ 并不是 l^1,而 c_0 的共轭空间才是 l^1,其中 c_0 表示收敛于零的数列 $x = (x_n)_{n=1}^\infty$ 的全体,并按范数 $\|x\| = \sup_n |x_n|$. 见下面例子.

例 6.11　设 $c_0 = \{x \mid x = (x_n)_{n=1}^\infty$ 为收敛于零的数列$\}$,赋予范数

$$\|x\| = \sup_n |x_n|,$$

则 c_0 的共轭空间 $(c_0)^* = l^1$.

证明　$\forall \eta = (b_n)_{n=1}^\infty \in l^1$,定义 c_0 上线性泛函 F_η 为

$$F_\eta(x) = \sum_{n=1}^\infty b_n x_n, \quad \forall x = (x_n)_{n=1}^\infty \in c_0.$$

于是

$$|F_\eta(x)| = \left| \sum_{n=1}^\infty b_n x_n \right| \leqslant \sup_n |x_n| \left(\sum_{n=1}^\infty |b_n| \right) = \|\eta\|_1 \|x\|,$$

所以 $\|F_\eta\| \leqslant \|\eta\|_1$,即 $F_\eta \in (c_0)^*$. 另一方面,对 $F \in (c_0)^*$,令 $b_n = F(e_n)$,这里 $e_n = (\delta_{n1}, \delta_{n2}, \delta_{n3}, \cdots)(n \in \mathbf{N})$,其中 δ_{ni} 当 $i = n$ 时等于 1,当 $i \neq n$ 时等于 0,记 $\eta = (b_n)_{n=1}^\infty$. $\forall x = (x_n)_{n=1}^\infty \in c_0$,由于 $\left\| \sum_{i=1}^n x_i e_i - x \right\| = \sup_{i \geqslant n+1} |x_i| \to 0 (n \to \infty)$,而 F 是连续线性泛函,因此

$$F(x) = \lim_{n \to \infty} F\left(\sum_{i=1}^n x_i e_i \right) = \lim_{n \to \infty} \sum_{i=1}^\infty x_i b_i = \sum_{n=1}^\infty x_n b_n.$$

下面证 $\eta \in l^1$. 令 $\xi^{(N)} = (\xi_n^{(N)})_{n=1}^\infty$,其中

$$(\xi_n^{(N)}) = \begin{cases} \mathrm{sgn} b_n, & n \leqslant N, \\ 0, & n > N, \end{cases}$$

这里 $\mathrm{sgn} x$ 是符号函数. 则 $\lim_{n \to \infty} \xi_n^{(N)} = 0$,即 $\xi^{(N)} \in c_0$,且 $\|\xi^{(N)}\| \leqslant 1$. 故

$$\sum_{n=1}^N |b_n| = \sum_{n=1}^N b_n \mathrm{sgn}(b_n) = F(\{\xi_n^{(N)}\}) \leqslant \|F\| \|\xi^{(N)}\| \leqslant \|F\|.$$

由 N 的任意性得,$\sum_{n=1}^\infty |b_n| < +\infty$,于是得到 $\|\eta\| \leqslant \|F\|$. 根据上述两步,定义 $T: l^1 \to (c_0)^*$ 为 $T(\eta) = F_\eta \in l^1$,则 T 是线性算子,是满映射,而且 $\|T(\eta)\| = \|\eta\|$(因而是一一映射). 这说明 l^1 与 $(c_0)^*$ 是等距同构,即 $(c_0)^* = l^1$.

2. 共轭算子

矩阵是有限维空间中算子的表示形式,矩阵的转置在矩阵理论中起着十分重要的作用. 这种矩阵转置概念在无穷维空间的推广就是共轭算子.

设 X, Y 是两个线性赋范空间,共轭空间分别为 X^*, Y^*. 又设 $T \in \mathcal{B}(X, Y)$,通

过 T 诱导出另一个算子 $T^*:Y^* \to X^*$. 具体做法如下：设 $y^* \in Y^*$. 令 $f(x) = y^*(Tx)(x \in X)$，则

$$|f(x)| = |y^*(Tx)| \leqslant \|y^*\| \|Tx\| \leqslant \|y^*\| \|T\| \|x\|,$$

于是 f 是有界线性泛函，且 $\|f\| \leqslant \|y^*\| \|T\|$，定义 $T^* y^* = f \in X^*$，便得到了 T^*.

定义 6.8　设 $T \in \mathcal{B}(X,Y)$，称算子 $T^*:Y^* \to X^*$ 为 T 的共轭算子，如果满足 $(T^* y^*)(x) = y^*(Tx)$，$\forall x \in X$，$\forall y^* \in Y^*$.

定理 6.17　设 $T \in \mathcal{B}(X,Y)$，则 $T^* \in \mathcal{B}(Y^*,X^*)$，且 $\|T^*\| = \|T\|$.

证明　由于

$$\|T^* y^*\| = \sup\{|(T^* y^*)(x)| \mid \|x\| \leqslant 1\} = \sup\{|y^*(Tx)| \mid \|x\| \leqslant 1\}$$
$$\leqslant \sup\{\|y^*\| \|T\| \|x\| \mid \|x\| \leqslant 1\} = \|T\| \|y^*\|,$$

所以 $\|T^*\| \leqslant \|T\|$. 另一方面，对每个 $x \in X$，由定理 6.13，存在 $y_0^* \in Y^*$，$\|y_0^*\| = 1$，使 $y_0^*(Tx) = \|Tx\|$，于是

$$\|Tx\| = y_0^*(Tx) = (T^* y_0^*)(x) \leqslant \|T^* y_0^*\| \|x\|$$
$$\leqslant \|T^*\| \|y_0^*\| \|x\| = \|T^*\| \|x\|.$$

故 $\|T\| \leqslant \|T^*\|$，即 $\|T\| = \|T^*\|$，而 T^* 的线性明显.

关于共轭算子，还有如下简单性质.

设 X, Y, Z 是线性赋范空间，读者根据定义可直接验证

(1) 当 $T_1 \in \mathcal{B}(X,Y)$ 时，$(aT_1)^* = aT_1^*$ $(a \in K)$；

(2) 当 $T_1 \in \mathcal{B}(X,Y)$，$T_2 \in \mathcal{B}(Y,Z)$ 时，$(T_2 T_1)^* = T_1^* T_2^*$；

(3) 当 $T_1, T_2 \in \mathcal{B}(X,Y)$ 时，$(T_1 + T_2)^* = T_1^* + T_2^*$；

(4) 如果 $I:X \to X$ 是恒等算子，则 $I^*:X^* \to X^*$ 也是恒等算子.

3. 内积空间上连续线性泛函的表示

设 X 是内积空间，因内积对于第一个变量是线性的，所以对于每个固定的 $y \in X$，定义泛函 $f_y:X \to K$ 为

$$f_y(x) = \langle x, y \rangle, \quad \forall x \in X,$$

则 f_y 是线性泛函，且由 Schwarz 不等式有

$$|f_y(x)| = |\langle x, y \rangle| \leqslant \|y\| \|x\|, \forall x \in X.$$

这表明 f_y 是 X 上的连续线性泛函，且 $\|f_y\| \leqslant \|y\|$. 又因为 $|f_y(y)| = \langle y, y \rangle = \|y\|^2$，所以 $\|f_y\| \geqslant \|y\|$. 从而 $\|f_y\| = \|y\|$，且当 $y_1, y_2 \in X$ 且 $y_1 \neq y_2$ 时，$f_{y_1} \neq f_{y_2}$，即上述形式的泛函 f_y 由 y 所唯一确定，从而有下述定理.

定理 6.18　设 X 是内积空间，则对每一个 $y \in X$，存在唯一的有界线性泛函 f_y 使得 $f_y(x) = \langle x, y \rangle$，$\forall x \in X$，且 $\|f_y\| = \|y\|$.

下面我们将证明：当 X 是 Hilbert 空间时，定理 6.18 的逆命题也是正确的，这就是著名的 Riesz 表现定理.

定理 6.19(Riesz 表现定理)　设 H 是 Hilbert 空间,则对于 H 上每个连续线性泛函 f,存在唯一的 $y_f \in H$ 使 $f(x) = \langle x, y_f \rangle$, $\forall x \in H$,且 $\|y_f\| = \|f\|$.

证明　当 $f = 0$ 为零泛函时,取 $y_f = \theta$ 即可.

对于任何非零连续线性泛函 f,我们设法把 y_f 构造出来,由于当 $f(x) = 0$,即 $x \in \mathcal{N}(f)$ 时,应有 $\langle x, y_f \rangle = f(x) = 0$,即 $y_f \perp \mathcal{N}(f)$,因此应当在 $(\mathcal{N}(f))^\perp$ 中寻找 y_f.

由 f 连续知 $\mathcal{N}(f)$ 是 H 的闭子空间,且因 $f \neq 0$,所以 $\mathcal{N}(f) \neq H$,即 $(\mathcal{N}(f))^\perp \neq \{\theta\}$,取 $x_1 \in (\mathcal{N}(f))^\perp$,且 $x_1 \neq \theta$,则 $x_1 \notin \mathcal{N}(f)$,所以 $f(x_1) \neq 0$. 再取 $x_2 = \dfrac{x_1}{f(x_1)}$,则 $x_2 \in (\mathcal{N}(f))^\perp$,且 $f(x_2) = 1$. 于是 $\forall x \in H$,因

$$f(x - f(x)x_2) = f(x) - f(x)f(x_2) = 0,$$

所以 $x - f(x)x_2 \in \mathcal{N}(f)$. 由 $x_2 = (\mathcal{N}(f))^\perp$ 得

$$0 = \langle x - f(x)x_2, x_2 \rangle = \langle x, x_2 \rangle - \langle f(x)x_2, x_2 \rangle = \langle x, x_2 \rangle - f(x)\|x_2\|^2,$$

从而

$$f(x) = \frac{\langle x, x_2 \rangle}{\|x_2\|^2} = \left\langle x, \frac{x_2}{\|x_2\|^2} \right\rangle, \quad \forall x \in H.$$

令 $y_f = \dfrac{x_2}{\|x_2\|^2}$,则 $f(x) = \langle x, y_f \rangle$, $\forall x \in H$,并且由定理 6.18 之前的讨论知 $\|y_f\| = \|f\|$.

假如另有 $y' \in H$,使 $f(x) = \langle x, y' \rangle$, $\forall x \in H$,则 $\langle x, y_f \rangle = \langle x, y' \rangle$,即 $\langle x, y_f - y' \rangle = 0$, $\forall x \in H$. 特别取 $x = y_f - y'$,得到 $\langle y_f - y', y_f - y' \rangle = 0$,即 $y_f - y' = \theta$,从而 $y' = y_f$.

在实内积空间中,内积对于第二变元也是线性的,于是 Riesz 定理表明:当 H 是实 Hilbert 空间时,映射

$$T: f \to y_f$$

是 $H^* \to H$ 的保范同构映射,从而 H^* 与 H 是保范同构的,于是有下面的定理.

定理 6.20　设 H 是实 Hilbert 空间,则 $H^* = H$.

本定理说明,实 Hilbert 空间上一切连续线性泛函都可以表示成内积的形式,从而为研究 Hilbert 空间上的连续线性泛函提供了很大的方便.

4. Hilbert 空间上的共轭算子

我们在本节第二段讨论过线性赋范空间上的共轭算子问题. 现在我们利用 Hilbert 空间与共轭空间的一致化,引入所谓 Hilbert 空间上的共轭算子的概念. 这类算子是在研究矩阵以及线性微分(或积分)方程的问题中提出来的,并且有着广泛的应用.

定义 6.9　设 X,Y 是两个内积空间,$T \in \mathcal{B}(X,Y)$. 又设 $T^* \in \mathcal{B}(Y,X)$,如果 $\forall x \in X, y \in Y$,都有 $\langle Tx, y \rangle = \langle x, T^* y \rangle$,就称 T^* 是 T 的共轭算子(或伴随算子).

注　在复空间情况下,本节第二段关于线性赋范空间所引进的共轭算子与定义 6.9 所述的共轭算子并不完全一致. 设 $T_1, T_2 \in \mathcal{B}(X,Y)$,$\lambda_1, \lambda_2 \in \mathbf{C}$,按定义 6.8,有

$$(\lambda_1 T_1 + \lambda_2 T_2)^* = \lambda_1 T_1^* + \lambda_2 T_2^*.$$

但按定义 6.9,却有

$$(\lambda_1 T_1 + \lambda_2 T_2)^* = \bar{\lambda}_1 T_1^* + \bar{\lambda}_2 T_2^*.$$

在实空间情况下,二者完全一致.

例 6.12　设 $\mathbf{C}^n$ 及 $\mathbf{C}^m$ 为复 Euclid 空间,对于有界线性算子 $T: \mathbf{C}^n \to \mathbf{C}^m$,则 T 为 m 行 n 列的矩阵

$$T = \begin{bmatrix} a_{11} & a_{12} & \cdots & a_{1n} \\ a_{21} & a_{22} & \cdots & a_{2n} \\ \vdots & \vdots & & \vdots \\ a_{m1} & a_{m2} & \cdots & a_{mn} \end{bmatrix}.$$

当 $x = (t_1, t_2, \cdots, t_n) \in \mathbf{C}^n$ 时,有 $Tx = \left(\sum_{j=1}^{n} a_{1j} t_j, \sum_{j=1}^{n} a_{2j} t_j, \cdots, \sum_{j=1}^{n} a_{mj} t_j \right) \in \mathbf{C}^m$. 此时,任取 $y = (s_1, s_2, \cdots, s_m) \in \mathbf{C}^m$,有

$$\langle Tx, y \rangle = \sum_{i=1}^{m} \left(\sum_{j=1}^{n} a_{ij} t_j \right) \bar{s}_i = \sum_{j=1}^{n} t_j \overline{\left(\sum_{i=1}^{m} \bar{a}_{ij} s_i \right)},$$

$$T^* = \begin{bmatrix} \bar{a}_{11} & \bar{a}_{21} & \cdots & \bar{a}_{m1} \\ \bar{a}_{12} & \bar{a}_{22} & \cdots & \bar{a}_{m2} \\ \vdots & \vdots & & \vdots \\ \bar{a}_{1n} & \bar{a}_{2n} & \cdots & \bar{a}_{mn} \end{bmatrix}.$$

我们看到共轭算子 T^* 是 T 的转置共轭矩阵.

例 6.13　设 X 是 n 维内积空间时,取 $\{e_1, e_2, \cdots, e_n\}$ 为其一个标准正交系,Y 是 m 维内积空间,取 $\{f_1, f_2, \cdots, f_m\}$ 为其一个标准正交系. 又设 $T: X \to Y$ 是线性算子(则 T 一定有界). 令 $Te_j = \sum_{i=1}^{m} a_{ij} f_i, j = 1, 2, \cdots, n$,则 $\forall x \in E$,有唯一表示 $x = \sum_{j=1}^{n} t_j e_j$,于是

$$Tx = \sum_{j=1}^{n} t_j Te_j = \sum_{j=1}^{n} t_j \left(\sum_{i=1}^{m} a_{ij} f_i \right) = \sum_{i=1}^{m} \left(\sum_{j=1}^{n} a_{ij} t_j \right) f_i.$$

不难看出,线性算子 $T: X \to Y$ 由一个 m 行 n 列的矩阵 $(a_{ij})_{m \times n}$ 所决定. 类似于 Euclid 空间情形,可得 T 的共轭算子 $T^*: Y \to X$ 由 $(a_{ij})_{m \times n}$ 的转置共轭矩阵

$(\overline{a_{ji}})_{n \times m}$ 表示.

以下的定理说明了一般情况下共轭算子的存在性.

定理 6.21　设 X 是 Hilbert 空间, Y 是内积空间, $T \in \mathscr{B}(X,Y)$, 则必存在唯一的共轭算子 T^*.

证明　$\forall y \in Y$, 令
$$f_y(x) = \langle Tx, y \rangle, x \in X.$$
由于 $T \in \mathscr{B}(X,Y)$, 易知 f 是 X 上的线性泛函. 因
$$|f_y(x)| = |\langle Tx, y \rangle| \leqslant \|y\| \|Tx\| \leqslant \|y\| \|T\| \|x\|, \forall x \in X,$$
故 $f_y \in X^*$, 且 $\|f_y\| \leqslant \|T\| \|y\|$. 由 Riesz 定理, 存在唯一的 $z \in X$, 使得
$$\langle Tx, y \rangle = \langle x, z \rangle, \forall x \in X,$$
且 $\|f_y\| = \|z\|$. 令 $T^* y = z$, 则 $\forall x \in X, y \in Y, \langle Tx, y \rangle = \langle x, T^* y \rangle$.

下面证明 $T^* \in \mathscr{B}(Y,X)$. $\forall \lambda_1, \lambda_2 \in \mathbb{C}, y_1, y_2 \in Y$, 因为当 $x \in X$ 时, 有
$$\langle Tx, \lambda_1 y_1 + \lambda_2 y_2 \rangle = \overline{\lambda}_1 \langle Tx, y_1 \rangle + \overline{\lambda}_2 \langle Tx, y_2 \rangle$$
$$= \overline{\lambda}_1 \langle x, T^* y_1 \rangle + \overline{\lambda}_2 \langle x, T^* y_2 \rangle$$
$$= \langle x, \lambda_1 T^* y_1 + \lambda_2 T^* y_2 \rangle.$$
因此 $T^*(\lambda_1 y_1 + \lambda_2 y_2) = \lambda_1 T^* y_1 + \lambda_2 T^* y_2$, 即 T^* 是线性的. 再由 T^* 的定义, $\forall y \in Y$, 有 $\|T^* y\| = \|f_y\| \leqslant \|T\| \|y\|$, 因此有 $\|T^*\| \leqslant \|T\|$, 即 T^* 为有界线性算子, 而 T^* 的唯一性是明显的.

例 6.14　设 $X = L^2[a,b]$, $K(t,s)$ 是矩形区域 $D = [a,b] \times [a,b]$ 上平方可积函数, 则由核 $K(t,s)$ 定义了空间 $L^2[a,b]$ 上的有界线性算子 T 为
$$(Tx)(t) = \int_a^b K(t,s)x(s)\mathrm{d}s, x \in L^2[a,b].$$
T 称为 Fredholm 型积分算子. 现在求 T 的共轭算子. 任取 $y \in L^2[a,b]$, 因为在给定条件下可交换积分次序, 有
$$\langle x, T^* y \rangle = \langle Tx, y \rangle = \int_a^b \left(\int_a^b K(t,s)x(s)\mathrm{d}s \right) \overline{y(t)} \mathrm{d}t$$
$$= \int_a^b x(s) \left(\int_a^b K(t,s) \overline{y(t)}\mathrm{d}t \right) \mathrm{d}s$$
$$= \int_a^b x(s) \overline{\left(\int_a^b \overline{K(t,s)} y(t)\mathrm{d}t \right)} \mathrm{d}s$$
$$= \int_a^b x(t) \overline{\left(\int_a^b \overline{K(s,t)} y(s)\mathrm{d}s \right)} \mathrm{d}t.$$
故有 $(T^* y)(t) = \int_a^b \overline{K(s,t)} y(s)\mathrm{d}s$, 即 T^* 是以 $\overline{K(s,t)}$ 为核的 Fredholm 型积分算子.

由例 6.12 我们看到共轭算子是转置共轭矩阵概念的推广, 因此, 它必然地具

有许多类似于转置共轭矩阵的性质.

定理 6.22(共轭算子的性质)　设 X, Z 是 Hilbert 空间, Y 是内积空间. $T, S \in \mathscr{B}(X, Y)$, $Q \in \mathscr{B}(Z, X)$, λ 是复数, 则以下命题成立.

(1) $(\lambda T)^* = \bar{\lambda} T^*$;

(2) $(T + S)^* = T^* + S^*$;

(3) $(T^*)^* = T$;

(4) $\|T\|^2 = \|T^*\|^2 = \|T^* T\|$;

(5) $(TQ)^* = Q^* T^*$;

(6) T 存在有界线性逆算子的充要条件是 T^* 存在有界线性逆算子, 且当 T 存在有界线性逆算子时, 有 $(T^{-1})^* = (T^*)^{-1}$.

证明　(1) 任取 $x \in X, y \in Y$, 有

$$\langle x, (\lambda T)^* y \rangle = \langle \lambda Tx, y \rangle = \lambda \langle Tx, y \rangle = \lambda \langle x, T^* y \rangle = \langle x, \bar{\lambda} T^* y \rangle.$$

因此有 $(\lambda T)^* = \bar{\lambda} T^*$. (1) 得证.

(2) 的证明留给读者完成.

(3) 任取 $x \in X, y \in Y$, 有 $\langle Tx, y \rangle = \langle x, T^* y \rangle$, 因此有 $\langle T^* y, x \rangle = \langle y, Tx \rangle$. 于是, 由定义 6.9 得知 $(T^*)^* = T$. (3) 得证.

(4) 由定理 6.21 的证明已知 $\|T^*\| \leqslant \|T\|$. 因此也有 $\|(T^*)^*\| \leqslant \|T^*\|$, 即 $\|T\| \leqslant \|T^*\|$. 于是必 $\|T^*\| = \|T\|$. $\forall x \in X$, 因

$$\|(T^* T)x\| = \|T^* (Tx)\| \leqslant \|T^*\| \|Tx\| \leqslant \|T^*\| \|T\| \|x\| = \|T\|^2 \|x\|,$$

故 $\|T^* T\| \leqslant \|T\|^2$. 另一方面, $\forall x \in X, \|x\| = 1$, 有

$$\|Tx\|^2 = \langle Tx, Tx \rangle = \langle (T^* T)x, x \rangle \leqslant \|T^* T\| \|x\|^2 = \|T^* T\|,$$

则得 $\|T\| = \sup_{\|x\|=1} \|Tx\| \leqslant (\|T^* T\|)^{\frac{1}{2}}$, 即有 $\|T\|^2 \leqslant \|T^* T\|$. 综上, 性质 (4) 得证.

(5) 易知 $TQ \in \mathscr{B}(Z, Y)$. 任取 $z \in Z, y \in Y$, 因为

$$\langle z, (TQ)^* y \rangle = \langle (TQ)z, y \rangle = \langle Qz, T^* y \rangle = \langle z, Q^* T^* y \rangle,$$

于是有 $(TQ)^* = Q^* T^*$. (5) 得证.

(6) 设 T 存在有界线性逆算子 T^{-1}, 则 $TT^{-1} = I_Y, T^{-1}T = I_X$, 其中, I_X, I_Y 分别是 X 及 Y 上恒等算子. 因为 $I_X^* = I_X, I_Y^* = I_Y$, 则利用 (5) 可得

$$(T^{-1})^* T^* = I_Y, T^* (T^{-1})^* = I_X,$$

因此 $(T^{-1})^*$ 是 T^* 的逆算子, 即成立 $(T^{-1})^* = (T^*)^{-1}$. 反之, 设 T^* 存在有界线性逆算子, 于是, 由前证 $T = (T^*)^*$ 存在有界线性逆算子, (6) 得证.

定义 6.10　设 X 是 Hilbert 空间, $T \in \mathscr{B}(X)$. 如果 $T^* = T$, 则称 T 是 X 上的自共轭算子或自伴算子.

自共轭算子是自共轭矩阵的推广.

定理 6.23　设 $T \in \mathscr{B}(X)$, 那么 T 是自共轭算子的充分必要条件是 $\forall x \in X$,

$\langle Tx,x\rangle$ 是实数.

证明　必要性. 设 $T^*=T$, 则 $\forall x\in X$, 由
$$\langle Tx,x\rangle=\langle x,T^*x\rangle=\langle x,Tx\rangle=\overline{\langle Tx,x\rangle}$$
可知, $\langle Tx,x\rangle$ 是实数.

充分性. 在复 Hilbert 空间 X 中, 对任一有界线性算子 T 以及 $\forall x,y\in X$, 直接验算得极化恒等式
$$\langle Tx,y\rangle=\frac{1}{4}[\langle T(x+y),x+y\rangle-\langle T(x-y),x-y\rangle$$
$$+\mathrm{i}\langle T(x+\mathrm{i}y),x+\mathrm{i}y\rangle-\mathrm{i}\langle T(x-\mathrm{i}y),x-\mathrm{i}y\rangle].$$
如果 $\forall x\in E,\langle Tx,x\rangle$ 是实数, 则由上式知
$$\langle Tx,y\rangle=\overline{\langle Ty,x\rangle}=\langle x,Ty\rangle,\forall x,y\in X.$$
由共轭算子的唯一性即知 $T^*=T$.

6.4　几种收敛性

我们曾讲过依范数收敛的概念. 本节将讲述另一种收敛概念, 即弱收敛.

1. 弱收敛

定义 6.11　设 X 是线性赋范空间, $\{x_n\,|\,n\in\mathbf{N}\}\subset X,x\in X$. 如果 $\|x_n-x\|\to0$ ($n\to\infty$), 则称 $\{x_n\}$ 强收敛于 x(或依范数收敛于 x), 记为
$$x_n\to x\ \text{或}\ x_n\xrightarrow{s}x\quad(n\to\infty).$$
如果 $\forall f\in X^*$, 相应的数列
$$f(x_n)\to f(x)\quad(n\to\infty),$$
则称 $\{x_n\}$ 弱收敛于 x, 记为
$$x_n\xrightarrow{w}x\quad(n\to\infty).$$
弱收敛与强收敛有下列关系.

定理 6.24　设 X 是线性赋范空间, $\{x_n\,|\,n\in\mathbf{N}\}\subset X,x\in X$, 则

(1) 如果 $x_n\xrightarrow{s}x$, 则 $x_n\xrightarrow{w}x$, 但其逆不真;

(2) 当 $\dim X<+\infty$ 时, $x_n\xrightarrow{s}x\Leftrightarrow x_n\xrightarrow{w}x$.

证明　(1) 设 $x_n\xrightarrow{s}x$, 则 $\forall f\in X^*$, 有
$$|f(x_n)-f(x)|=|f(x_n-x)|\leqslant\|f\|\,\|x_n-x\|\to0\quad(n\to\infty).$$
这表明 $f(x_n)\to f(x),\forall f\in X^*$, 所以 $x_n\xrightarrow{w}x$.

下例表明由弱收敛不能推出强收敛. 设 $X=l^2,e_n=(\delta_{n1},\delta_{n2},\delta_{n3},\cdots)\ (n\in\mathbf{N})$,

其中 δ_{ni} 当 $i=n$ 时等于 1,当 $i\neq n$ 时等于 0,则 $\{e_n\}$ 为 l^2 中的标准正交系. $\forall f\in(l^2)^*$,根据 Riesz 表现定理,存在唯一的 $y_f=(\eta_n)\in l^2$,使

$$f(e_n)=\langle e_n,y_f\rangle=\eta_n,\ \forall n\in \mathbf{N}.$$

但因 $y_f\in l^2$,故 $\sum\limits_{n=1}^{\infty}|\eta_n|^2<+\infty$. 从而有

$$f(e_n)=\eta_n\to 0=f(\theta)\quad(n\to\infty),$$

即有 $e_n\xrightarrow{w}\theta(n\to\infty)$. 但是由于 $\|e_n-\theta\|=1\not\to 0$,因而 $\{e_n\}$ 不强收敛于 θ.

(2)设 $\dim X=r<+\infty$,令 $\{e_1,e_2,\cdots,e_r\}$ 是 X 中一个基. 假设 $x_n\xrightarrow{w}x$,设

$$x_n=\xi_1^{(n)}e_1+\xi_2^{(n)}e_2+\cdots+\xi_r^{(n)}e_r,\quad n\in\mathbf{N},$$

$$x=\xi_1 e_1+\xi_2 e_2+\cdots+\xi_r e_r.$$

在 X 上定义泛函 f_i 为

$$f_i(e_j)=\delta_{ij}=\begin{cases}1,&i=j,\\0,&i\neq j,\end{cases}\quad i,j=1,2,\cdots,r.$$

易证 $f_i\in E^*$,$i=1,2,\cdots,r$,且 $f_i(x_n)=\xi_i^{(n)}$,$f_i(x)=\xi_i$. 因 $x_n\xrightarrow{w}x$,所以

$$\xi_i^{(n)}\to\xi_i(n\to\infty),\quad\forall i=1,2,\cdots,r,$$

从而有

$$\|x_n-x\|=\Big\|\sum_{i=1}^{r}(\xi_i^{(n)}\to\xi_i)e_i\Big\|\leqslant\sum_{i=1}^{r}|\xi_i^{(n)}-\xi_i|\,\|e_i\|\to 0\quad(n\to\infty),$$

即 $x_n\xrightarrow{s}x(n\to\infty)$.

2. 弱收敛的性质

定理 6.25 设 X 是线性赋范空间,$\{x_n\,|\,n\in\mathbf{N}\}\subset X$,$x\in X$,且 $x_n\xrightarrow{w}x(n\to\infty)$,则

(1)$\{x_n\}$ 的弱极限是唯一的;

(2)$\{x_n\}$ 的任一子序列也弱收敛于 x.

证明 (1)设 $x_n\xrightarrow{w}x$ 且 $x_n\xrightarrow{w}y$,则 $\forall f\in X^*$,$f(x_n)\to f(x)$,且 $f(x_n)\to f(y)$. 由收敛数列极限的唯一性知 $f(x)=f(y)$,即

$$f(x-y)=0,\forall f\in X^*,$$

从而 $x-y=\theta$,即 $x=y$.

(2)由收敛数列子序列的收敛性可得.

定理 6.26 设 H 是 Hilbert 空间,$\{x_n\}\subset H$,$x\in H$,则

(1)$x_n\xrightarrow{w}x\Leftrightarrow\forall y\in H,\langle x_n,y\rangle\to\langle x,y\rangle$;

(2)$x_n \xrightarrow{s} x \Leftrightarrow x_n \xrightarrow{w} x$,且$\|x_n\| \to \|x\|$.

证明　(1)由 Riesz 表现定理可得.

(2)必要性显然. 下面证充分性.

因 $x_n \xrightarrow{w} x$,故 $\forall y \in H,\langle x_n,y\rangle \to \langle x,y\rangle$. 又因$\|x_n\| \to \|x\|$,于是

$$\|x_n-x\|^2 = \langle x_n-x,x_n-x\rangle = \|x_n\|^2 + \|x\|^2 - 2\langle x_n,x\rangle$$
$$\to \|x\|^2 + \|x\|^2 - 2\langle x,x\rangle = 0 \quad (n \to \infty),$$

从而 $x_n \xrightarrow{s} x(n \to \infty)$.

3. 有界线性算子序列与泛函序列的收敛性

对于有界线性算子序列,除了依范数收敛外,有时还会遇到关于算子序列的另外两种收敛性.

定义 6.12　设 X,Y 是线性赋范空间,$\{T_n\} \subset \mathscr{B}(X,Y)$,$T \in \mathscr{B}(X,Y)$.

(1)如果$\|T_n-T\| \to 0(n \to \infty)$,则称算子序列$\{T_n\}$一致收敛于 T;

(2)如果 $\forall x \in X$,$\|T_n x-Tx\| \to 0(n \to \infty)$,则称$\{T_n\}$强收敛于 T;

(3)如果 $\forall x \in X$,$\forall f \in Y^*$,$f(T_n x) \to f(Tx)(n \to \infty)$,则称$\{T_n\}$弱收敛于 T.

按照定义,$\{T_n\}$一致收敛于 T 就是$\{T_n\}$依范数收敛于 T. 根据

$$\|T_n x-Tx\| \leqslant \|T_n-T\|\|x\|,\ |f(T_n x)-f(Tx)| \leqslant \|f\|\|T_n x-Tx\| \quad (n \to \infty)$$

可知,$\{T_n\}$一致收敛于 $T \Rightarrow \{T_n\}$强收敛于 $T \Rightarrow \{T_n\}$弱收敛于 T,但其逆不真. 例如,设 $X=Y=l^1$,范数为$\|x\| = \sum_{n=1}^{\infty} |\xi_n|$,$\forall x=(\xi_n) \in l^1$. 定义算子列$\{T_n\}$为

$$T_n x = (\xi_1,\xi_2,\cdots,\xi_{n-1},0,\cdots), \quad \forall x=(\xi_n)$$

及 $I:X \to X$ 为恒等算子,则$\{T_n\}$强收敛于 I,但不一致收敛于 I. 事实上,$\forall x \in X$,由于$\|T_n x-Ix\| = \sum_{i=n}^{\infty} |\xi_i| \to 0 \ (n \to \infty)$,故$\{T_n\}$强收敛于 I. 但取 $e_n = (\underbrace{0,\cdots,0}_{(n-1)个},1,0,\cdots)$,则$\|e_n\|=1$,于是$\|T_n-I\| \geqslant \|(T_n-I)e_n\|=1$,故$\{T_n\}$并不一致收敛于 I.

定义 6.13　设 X 是线性赋范空间,X^* 是 X 的共轭空间,$\{f_n\} \subset X^*$,$f \in X^*$.

(1)如果$\|f_n-f\| \to 0(n \to \infty)$,则称$\{f_n\}$强收敛于 f,也称$\{f_n\}$依范数收敛于 f,记为 $f_n \xrightarrow{s} f$ 或 $f_n \xrightarrow{\|\cdot\|} f(n \to \infty)$;

(2)如果 $\forall x \in X$,$f_n(x) \to f(x)(n \to \infty)$,则称$\{f_n\}$弱*收敛于 f,记为 $f_n \xrightarrow{w^*} f(n \to \infty)$;

(3)如果对于 X^* 上的每个有界线性泛函 x^{**}(即 $x^{**} \in (E^*)^* = E^{**}$),有

$$x^{**}(f_n) \longrightarrow x^{**}(f),$$

则称$\{f_n\}$弱收敛于 f,记为 $f_n \xrightarrow{w} f(n \to \infty)$.

注 对于泛函序列而言,弱*收敛性用的比较多,而弱收敛是一种用的比较少的收敛性.

6.5 算子谱理论简介

我们在线性代数中学习了线性变换(矩阵)的特征值和特征向量的概念,现在把这两个概念推广到 Banach 空间,建立算子的谱理论.所谓谱就是特征值概念在一般线性空间上的拓广.许多数学物理中的问题都可化为微分方程或积分方程问题,而这些方程的研究又都可归结为算子方程$(\lambda I - T)x = y$解的存在性与唯一性问题,其中 T 为线性算子,λ 为复数,很明显方程解的性质与 λ 有关,为了弄清 λ 的不同取值对方程解的影响,引入谱的概念,并对几种特殊算子谱的性质作较详细的讨论.就有限维空间来看,线性变换的特征值一般是复数,所以,若没有特别说明,下面的算子谱理论一般总是在复线性赋范空间上进行讨论.

1. 有界线性算子的谱

定义 6.14 设 X 是一个 Banach 空间,T 是 X 到自身的有界线性算子,即 $T \in \mathcal{B}(X)$,$\lambda \in \mathbf{C}$.

(1)如果算子 $\lambda I - T$ 的值域 $\mathcal{R}(\lambda I - T) = X$,而且$(\lambda I - T)^{-1}$存在且有界,即$(\lambda I - T)^{-1} \in \mathcal{B}(X)$,则称 λ 为 T 的正则值,T 的正则值全体称之为正则集,记作$\rho(T)$.而 $R_\lambda(T) \triangleq (\lambda I - T)^{-1}$ 称为 T 的预解算子.

(2)如果 λ 不是 T 的正则值,则称 λ 为 T 的谱点,谱点的全体称为 T 的谱集,简称谱,记作 $\sigma(T)$.对谱中的点又分三种类型:

①如果存在 $x \neq \theta$,使$(\lambda I - T)x = \theta$,即$(\lambda I - T)^{-1}$不存在,则称 λ 为 T 的特征值,特征值的全体称为 T 的点谱,记作 $\sigma_p(T)$;

②如果$(\lambda I - T)^{-1}$存在,但是 $R(\lambda I - T) \neq X$,而$\overline{R(\lambda I - T)} = X$,则这样的 λ 全体称为 T 的连续谱,记作 $\sigma_c(T)$;

③如果$(\lambda I - T)^{-1}$存在,而$\overline{R(\lambda I - T)} \neq X$,则称这样的 λ 全体为 T 的剩余谱,记作 $\sigma_r(T)$.

由定义不难看出:$\sigma(T)$,$\sigma_p(T)$,$\sigma_c(T)$,$\sigma_r(T)$彼此之间没有公共点,而且

$$\mathbf{C} = \rho(T) \bigcup \sigma(T), \sigma(T) = \sigma_p(T) \bigcup \sigma_c(T) \bigcup \sigma_r(T).$$

有限维空间上的有界线性算子只有特征值,即点谱 $\sigma_p(T)$,而无连续谱和剩余谱.但无限维空间上的有界线性算子除了点谱之外还会有其他谱点.

例 6.15 设 $T: l^2 \to l^2$ 为有界线性算子,定义如下:

$$T\{a_n\} = \{b_n\}, \forall \{a_n\} \in l^2,$$

其中 $b_1 = 0$,$b_k = a_{k-1}(k = 2, 3, \cdots)$.由于当$\{a_n''\} \neq \{a_n'\}$时,$\{b_n'\} \neq \{b_n''\}$,故 T 是 l^2

到其值域 $\mathcal{R}(T)=\{\{b_n\}\,|\,\{b_n\}\in l^2,b_1=0\}$ 的双射,即 T^{-1} 存在,是 $\mathcal{R}(T)$ 到 l^2 的线性算子.但是 $\mathcal{R}(T)$ 不在 l^2 中稠密,由定义可知,$\lambda=0\in\sigma_r(T)$.

例 6.16　设 $T:L^2[0,1]\rightarrow L^2[0,1]$ 为有界线性算子,定义如下:

$$(Tx)(t)=tx(t),\forall x\in L^2[0,1],$$

则有 $\sigma(T)=\sigma_c(T)=[0,1]$.

证明　(1) $\forall\lambda\notin[0,1]$,$\forall x\in L^2[0,1]$,设 $y=y(t)=\dfrac{1}{\lambda-t}x(t)$.由于

$$\|y\|=\left\{\int_0^1\left|\frac{1}{\lambda-t}x(t)\right|^2\mathrm{d}t\right\}^{\frac{1}{2}}\leqslant\max_{0\leqslant t\leqslant1}\frac{1}{|\lambda-t|}\|x\|,$$

所以 $y\in L^2[0,1]$,而且 $(\lambda I-T)y=x$,于是 $\mathcal{R}(\lambda I-T)=L^2[0,1]$.又由于当 $x_1,x_2\in L^2[0,1]$,$x_1\neq x_2$ 时,有

$$\|(\lambda I-T)x_1-(\lambda I-T)x_2\|=\|(\lambda-t)(x_1-x_2)\|$$
$$\geqslant\min_{0\leqslant t\leqslant1}|\lambda-t|\,\|x_1-x_2\|>0.$$

于是 $(\lambda I-T)x_1\neq(\lambda I-T)x_2$,所以 $\lambda I-T$ 是从 $L^2[0,1]$ 到 $L^2[0,1]$ 上的双射,由定理 6.9(逆算子定理)知,$(\lambda I-T)^{-1}$ 存在且有界,由正则值的定义知 $\lambda\in\rho(T)$.

(2) 设 $\lambda\in[0,1]$.$x\equiv1\in L^2[0,1]$,但 $1\notin\mathcal{R}(\lambda I-T)$.事实上,取 $y=\dfrac{1}{\lambda-t}$,则 $(\lambda I-T)y=(\lambda-t)y(t)=1$.然而 $\int_0^1|y(t)|^2\mathrm{d}t=\int_0^1\left|\dfrac{1}{\lambda-t}\right|^2\mathrm{d}t=\infty$,故 $y\notin L^2[0,1]$,所以 $1\notin\mathcal{R}(\lambda I-T)$,即 $\mathcal{R}(\lambda I-T)\neq L^2[0,1]$.下面证 $\overline{\mathcal{R}(\lambda I-T)}=L^2[0,1]$,任给 $x\in L^2[0,1]$,构造函数列:$\forall n\in\mathbf{N}$,

$$y_n=y_n(t)=\begin{cases}\dfrac{x(t)}{\lambda-t},&t\notin\left[\lambda-\dfrac{1}{n},\lambda+\dfrac{1}{n}\right]\bigcap[0,1],\\[3mm]0,&t\in\left[\lambda-\dfrac{1}{n},\lambda+\dfrac{1}{n}\right]\bigcap[0,1].\end{cases}$$

显然容易验证 $y_n\in L^2[0,1]$,而且

$$(\lambda I-T)y_n=\begin{cases}x(t),&t\notin\left[\lambda-\dfrac{1}{n},\lambda+\dfrac{1}{n}\right]\bigcap[0,1],\\[3mm]0,&t\in\left[\lambda-\dfrac{1}{n},\lambda+\dfrac{1}{n}\right]\bigcap[0,1].\end{cases}$$

记 $x_n=(\lambda I-T)y_n$,则 $x_n\in\mathcal{R}(\lambda I-T)$,$\forall n\in\mathbf{N}$.由于

$$\|x-x_n\|=\left\{\int_0^1|x(t)-x_n(t)|^2\mathrm{d}t\right\}^{\frac{1}{2}}\leqslant\left\{\int_{\lambda-\frac{1}{n}}^{\lambda+\frac{1}{n}}|x(t)|^2\mathrm{d}t\right\}^{\frac{1}{2}}\rightarrow0\quad(n\rightarrow\infty),$$

故 $x_n\rightarrow x(n\rightarrow\infty)$,从而 $\mathcal{R}(\lambda I-T)$ 在 $L^2[0,1]$ 中稠密.同(1)可证 $\lambda I-T$ 是 $L^2[0,1]$ 到 $\mathcal{R}(\lambda I-T)$ 的双射.所以 $\lambda\in\sigma_c(T)$,故 $[0,1]\subset\sigma_c(T)$.

综合(1)和(2)知,$[0,1]=\sigma_c(T)$,而其余所有复数为正则值,即 $\sigma(T)=\mathbf{C}-[0,1]$.

2. 有界线性算子谱的性质

一般来讲,无限维空间上有界线性算子谱的分布比较复杂,具体算子谱的计算也比较困难. 但是从理论上已经证明了有界线性算子谱的一些性质.

定理 6.27 设 X 为 Banach 空间, $T \in \mathcal{B}(X)$,则

(1) T 的特征值 λ 对应的特征向量全体,加上零元素 θ 组成 X 的闭子空间;

(2) 不同特征值对应的特征向量线性无关.

证明 (1) 设 λ 是 T 的一个特征值,则存在 $x \neq \theta$,使得 $(\lambda I - T)x = \theta$,于是这样的 x 全体加上零元素恰为算子 $\lambda I - T$ 的零空间 $\mathcal{N}(\lambda I - T)$. 由于 T 为有界线性算子,所以 $\lambda I - T$ 也是有界线性算子. 所以 $\mathcal{N}(\lambda I - T)$ 是 X 的闭线性子空间.

(2) 用数学归纳法易证.

定理 6.28 设 X 为 Banach 空间, $T \in \mathcal{B}(X)$,则

(1) 当 $|\lambda| > \|T\|$ 时, $\lambda \in \rho(T)$;

(2) $\rho(T)$ 为无界开集, $\sigma(T)$ 为有界闭集.

证明 (1) 令 $A = \sum\limits_{n=0}^{\infty} \dfrac{T^n}{\lambda^{n+1}}$. 由于

$$\sum_{n=0}^{\infty} \left\| \frac{T^n}{\lambda^{n+1}} \right\| \leqslant \sum_{n=0}^{\infty} \frac{\|T\|^n}{|\lambda|^{n+1}} = \frac{1}{|\lambda|} \sum_{n=0}^{\infty} \left(\frac{\|T\|}{|\lambda|} \right)^n$$

及 $|\lambda| > \|T\|$,所以级数 $\sum\limits_{n=0}^{\infty} \left(\dfrac{\|T\|}{|\lambda|} \right)^n$ 收敛. 由 $\mathcal{B}(X)$ 是 Banach 空间,故 $A \in \mathcal{B}(X)$. 直接验证得

$$A(\lambda I - T) = (\lambda I - T)A = I,$$

故 $A = (\lambda I - T)^{-1}$,即 $\lambda \in \rho(T)$.

(2) 设 $\lambda \in \rho(T)$. 由于

$$\mu I - T = (\lambda I - T) + (\mu - \lambda)I = (\lambda I - T)[I + (\mu - \lambda)(\lambda I - T)^{-1}],$$

故从 (1) 可知,当 $|\mu - \lambda| < \|(\lambda I - T)^{-1}\|^{-1}$ 时, $[I + (\mu - \lambda)(\lambda I - T)^{-1}]^{-1}$ 存在,因此 $(\mu I - T)^{-1} \in \mathcal{B}(X)$,即 $\mu \in \rho(T)$. 这说明 $\rho(T)$ 为无界开集. 又 $\sigma(T) = \mathbf{C} \backslash \rho(T)$,即 $\sigma(T)$ 是 $\rho(T)$ 的余集,所以 $\sigma(T)$ 是有界闭集.

注 当 $X \neq \{\theta\}$ 时, $\sigma(T) \neq \varnothing$.

这个定理对于有界线性算子正则集和谱的分布给出了一个大致的描述,复平面上以原点为中心,半径为 $\|T\|$ 的闭圆外所有点都是正则点(值),而谱点一定落在该圆内,但是圆内的点不一定都是谱点,也可能有的正则点落在圆内. 例如上面的例 6.16 所给算子的谱, $\sigma(T) = \sigma_c(T) = [0,1]$(有界闭集),显然以原点为中心,以 $\|T\|$ 为半径的圆内 $[0,1]$ 以外的点也是正则点. 另外三种谱在圆内如何分布,这个问题仍然是十分复杂的,上面指出的圆是谱的大致范围,实际上谱的更精确范围

应该是落在以原点为中心,以 $r_\sigma(T)=\sup\{\lambda\,|\,\lambda\in\sigma(T)\}$ 为半径的闭圆内,通常称 $r_\sigma(T)$ 为 T 的谱半径. $r_\sigma(T)$ 的计算有 Gelfand 公式 $r_\sigma(T)=\lim\limits_{n\to\infty}\sqrt[n]{\|T^n\|}$,通常采用方便的估计式 $r_\sigma(T)\leqslant\|T\|$.

3. 全连续算子的谱分析

定义 6.15 设 $T:X\to Y$ 是线性算子,T 称为全连续算子(或紧算子),是指 T 将 X 中有界集映成 Y 中相对列紧集.

注 (1)容易看出,T 是全连续算子的充要条件是:设 $\{x_n\}$ 是 X 中的有界点列,则 $\{Tx_n\}$ 必有收敛子序列.

(2)全连续算子一定是有界线性算子.但反之不成立.例如当 X 为无限维线性赋范空间时,恒等算子 $I:X\to X$ 不是全连续算子.

全连续算子是一类性质较好的算子,因此,关于谱的研究已取得了满意的结果.

定理 6.29 设 X 是 Banach 空间,$T\in\mathscr{B}(X)$ 是全连续算子,

(1)如果 X 为无限维空间,则 $0\in\sigma(T)$;

(2)如果 $\lambda\neq0$,使得 $\mathscr{R}(\lambda I-T)=X$,则 $\lambda\in\rho(T)$.

证明 (1)反证法.假设 $0\notin\sigma(T)$,则 $0\in\rho(T)$,于是 $T^{-1}\in\mathscr{B}(X)$.由于 T 是全连续的,故 $I=TT^{-1}$ 为全连续算子,于是将 X 中的有界集 A,映成 $I(A)=A$ 为相对列紧集,这就是说,X 中的任一有界集必为相对列紧集,由定理 4.17 知,X 为有限维空间,矛盾,所以 $0\in\sigma(T)$.

(2)要证 $\lambda\in\rho(T)$,即证 $(\lambda I-T)^{-1}\in\mathscr{B}(X)$.由定理 6.9(逆算子定理),只要证 $\lambda I-T$ 是 X 到 X 的双射即可,为此只要证明 $(\lambda I-T)x=\theta$ 只有零解 $x=\theta$(见《实变函数与泛函分析概要》(郑维行,王声望 1989)).当 X 为有限维空间时,结论显然.不妨设 X 为无限维空间.

令 $X_n=\{x\in X\,|\,(\lambda I-T)^n x=\theta\}$,$n\in\mathbf{N}$.由于 $(\lambda I-T)^n$ 为有界线性算子,故其零空间 X_n 为 X 的闭子空间,又当 $x\in X_n$ 时,
$$(\lambda I-T)^{n+1}x=(\lambda I-T)(\lambda I-T)^n x=(\lambda I-T)\theta=\theta,$$
故 $x\in X_{n+1}$.由此可见 $X_1\subset X_2\subset\cdots\subset X_n\subset\cdots$.

假设 $(\lambda I-T)x=\theta$ 有非零解,则 $X_1\neq\{\theta\}$,于是存在 $x_1\neq\theta,x_1\in X_1$,根据条件 $\mathscr{R}(\lambda I-T)=X$,必有 $x_2\in X$,使 $x_1=(\lambda I-T)x_2$,依此类推,必有 $x_n\in X$,使 $(\lambda I-T)x_n=x_{n-1}$,$n=2,3,\cdots$,于是有 $(\lambda I-T)^{n-1}x_n=x_1\neq\theta$,而 $(\lambda I-T)^n x_n=(\lambda I-T)x_1=\theta$,所以 $x_n\in X_n$.而 $x_n\notin X_{n-1}$,可见 X_{n-1} 是 X_n 的真闭子空间.根据定理 4.16(Riesz 引理),必存在 $y_n\in X_n$,使得
$$\|y_n\|=1,\quad \|x-y_n\|>\frac{1}{2},\quad \forall x\in X_{n-1}\quad(n=2,3,\cdots).\tag{6.3}$$

如果 $n>m$，则有 $X_m \subset X_{n-1}$，由于 $y_n \in X_n$，即 $(\lambda I-T)^n y_n=\theta$，所以 $(\lambda I-T)^{n-1} \cdot$ $[(\lambda I-T)y_n]=\theta$，可见 $(\lambda I-T)y_n \in X_{n-1}$，从而 $\dfrac{\lambda I-T}{\lambda} y_n \in X_{n-1}$. 同样有 $\dfrac{\lambda I-T}{\lambda} y_m \in$ $X_{m-1} \subset X_{n-1}$，注意到 $y_m \in X_{m-1} \subset X_{n-1}$，于是

$$y_m + \frac{\lambda I-T}{\lambda} y_n - \frac{\lambda I-T}{\lambda} y_m \in X_{n-1}.$$

由(6.3)式，得

$$\|Ty_n - Ty_m\| = |\lambda| \left\| \left(y_m + \frac{\lambda I-T}{\lambda} y_n - \frac{\lambda I-T}{\lambda} y_m \right) - y_n \right\| > \frac{1}{2} |\lambda|.$$

故知 $\{Ty_n\}$ 不存在收敛子列，注意到 $\{y_n\}$ 是有界序列，与 T 全连续矛盾.

全连续算子的谱比较单一，与有限维空间上线性算子的谱很类似，除零以外只有特征值，而且谱点个数至多可列.

定理 6.30　设 $T \in \mathscr{B}(X)$ 是全连续算子，

(1)如果 $\lambda \in \sigma(T)$，$\lambda \neq 0$，则 $\lambda \in \sigma_p(T)$；

(2)$\lambda \in \sigma_p(T)$，$\lambda \neq 0$，对应的特征向量全体加上零向量 θ 组成的空间是有限维的；

(3)$\sigma(T)$ 或者有限集或者是仅以 0 为聚点的可列集.

证明　(1)设 $\lambda \neq 0$，$\lambda \in \sigma(T)$，则 $\lambda \notin \rho(T)$，由定理 6.29(2)知，$\mathscr{R}(\lambda I-T) \neq X$，故 $(\lambda I-T)x=\theta$ 存在非零解，即 λ 是 T 的特征值，所以 $\lambda \in \sigma_p(T)$.

(2)设 λ 是 T 的非零特征值，以 L 表示对应的特征向量空间. 任取有界集 $A \subset L$，由于任意 $x \in L$，有 $Tx = \lambda x$，所以 A 在 T 映射下的像 λA 是相对列紧集，从而 A 是相对列紧集，根据定理 4.17 知，L 为有限维的.

(3)设 $\{\lambda_n\} \subset \sigma(T)$，使得 $\lambda_n \to \lambda_0 \neq 0 (n \to \infty)$. 不妨设 $\lambda_n \neq 0 (n \in \mathbf{N})$，且两两不等，则存在常数 M，使得 $\left| \dfrac{1}{\lambda_n} \right| < M(\forall n \in \mathbf{N})$. 设 x_k 是 λ_k 对应的特征向量 $(k \in \mathbf{N})$，记 X_n 为 $x_1, x_2, \cdots, x_n$ 张成的 X 的子空间，由定理 6.27(2)知，X_n 是 n 维线性赋范空间，从而是完备的，显然 $X_{n-1} \subset X_n$，而且 $X_{n-1} \neq X_n$. 由定理 4.16(Riesz 引理)得到，$\{y_n\}$ 满足

$$y_n \in X_n, \|y_n\| = 1, \quad \forall x \in X_{n-1}, \|y_n - x\| > \frac{1}{2} \quad (n = 2, 3, \cdots).$$

设 $y_n = \sum_{k=1}^{n} a_{kn} x_k$，则 $Ty_n = \sum_{k=1}^{n} a_{kn}(Tx_k) = \sum_{k=1}^{n} a_{kn} \lambda_k x_k \in X_n$. 于是

$$y_n - \frac{1}{\lambda_n} Ty_n = \sum_{k=1}^{n-1} a_{kn} \left(1 - \frac{\lambda_k}{\lambda_n} \right) x_k \in X_{n-1}.$$

因此，当 $m<n$ 时，$Ty_m \in X_m \subset X_{n-1}$，从而 $\dfrac{1}{\lambda_m} Ty_m \in X_{n-1}$，所以

$$z = y_n - \frac{1}{\lambda_n} T y_n + \frac{1}{\lambda_m} T y_m \in X_{n-1}.$$

然而，$\frac{1}{\lambda_n} T y_n - \frac{1}{\lambda_m} T y_m = y_n - z$，所以，

$$\left\| \frac{1}{\lambda_n} T y_n - \frac{1}{\lambda_m} T y_m \right\| = \| y_n - z \| > \frac{1}{2}.$$

故 $\left\{ \frac{1}{\lambda_n} T y_n \right\}$ 不可能有收敛子列. 但是 $\frac{\| y_n \|}{| \lambda_n |} < M (n = 1, 2, \cdots)$，即 $\left\{ \frac{y_n}{\lambda_n} \right\}$ 为有界序列，由 T 的全连续性，$\left\{ \frac{1}{\lambda_n} T y_n \right\}$ 应该有收敛子列，矛盾. 所以 $\sigma(T)$ 不可能有非零的聚点，即 $\sigma(T)$ 最多只能以零为聚点.

4. 自伴算子的谱分析

在这一节，讨论定义在 Hilbert 空间 H 上的自伴算子谱的一些基本特性，当然前面讨论过的有界线性算子谱的性质它自然具备.

首先引入自伴算子上界和下界的定义.

定义 6.16　设 T 是自伴算子，令

$$M = \sup_{\| x \| = 1} \langle Tx, x \rangle, \quad m = \inf_{\| x \| = 1} \langle Tx, x \rangle,$$

分别称为 T 的上界和下界.

注意到，$\forall x \in H$，$\langle Tx, x \rangle$ 为实数，而且当 $\| x \| = 1$ 时，$| \langle Tx, x \rangle | \leqslant \| T \|$，故定义 6.16 有意义.

下面给出 $\| T \|$ 与 m, M 的关系定理.

定理 6.31　$\| T \| = \max \{ | m |, | M | \}$.

证明　记 $A = \max \{ | m |, | M | \}$. 一方面，由于

$$| M | = \left| \sup_{\| x \| = 1} \langle Tx, x \rangle \right| \leqslant \sup_{\| x \| = 1} | \langle Tx, x \rangle | \leqslant \sup_{\| x \| = 1} \| T \| \| x \|^2 = \| T \|,$$

$$| m | \leqslant \sup_{\| x \| = 1} | \langle Tx, x \rangle | \leqslant \| T \|,$$

所以 $A \leqslant \| T \|$. 另一方面，任取 $\lambda > 0$，据 T 的自伴性，易知

$$\| Tx \|^2 = \frac{1}{4} \left[\left\langle T \left(\lambda x + \frac{1}{\lambda} Tx \right), \lambda x + \frac{1}{\lambda} Tx \right\rangle - \left\langle T \left(\lambda x - \frac{1}{\lambda} Tx \right), \lambda x - \frac{1}{\lambda} Tx \right\rangle \right],$$

又因 $\| x \| = 1$ 时，$\langle Tx, x \rangle \in [m, M]$，所以 $| \langle Tx, x \rangle | \leqslant A$. 于是 $\forall y \in H, y \neq \theta$，有 $| \langle Ty, y \rangle | \leqslant A \| y \|^2$. 故

$$\| Tx \|^2 \leqslant \frac{1}{4} A \left[\left\| \lambda x + \frac{1}{\lambda} Tx \right\|^2 + \left\| \lambda x - \frac{1}{\lambda} Tx \right\|^2 \right] = \frac{1}{2} A \left(\lambda^2 \| x \|^2 + \frac{1}{\lambda^2} \| Tx \|^2 \right).$$

令 $\lambda = \left(\frac{\| Tx \|}{\| x \|} \right)^{\frac{1}{2}}$，代入上式，得 $\| Tx \|^2 \leqslant A \| Tx \| \| x \|$，即 $\| Tx \| \leqslant A \| x \|$，于是 $\| T \| \leqslant A$，所以 $\| T \| = A$.

关于自伴算子谱的范围有下面定理.

定理 6.32　设 T 为自伴算子,则 $\sigma(T) \subset [m, M]$.

证明　只须证当 $\lambda_0 \notin [m, M]$ 时,$\lambda \in \rho(T)$ 即可. 由于 $[m, M]$ 是 **C** 中的闭集,所以 λ_0 到 $[m, M]$ 的距离 $d > 0$,其中 $d = \inf\limits_{\lambda \in [m, M]} |\lambda_0 - \lambda|$. 因为 $\forall x \in H, \|x\| = 1$,有 $\langle Tx, x \rangle \in [m, M]$,所以 $\forall x \in H, \|x\| = 1$,有

$$d \leqslant |\lambda_0 - \langle Tx, x \rangle| = |\lambda_0 \langle x, x \rangle - \langle Tx, x \rangle|$$
$$= |\langle (\lambda_0 I - T) x, x \rangle| \leqslant \|(\lambda_0 I - T) x\| \|x\| = \|(\lambda_0 I - T) x\|,$$

于是 $\forall x \in H, x \neq \theta, \|(\lambda_0 I - T) x\| \geqslant d \|x\|$. 从而 $(\lambda_0 I - T) x = \theta$ 只有零解 $x = \theta$,于是 $(\lambda_0 I - T)^{-1}$ 存在. 下面证明 $\mathscr{R}(\lambda_0 I - T) = H$.

先证 $\mathscr{R}(\lambda_0 I - T)$ 是闭的线性子空间. 任取 $y \in \overline{\mathscr{R}(\lambda_0 I - T)}$,则有 $\{y_n\} \subset \mathscr{R}(\lambda_0 I - T)$,使得 $y_n \to y(n \to \infty)$. 存在 $x_n \in H$,使得 $y_n = (\lambda_0 I - T) x_n$,则 $\forall n, m \in \mathbf{N}$,有

$$\|x_m - x_n\| \leqslant \frac{1}{d} \|(\lambda_0 I - T) x_m - (\lambda_0 I - T) x_n\| = \frac{1}{d} \|y_m - y_n\|.$$

从而 $\{x_n\}$ 是 H 中的 Cauchy 列,由于 H 完备,所以 $x_n \to x \in H(n \to \infty)$. 注意到 $\lambda_0 I - T$ 的连续性,$(\lambda_0 I - T) x = \lim\limits_{n \to \infty} (\lambda_0 I - T) x_n = \lim\limits_{n \to \infty} y_n = y$,故 $y \in \mathscr{R}(\lambda_0 I - T)$. 从而可知 $\mathscr{R}(\lambda_0 I - T)$ 是 H 的闭子空间.

其次再证 $\mathscr{R}(\lambda_0 I - T) = H$,若不然,则存在 $x_0 \in H, x_0 \notin \mathscr{R}(\lambda_0 I - T)$. 由于 $\mathscr{R}(\lambda_0 I - T)$ 是闭子空间,所以 x_0 到空间 $\mathscr{R}(\lambda_0 I - T)$ 的距离 $d > 0$. 于是根据定理 6.12(Hahn-Banach 定理),存在 $f \in X^*$,使得

$$\|f\| = 1, \quad f(x_0) = d, \quad \forall x_0 \in \mathscr{R}(\lambda_0 I - T), \quad f(x) = 0.$$

再由定理 6.19(Riesz 表现定理),存在 $u \in H$,使得 $\|u\| = \|f\| = 1, f(y) = \langle y, u \rangle$,$\forall y \in H$. 所以 $\forall y \in H, f((\lambda_0 I - T) y) = \langle (\lambda_0 I - T) y, u \rangle = 0$. 令 $y = u$,得 $\langle (\lambda_0 I - T) u, u \rangle = 0$,由此可得 $\lambda_0 = \langle Tu, u \rangle \in [m, M]$,这与假定 $\lambda_0 \notin [m, M]$ 矛盾. 因此 $\mathscr{R}(\lambda_0 I - T) = H$,即 $\lambda_0 \in \rho(T)$,定理得证.

上述定理不仅说明自伴算子的谱是实数,而且介于 T 的上下界之间. 下面继续讨论谱的类型.

定理 6.33　设 T 为自伴算子,则 T 没有剩余谱.

证明　设 $\lambda_0 \in [m, M]$,但 λ_0 不是特征值,即 $(\lambda_0 I - T) x = \theta$ 只有零解 $x = \theta$. 由于 $\overline{\mathscr{R}(\lambda_0 I - T)}$ 是 H 的闭子空间,由定理 5.9(正交分解定理),$\forall x \in H$,有唯一的分解 $x = x_0 + x_1$,其中 $x_0 \in \overline{\mathscr{R}(\lambda_0 I - T)}, x_1 \perp \overline{\mathscr{R}(\lambda_0 I - T)}$. 因 $\lambda_0 I - T$ 也为自伴算子,于是 $\forall y \in H, \langle x_1, (\lambda_0 I - T) y \rangle = \langle (\lambda_0 I - T) x_1, y \rangle = 0$. 取 $y = (\lambda_0 I - T) x_1$,即得 $(\lambda_0 I - T) x_1 = \theta$. 注意到 λ_0 不是特征值,从而 $x_1 = \theta$,因此有 $x = x_0 \in \overline{\mathscr{R}(\lambda_0 I - T)}$. 从而 $\overline{\mathscr{R}(\lambda_0 I - T)} = H$,即 λ_0 不可能是剩余谱.

关于 T 的正则值的性质有下面两个定理.

定理 6.34　设 T 为自伴算子,则 λ 为正则值的充分必要条件是:存在常数 $C>0$,使得 $\|(\lambda I-T)x\|\geqslant C\|x\|$, $\forall x\in H$.

证明　必要性. 如果 $\lambda\in\rho(T)$,则 $(\lambda I-T)^{-1}$ 存在有界,即 $(\lambda I-T)^{-1}\in\mathscr{B}(H)$. 令 $C=\|(\lambda I-T)^{-1}\|^{-1}$,由于

$$\|x\|=\|(\lambda I-T)^{-1}(\lambda I-T)x\|\leqslant\|(\lambda I-T)^{-1}\|\|(\lambda I-T)x\|,$$

因此,$\|(\lambda I-T)x\|\geqslant C\|x\|$.

充分性. 设存在常数 $C>0$,使得 $\|(\lambda I-T)x\|\geqslant C\|x\|$, $\forall x\in H$. 则当 $(\lambda_0 I-T)x=\theta$ 时,必有 $x=\theta$. 从而 λ 不可能是特征值,于是 $(\lambda I-T)^{-1}$ 存在,如果 $\lambda\notin[m,M]$,由定理 6.32 知 $\lambda\in\rho(T)$. 如果 $\lambda\in[m,M]$,则由定理 6.33 的证明过程知 $\overline{\mathscr{R}(\lambda_0 I-T)}=H$,又 $\mathscr{R}(\lambda_0 I-T)$ 是闭子空间,所以 $\mathscr{R}(\lambda_0 I-T)=H$,从而 $\lambda\in\rho(T)$.

定理 6.35　设 T 为自伴算子,如果 $\lambda_0\in(m,M)$ 是正则值,则必有包含 λ_0 的开区间 $(\alpha,\beta)\subset(m,M)$,使 (α,β) 中的一切值均为 T 的正则值.

证明　设 $\lambda_0\in(m,M)$ 是正则值. 由于 $\rho(T)$ 是开集,故有 $\delta>0$,使得 $B(\lambda_0,\delta)\subset\rho(T)$,令 $(\alpha,\beta)=(m,M)\bigcap B(\lambda_0,\delta)$ 即可.

最后证明 T 的上界和下界都是谱点.

定理 6.36　设 T 为自伴算子,则 $m,M\in\sigma(T)$.

证明　取定 $\lambda>0$,使得 $M+\lambda\geqslant m+\lambda>0$. 则 $\lambda I+T$ 为自伴算子,记 $T_1=\lambda I+T$,其上下界分别为

$$M_1=\sup_{\|x\|=1}\langle T_1 x,x\rangle=M+\lambda,\quad m_1=\inf_{\|x\|=1}\langle T_1 x,x\rangle=m+\lambda,$$

由定理 6.31 知 $\|T_1\|=M_1$. 由上确界的定义,$\forall n\in\mathbf{N}$,存在 $x_n\in H$,$\|x_n\|=1$,使得 $\langle T_1 x_n,x_n\rangle\geqslant M_1-\dfrac{1}{n}$. 注意到 $|\langle T_1 x_n,x_n\rangle|\leqslant M_1$,所以

$$
\begin{aligned}
\|(M_1 I-T_1)x_n\|^2 &=\Big\langle (M_1 I-T_1)x_n,(M_1 I-T_1)x_n\Big\rangle\\
&=M_1^2-2M_1\langle T_1 x_n,x_n\rangle+\|T_1 x_n\|^2\\
&\leqslant M_1^2-2M_1\Big(M_1-\dfrac{1}{n}\Big)+M_1^2=2M_1\dfrac{1}{n}.
\end{aligned}
$$

于是

$$
\begin{aligned}
\|(MI-T)x_n\|^2 &=\|(M+\lambda)I-(\lambda I+T)x_n\|^2\\
&=\|(M_1 I-T_1)x_n\|^2\leqslant 2M_1\dfrac{1}{n}\to 0\quad(n\to\infty),
\end{aligned}
$$

故 $\forall x\in H$,使 $\|(MI-T)x\|\geqslant C\|x\|$ 成立的 C 不存在,则由定理 6.34 知,M 不是正则值,从而 $M\in\sigma(T)$,类似可证 $m\in\sigma(T)$.

习　题　6

1.设 X,Y 是线性赋范空间,$T:X\to Y$ 是线性算子,证明:

(1)$\mathscr{M}(T)$ 与 $\mathscr{R}(T)$ 分别是 X 与 Y 的线性子空间;

(2)当 T 是有界线性算子时,$\mathscr{M}(T)$ 是 X 的闭子空间.

2.设 X,Y 是线性赋范空间,$T:X\to Y$ 是线性算子,则 T 连续的充要条件是 T 把 X 中的有界集映成 Y 中的有界集.

3.设 X 是线性赋范空间,$T:X\to Y$ 是有界线性算子,且 $\|T\|<1$,如果记 $T^n=\underbrace{T\cdot T\cdot\cdots\cdot T}_{n\uparrow}$,证明 $\lim\limits_{n\to\infty}T^n=\Theta$(零算子).

4.在 $C[a,b]$ 上定义泛函

$$f(x)=\int_a^{\frac{a+b}{2}}x(t)\mathrm{d}t,\quad \forall\,x\in C[a,b].$$

证明 $f\in C([a,b])^*$,并求 $\|f\|$.

5.在 $C[-1,1]$ 上定义线性泛函

$$f(x)=\int_{-1}^0 x(t)\mathrm{d}t-\int_0^1 x(t)\mathrm{d}t,\quad \forall\,x\in C[-1,1],$$

求 $\|f\|$.

6.取定 n 个实数 $\alpha_1,\alpha_2,\cdots,\alpha_n$ 及 $a=t_1<t_2<\cdots<t_n=b$,在 $C[a,b]$ 上定义泛函

$$f(x)=\sum_{i=1}^n\alpha_i x(t_i),\forall\,x\in C[a,b].$$

证明 f 是 $C[a,b]$ 上的有界线性泛函,且

$$\|f\|=\sum_{i=1}^n|\alpha_i|.$$

7.设 $\{a_n\}$ 为一有界数列:$\sup\limits_n|a_n|<+\infty$,定义算子 $T:l^p\to l^p$ $(p\geqslant 1)$ 为

$$\forall\,x=(\xi_1,\xi_2,\cdots,\xi_n,\cdots)\in l^p,\quad Tx=(a_1\xi_1,a_2\xi_2,\cdots,a_n\xi_n,\cdots).$$

证明 T 是有界线性算子,且 $\|T\|=\sup\limits_n|a_n|$.

8.设 X,Y,Z 都是线性赋范空间,且 $A:X\to Y$ 和 $B:Y\to Z$ 都是有界线性算子.如果定义 $(BA)(x)=B(Ax)$,$\forall\,x\in X$,证明 $BA:X\to Z$ 是有界线性算子,且 $\|BA\|\leqslant\|B\|\,\|A\|$.

9.设 X 是线性赋范空间,$x,y\in X$.如果 $\forall\,f\in X^*$,有 $f(x)=f(y)$,则必有 $x=y$.

10.设 H 是 Hilbert 空间,证明 H 的共轭空间 H^* 也是 Hilbert 空间,其内积 $\langle\cdot,\cdot\rangle_{H^*}$ 定义为

$$\langle f,g\rangle_{H^*}=\overline{\langle\eta_f,\eta_g\rangle}=\langle\eta_g,\eta_f\rangle,\forall\,f,g\in H^*,$$

其中 η_f,η_g 由 Riesz 表现定理所确定:

$$f(x)=\langle x,\eta_f\rangle,\quad g(x)=\langle x,\eta_g\rangle,\quad \forall\,x\in H.$$

11.设 X 是线性赋范空间,如果 $x_0,y_0\in X$ 且 $x_0\neq y_0$,则存在 $f\in X^*$,使 $\|f\|=1$ 且 $f(x)_0\neq f(y_0)$.

12.设 X,Y 是线性赋范空间,$\{x_n\}\subset X,x\in X$,且 $x_n\xrightarrow{w}x(n\to\infty)$.如果 $T\in\mathscr{B}(X,Y)$,证明 Y 中的点列 $Tx_n\xrightarrow{w}Tx(n\to\infty)$.

13.设 $\{x_n\mid n\in\mathbf{N}\}$ 是 Hilbert 空间 H 中的点列,$x\in H$.如果 $\|x_n\|\to\|x\|$,并且 $\langle x_n,x\rangle\to\langle x,x\rangle$,则必有 $x_n\xrightarrow{s}x$.

14. 设 X 是线性赋范空间，$x_n, x \in X, f_n, f \in X^*, n \in \mathbf{N}$. 证明：如果 $f_n \xrightarrow{w^*} f$，则 $f_n(x_n) \to f(x)$.

15. 设 T 是定义在 l^2 上的算子
$$Tx = (x_2, x_3, \cdots, x_n, \cdots), \quad x = (x_1, x_2, \cdots, x_n, \cdots) \in l^2,$$
证明：$|\lambda| > 1$ 时，$\lambda \in \rho(T)$；$|\lambda| < 1$ 时，$\lambda \in \sigma_p(T)$，$\sigma(T) = \{\lambda \mid |\lambda| < 1\}$.

16. 设 X 是 Banach 空间，$T_n \in \mathscr{B}(X)$ 依算子范数收敛于 $T \in \mathscr{B}(X)$，如果 λ 是 T 的正则值，则当 n 充分大时，λ 也是 T_n 的正则值，且
$$\lim_{n \to \infty} (\lambda I - T_n)^{-1} = (\lambda I - T)^{-1}.$$

第 7 章　Banach 空间上算子的微分

数学分析讨论过函数有界、极限、连续、微分和积分等分析概念,而且,早在泛函分析诞生之前,在变分学中就已经考虑了非线性泛函和它的变分. 非线性泛函分析是无穷维拓扑空间(或无穷维流形)上的分析问题,它所研究的对象是作用在无穷维空间中的非线性算子. 因此,非线性泛函分析中的一些概念、方法和结果常常受到有限维空间中分析学的启迪. 本章将在 Banach 空间中讨论这些概念.

7.1　非线性算子的有界性和连续性

定义 7.1　设 X,Y 是线性赋范空间,$T:\mathscr{D}(T)\subset X\to Y$,如果 T 映 $\mathscr{D}(T)$ 上的任一有界集为 Y 中的有界集,则称 T 是 $\mathscr{D}(T)$ 上的有界算子.

定义 7.2　设 X,Y,T 同定义 7.1,$x_0\in\mathscr{D}(T)$. 如果对任意点列 $\{x_n\}\subset\mathscr{D}(T)$,当 $x_n\to x_0$ 时,有 $Tx_n\to Tx_0$. 则称 T 在 x_0 处连续.

若 T 在 $\mathscr{D}(T)$ 中的每一点都连续,则称 T 是 $\mathscr{D}(T)$ 上的连续算子.

不难验证,如此定义的连续与用邻域定义的连续概念是等价的.

由定义可看出,连续的概念与极限的概念密切相关. 我们知道,在无穷维空间中,有多种极限的概念,例如,有强极限和弱极限等,因而可以定义多种连续的概念. 在研究具体问题时,许多算子往往不具有较强的连续性,因而有必要研究各种连续性.

设 X 是 n 维 Euclid 空间 $\mathbf{R}^n$,$Y=\mathbf{R}$. 如果 $f:\mathscr{D}(f)\subset X\to Y$ 连续. 由数学分析中的结论可知,若 $\mathscr{D}(f)$ 是有界闭集,则 f 在 $\mathscr{D}(f)$ 上有界. 自然要问,当 X 为无穷维线性赋范空间时,上述结论是否仍然成立呢? 下面的例子说明:无穷维线性赋范空间上的连续泛函未必有界.

例 7.1　记 $X=l^2,Y=\mathbf{R},f:X\to Y$,其中 $x=(\eta_1,\eta_2,\cdots)\in X$,定义泛函

$$f(x) = \sum_{|\eta_m|\geqslant 1}(|\eta_m|-1)m.$$

$\forall x\in X$,泛函 $f(x)$ 仅对有限项求和,表明 f 在 X 上有定义. 下面证明 f 在 X 上连续.

事实上,设 $x_n=(\eta_1^{(n)},\eta_2^{(n)},\cdots),\{x_n\mid n\in\mathbf{N}\}\subset X,x_n\to x_0(n\to\infty)$,则

$$f(x_n) = \sum_{|\eta_m^{(n)}|\geqslant 1}(|\eta_m^{(n)}|-1)m,$$

$$f(x_0) = \sum_{|\eta_m^{(0)}| \geqslant 1} (|\eta_m^{(0)}| - 1)m.$$

因为 $x_n \to x_0$，而 l^2 中按范数收敛蕴涵着一致依坐标收敛，又因为 $f(x_0)$ 仅对有限项求和，因而 $f(x_n) \to f(x_0)(n \to \infty)$，即 f 在 X 上连续.

下面证明 f 在 X 上不是有界算子.

事实上，取定 $\varepsilon_0 > 0$，令 $\eta_m^{(n)} = (1 + \varepsilon_0)\delta_{mn}, x_n = (\eta_1^{(n)}, \eta_2^{(n)}, \cdots)$，其中

$$\delta_{mn} = \begin{cases} 1, & \text{当 } m = n, \\ 0, & \text{当 } m \neq n. \end{cases}$$

那么 $\{x_n\} \subset \overline{B}(\theta, 1 + \varepsilon_0) = \{x \in X \mid \|x\| \leqslant 1 + \varepsilon_0\}$，而 $f(x_n) = n\varepsilon_0 \to \infty (n \to \infty)$，由于 $\overline{B}(\theta, 1 + \varepsilon_0)$ 是有界闭集，故 f 无界.

可见，无穷维线性赋范空间中有界闭集上的连续算子不一定有界.

那么，无穷维线性赋范空间中算子的连续性与有界性是否还有一定关系？我们先给出无穷维线性赋范空间中算子的一致连续概念.

定义 7.3　设 X, Y, T 同定义 7.1，若对任意给定的 $\varepsilon > 0$，存在 $\delta = \delta(\varepsilon) > 0$，当 $x', x'' \in \mathscr{D}(T)$ 且 $\rho(x', x'') < \delta$ 时，有 $\rho_1(Tx', Tx'') < \varepsilon$，则称 T 在 $\mathscr{D}(T)$ 上是一致连续的，其中 ρ, ρ_1 分别表示 X, Y 中的距离.

尽管无穷维线性赋范空间中的连续算子未必有界，但有下面的结论.

命题 7.1　设 X, Y 为线性赋范空间，$T: \overline{B}(x_0, r) \subset X \to Y$ 一致连续，则 T 在 $\overline{B}(x_0, r)$ 上是有界算子.

证明　由假设知，存在 $\delta > 0$，当 $x', x'' \in \overline{B}(x_0, r)$ 且 $\|x' - x''\| < \delta$ 时，有

$$\|Tx' - Tx''\| < 1.$$

取 $n_0 \in \mathbf{N}$，使得 $\dfrac{r}{n_0} < \delta$. 设 $x \in \overline{B}(x_0, r)$，令 $x_i = x_0 + \dfrac{i}{n_0}(x - x_0)(i = 0, 1, \cdots, n_0)$，则根据

$$\|x_{i+1} - x_i\| = \frac{1}{n_0}\|x - x_0\| \leqslant \frac{r}{n_0} < \delta,$$

有 $\|Tx_{i+1} - Tx_i\| < 1 (i = 0, 1, \cdots, n_0 - 1)$，因此有

$$\|Tx\| \leqslant \|Tx - Tx_0\| + \|Tx_0\|$$

$$\leqslant \sum_{i=0}^{n_0-1} \|Tx_{i+1} - Tx_i\| + \|Tx_0\| \leqslant n_0 + \|Tx_0\|.$$

即 T 为有界算子.

应该注意到：在命题 7.1 中若将闭球 $\overline{B}(x_0, r)$ 换成有界闭集，则结论不一定成立. 但从命题 7.1 的证明过程可知，对有界凸集，命题 7.1 仍然成立.

由命题 7.1 和例 7.1 可以看出，无穷维空间中有界闭集上的连续算子不一定一致连续.

为了应用方便,给出如下连续概念.

定义 7.4 设 X,Y,T 同定义 $7.1, x_0 \in \mathscr{D}(T)$,

(1)如果对任意点列 $\{x_n\} \subset \mathscr{D}(T)$,当 $x_n \to x_0$ 时,有 $Tx_n \overset{w}{\longrightarrow} Tx_0$,则称 T 在 x_0 处次连续;

(2)如果对任意点列 $\{x_n\} \subset \mathscr{D}(T)$,当 $x_n \overset{w}{\longrightarrow} x_0$ 时,有 $Tx_n \overset{w}{\longrightarrow} Tx_0$,则称 T 在 x_0 处弱连续;

(3)如果对任意点列 $\{x_n\} \subset \mathscr{D}(T)$,当 $x_n \overset{w}{\longrightarrow} x_0$ 时,有 $Tx_n \to Tx_0$,则称 T 在 x_0 处强连续;

(4)设 $Y = X^*$,如果对任意 $h \in X$,当 $t_n > 0$ 且 $t_n \to 0, x_0 + t_n h \in \mathscr{D}(T)$ 时,有 $T(x_0 + t_n h) \overset{w^*}{\longrightarrow} Tx_0$,则称 T 在 x_0 处半连续.

由定义容易得到,各种连续性具有如下关系:

$$强连续 \Rightarrow \begin{matrix} 连续 \\ 弱连续 \end{matrix} \Rightarrow 次连续 \Rightarrow 半连续 (Y = X^*).$$

7.2　微分与导算子

本节介绍线性赋范空间的微分学,主要内容是 G 微分与 G 导算子和 F 微分与 F 导算子以及广义中值定理.

1. 方向微分

设 X 是实线性赋范空间, $\Omega \subset X, x_0$ 是 Ω 的内点,则对任意的 $h \in X$,只要 t 足够小,必存在 Ω 中 x_0 的某一邻域,含有点 $x_0 + th$.

定义 7.5 设 X,Y 为实线性赋范空间, $T: \mathscr{D}(T) \subset X \to Y$,且 x_0 是 $\mathscr{D}(T)$ 的内点, $h \in X$. 如果

$$\lim_{t \to 0} \frac{T(x_0 + t h) - Tx_0}{t} \tag{7.1}$$

存在,则称 T 在 x_0 处沿方向 h 可微分. 此时,称其极限值为 T 在 x_0 处沿方向 h 的微分,也称为 T 在 x_0 处沿方向 h 的 G 变分,记作 $\delta T(x_0)h$.

若对任何 $h \in X, \delta T(x_0)h$ 存在,则称 T 在 x_0 处有 G 变分. 若在 $\Omega(\subset \mathscr{D}(T))$ 中每一点处有 G 变分,则称 T 在 Ω 上有 G 变分.

类比于数学分析中函数左右导数的概念,我们可以引入如下微分概念.

如果把定义 7.5 中的(7.1)式换成

$$\lim_{t \to 0^+} \frac{T(x_0 + th) - T(x_0)}{t} = \delta_+ T(x_0)h$$

或

$$\lim_{t \to 0^-} \frac{T(x_0 + th) - T(x_0)}{t} = \delta_- T(x_0)h$$

存在,则称 $\delta_+ T(x_0)h$(或 $\delta_- T(x_0)h$)为 T 在 x_0 处沿方向 h 的右(左)微分.

容易看出,$\delta T(x_0)h$ 存在的充要条件是 $\delta_+ T(x_0)h$ 和 $\delta_- T(x_0)h$ 均存在且 $\delta_+ T(x_0)h = \delta_- T(x_0)h$,且此时它们等于 $\delta T(x_0)h$.

从定义 7.5 直接看出,$\delta T(x_0)h \in Y$.

G 变分是数学分析中方向导数概念的推广.

显然,(7.1)式等价于下列的

$$\lim_{t \to 0} \frac{1}{t} \| T(x_0 + th) - Tx_0 - t\delta T(x_0)h \| = 0. \tag{7.2}$$

命题 7.2　G 变分具有如下性质:

(1)若对 $h \neq \theta$,$\delta T(x_0)h$ 存在,则对任意实数 $r \neq 0$,$\delta T(x_0)(rh)$ 存在且
$$\delta T(x_0)(rh) = r\delta T(x_0)h;$$

(2)若 $\delta T(x_0)h$ 存在,则 $\lim_{t \to 0}(T(x_0 + th) - Tx_0) = 0$;

(3)若 $\delta T(x_0)h$ 存在,则对任何 $g \in Y^*$,$\varphi(t) = (g, T(x_0 + th))$ 在 $t = 0$ 处可微且

$$\frac{\mathrm{d}}{\mathrm{d}t}\varphi(t)\bigg|_{t=0} = (k, \delta T(x_0)h).$$

证明　(1) 在(7.2)式中令 $t = t'r$,则有

$$\lim_{t' \to 0} \frac{1}{t'r} \| T(x_0 + t'rh) - Tx_0 - t'r\delta T(x_0)h \| = 0,$$

因此

$$\lim_{t' \to 0} \frac{1}{t'} \| T(x_0 + t'rh) - Tx_0 - t'r\delta T(x_0)h \| = 0,$$

即 $\delta T(x_0)(rh)$ 存在且 $\delta T(x_0)(rh) = r\delta T(x_0)h$.

(2) 由(7.2)式及估计式

$$\| T(x_0 + th) - T(x_0) \| \leqslant \| T(x_0 + th) - Tx_0 - t\delta T(x_0)h \| + |t| \cdot \| \delta T(x_0)h \|,$$

有 $\lim_{t \to 0}(T(x_0 + th) - Tx_0) = 0$.

(3) 由 $\delta T(x_0)h$ 的定义及 g 是 Y 上的连续线性泛函,有

$$(g, \delta T(x_0)h) = \left(g, \lim_{t \to 0} \frac{T(x_0 + th) - Tx_0}{t}\right)$$

$$= \lim_{t \to 0} \frac{1}{t}[(g, T(x_0 + th)) - (g, Tx_0)]$$

$$= \lim_{t \to 0} \frac{1}{t}[\varphi(t) - \varphi(0)] = \frac{\mathrm{d}}{\mathrm{d}t}\varphi(t)\bigg|_{t=0}.$$

如果对空间 X 中的某些 h, $\delta T(x_0)h$ 存在,则由它确定了一个从 X 到 Y 的算子 $\delta T(x_0)$. 注意到 $\delta T(x_0)$ 的定义域不一定是全空间 X.

命题 7.2 中的 (1) 说明,算子 $\delta T(x_0)$ 关于 h 是齐次的. 命题 7.2 中的 (2) 说明, $\delta T(x_0)h$ 的存在蕴涵 T 在 x_0 处沿方向 h 连续. 当 T: $\mathscr{D}(T) \subset X \to X^*$ 在 x_0 处有 G 变分时,即当 $\mathscr{D}(\delta T(x_0)) = X$ 时, T 在 x_0 处半连续.

例 7.2　设 $X = \mathbf{R}^2$, $Y = \mathbf{R}$, $x = (x_1, x_2) \in X$. 定义

$$f(x) = \begin{cases} \dfrac{x_2^3}{x_1^2 + x_2^2}, & (x_1, x_2) \neq (0, 0), \\ 0, & (x_1, x_2) = (0, 0). \end{cases}$$

取 $h \in X$, $h = (h_1, h_2) \neq \theta$, $\theta = (0, 0)$,则易知 $\delta f(\theta)h = f(h)$,故 $\delta f(\theta)$ 不是 h 的线性函数.

定理 7.1　设 X, Y 为实线性赋范空间, T: $\mathscr{D}(T) \subset X \to Y$, x_0 是 $\mathscr{D}(T)$ 的内点,则 T 在 x_0 处有 G 变分的充要条件是:存在 $V(x_0)$: $X \to Y$ 及 $Q(x_0)$: $\mathscr{D}(Q(x_0)) \to Y$,当 $x_0 + h \in \mathscr{D}(T)$ 时,有

$$T(x_0 + h) - Tx_0 = V(x_0)h + Q(x_0)h, \tag{7.3}$$

其中: (1) $V(x_0)(rh) = rV(x_0)h (r \neq 0, \theta \neq h \in X)$;

(2) $\dfrac{1}{t} \| Q(x_0)(th) \| \to 0 (t \to 0, h \in X)$,即 $\| Q(x_0)(th) \| = o(t)$.

证明　必要性. 令 $V(x_0) = \delta T(x_0)$, $Q(x_0)h = T(x_0 + h) - Tx_0 - \delta T(x_0)h$,则有 (7.3) 式及 (1),(2) 成立.

充分性. 由 (1),(2) 及 (7.3) 式,有

$$\frac{1}{t} \| T(x_0 + th) - Tx_0 - tV(x_0)h \| = \frac{1}{t} \| Q(x_0)(th) \| \to 0 \quad (t \to 0, h \in X).$$

根据 (7.2) 式知, T 在 x_0 处有 G 变分.

有了 G 变分的概念,非线性泛函具有广义 Lagrange 公式.

定理 7.2　设 X 为实线性赋范空间, $\Omega \subset X$ 是凸开集,泛函 φ: $\Omega \to \mathbf{R}$ 在 Ω 上有 G 变分,则对任意 $x \in \Omega$ 及 $h \in X$,当 $x + h \in \Omega$ 时,存在 $\tau = \tau(x, h) \in (0, 1)$,满足

$$\varphi(x + h) - \varphi(x) = \delta\varphi(x + \tau h)h.$$

证明　设 $x \in \Omega$, $h \in X$ 及 $x + h \in \Omega$,由 Ω 的凸性,当 $0 \leqslant t \leqslant 1$ 时, $x + th \in \Omega$. 令 $f(t) = \varphi(x + th)(0 \leqslant t \leqslant 1)$,显然 $f(t)$ 在 $[0, 1]$ 上连续. 由于 φ 在 $x + th(0 \leqslant t \leqslant 1)$ 有 G 变分,由 (7.2) 式,有

$$\left| \frac{f(t + \lambda) - f(t)}{\lambda} - \delta\varphi(x + th)h \right| \to 0 \quad (\lambda \to 0).$$

因此, $f(t)$ 在 $(0, 1)$ 可微且 $f'(t) = \delta\varphi(x + th)h$. 由 Lagrange 中值定理,

$$f(1) - f(0) = f'(\tau) = \delta\varphi(x + \tau h)h, \tau \in (0, 1),$$

即

$$\varphi(x+h) - \varphi(x) = \delta\varphi(x+\tau h)h.$$

定理 7.2 是关于泛函的 Lagrange 公式,对于一般的非线性算子,Lagrange 公式不再成立,但有较弱的结果.

定理 7.3(Vainberg)　设 X, Y 为实线性赋范空间,$\Omega \subset X$ 是凸开集,$T: \Omega \to Y$ 在 Ω 上有 G 变分,则对任意 $x \in \Omega, h \in X$ 及 $e \in Y^*$,当 $x+h \in \Omega$ 时,存在 $\tau = \tau(x, h, e) \in (0,1)$,使

$$(e, T(x+h) - Tx) = (e, \delta T(x+\tau h)h).$$

证明　作 $\varphi(x) = (e, Tx)$,则 $\varphi: \Omega \to \mathbf{R}$. 因 T 在 Ω 上有 G 变分,所以 φ 在 Ω 上有 G 变分且

$$\delta\varphi(x)h = (e, \delta T(x)h).$$

由定理 7.2,$\varphi(x+h) - \varphi(x) = \delta\varphi(x+\tau h)h$,即

$$(e, T(x+h) - Tx) = (e, \delta T(x+\tau h)h).$$

2. G 微分

定义 7.6　设 X, Y, T, x_0 同定理 7.1,如果算子 T 在 x_0 处有 G 变分且满足 $\delta T(x_0) \in \mathscr{B}(X, Y)$,则称 T 在 x_0 处 G 可微分. 记 $dT(x_0) = \delta T(x_0)$,称 $dT(x_0)$ 是 T 在 x_0 处的 G 导算子,也可记作 $T'(x_0)$,而 $dT(x_0)h$ 称为 G 微分. 若 $\forall x \in \Omega, T$ 在 x 处 G 可微分,则称 T 在 Ω 上 G 可微分.

按定义直接看出,G 导算子 $dT(x_0)$ 是唯一的. 注意到

$$dT: \mathscr{D}(dT) \subset \mathscr{D}(T) \to \mathscr{B}(X, Y),$$

即当 $x \in \mathscr{D}(dT) \subset X$ 时,$dT(x) \in \mathscr{B}(X, Y)$. 称 dT 为 T 的 G 导映射. 特别地,对泛函 $\varphi: \mathscr{D}(\varphi) \subset X \to \mathbf{R}$,称 $d\varphi(x_0)$ 为 φ 在 x_0 处的梯度,记作 $\mathrm{grad}\varphi(x_0)$.

G 微分是 Gâteaux 微分的缩写.

定理 7.4　设 X, Y 为实线性赋范空间,$T: \mathscr{D}(T) \subset X \to Y, x_0$ 是 $\mathscr{D}(T)$ 的内点. 则 T 在 x_0 处 G 可微的充要条件是存在 $a(x_0) \in \mathscr{B}(X, Y)$ 及 $q(x_0): \mathscr{D}(q(x_0)) \to Y$,当 $x_0 + h \in \mathscr{D}(T)$ 时,有

$$T(x_0 + h) - Tx_0 = a(x_0)h + q(x_0)h,$$

其中 $\frac{1}{t} \|q(x_0)(th)\| \to 0 (t \to 0)$,即 $\|q(x_0)(th)\| = o(t)$.

证明　类似定理 7.1 的证明.

定理 7.5　设 X, Y 为实线性赋范空间,$\Omega \subset X$ 是凸开集,$T: \Omega \to Y$ 在 Ω 上 G 可微分,则对任意 $x \in \Omega$ 及 $h \in X$,当 $x+h \in \Omega$ 时,存在 $\tau = \tau(x, h) \in (0,1)$,满足

$$\|T(x+h) - Tx\| \leqslant \|dT(x+\tau h)\| \|h\|.$$

证明　若 $T(x+h)-Tx=\theta$,则结论成立. 设 $T(x+h)-Tx\neq\theta$,据 Hahn-Banach定理,存在 $e\in Y^*$, $\|e\|=1$,使得

$$\|T(x+h)-Tx\|=(e,T(x+h)-Tx),$$

依定理 7.3,存在 $\tau=\tau(x,h)\in(0,1)$,有

$$(e,T(x+h)-Tx)=(e,\mathrm{d}T(x+\tau h)h)\leqslant\|e\|\|\mathrm{d}T(x+\tau h)\|\|h\|$$
$$=\|\mathrm{d}T(x+\tau h)\|\|h\|,$$

即

$$\|T(x+h)-Tx\|\leqslant\|\mathrm{d}T(x+\tau h)\|\|h\|.$$

算子 T 的 G 可微性,并不能保证 T 具有较好的分析属性. 例如,它仅能保证 T 的半连续性,而不能保证 T 的连续性. 另外,设 $T_1:X\to Y$, $T_2:Y\to Z$,可以证明链锁规则对于 $T_2\circ T_1$ 不一定成立. 所以 G 微分是一种弱微分. 因此,有必要引入较强的微分概念.

3. F 微分

定义 7.7　设 X,Y 是实线性赋范空间, $T:\mathscr{D}(T)\subset X\to Y$, x_0 是 $\mathscr{D}(T)$ 的内点. 如果存在 $DT(x_0)\in\mathscr{B}(X,Y)$,满足

$$\lim_{\|h\|\to 0}\frac{1}{\|h\|}\|T(x_0+h)-Tx_0-DT(x_0)h\|=0,$$

则称 T 在 x_0 处 Fréchet 可微分(简称 F 可微). 称 $DT(x_0)$ 为 T 在 x_0 处的 Fréchet 导算子(简称 F 导算子),而称 $DT(x_0)h$ 是 T 在 x_0 处的 F 微分. 若 $\Omega\subset X$ 并且 T 在 Ω 中的每一点 F 可微,则称 T 在 Ω 上 F 可微.

按定义直接看出, F 导算子是唯一的. F 微分是数学分析中全微分概念的推广. 注意

$$DT:\mathscr{D}(DT)\subset\mathscr{D}(T)\to\mathscr{B}(X,Y),$$

我们称 DT 是算子 T 的 F 导映射. 有时也把 $DT(x_0)$ 记作 $T'(x_0)$.

如果导映射 DT 在 x_0 处连续,则称映射 T 在 x_0 处连续可微.

定理 7.6　设 X,Y,T,x_0 同定义 7.7,则 T 在 x_0 处 F 可微分的充要条件是存在 $A(x_0)\in\mathscr{B}(X,Y)$ 及 $R(x_0):\mathscr{D}(R(x_0))\to Y$,对 $h\in X$,当 $x_0+h\in\mathscr{D}(T)$ 时,满足

$$T(x_0+h)-Tx_0=A(x_0)h+R(x_0)h,$$

其中 $\frac{1}{\|h\|}\|R(x_0)h\|\to 0(\|h\|\to 0)$,即 $\|R(x_0)h\|=o(\|h\|)$.

证明　取 $A(x_0)=DT(x_0)$, $R(x_0)h=T(x_0+h)-Tx_0-DT(x_0)h$ 即可.

F 微分与 G 微分具有什么关系?

命题 7.3　设 X,Y 为实线性赋范空间，$T:\mathscr{D}(T)\subset X\to Y$ 在 x_0 处 F 可微分，则 T 在 x_0 处 G 可微分且 $dT(x_0)=DT(x_0)$.

证明　据定理 7.6，有

$$T(x_0+h)-Tx_0=DT(x_0)h+R(x_0)h,$$

其中 $x_0+h\in\mathscr{D}(T),h\neq\theta$. 因

$$\frac{1}{t}\|R(x_0)(th)\|=\|h\|\left(\frac{1}{\|th\|}\|R(x_0)(th)\|\right)\to 0\quad(t\to 0),$$

所以，依定理 7.4，T 在 x_0 处 G 可微分且 $dT(x_0)=DT(x_0)$.

命题 7.3 的逆命题不成立，即 G 可微分的算子不一定是 F 可微分的．这可从数学分析中熟知事实："即使沿任何方向的方向导数都存在，也未必有全微分"得出．那么在什么条件下 G 可微能保证 F 可微呢？我们有如下结果．

定理 7.7(Vainberg)　设 X,Y 为实线性赋范空间，$\Omega\subset X$ 是凸开集，$T:\Omega\to Y$ 在 Ω 上 G 可微分，且 G 导映射 dT 在 Ω 上连续，则 T 在 Ω 上 F 可微且 $DT=dT$.

证明　由于 $\Omega\subset X$ 是凸开集，则对 $x_0\in\Omega$，必存在 x_0 的球邻域 $B(x_0,r)\subset\Omega$. 设 $x_0+h\in B(x_0,r)$，记 $q(x_0)h=T(x_0+h)-Tx_0-dT(x_0)h$. 据定理 7.6，只需证明 $\|q(x_0)h\|=o(\|h\|)$.

若对一切 $x_0+h\in B(x_0,r),q(x_0)h=\theta$，则结论得证．

设对某 $x_0+h\in B(x_0,r),q(x_0)h\neq\theta$，由 Hahn-Banach 定理，存在 $e\in Y^*$，$\|e\|=1$，且 $\|q(x_0)h\|=(e,q(x_0)h)$. 依定理 7.3 与 G 导算子的线性有界性，有

$$\|q(x_0)h\|=(e,T(x_0+h)-Tx_0-dT(x_0)h)$$

$$=(e,(dT(x_0+\tau h)-dT(x_0))h)\leqslant\|dT(x_0+\tau h)-dT(x_0)\|\|h\|,$$

其中 $\tau\in(0,1)$. 由 G 导映射 dT 的连续性，有

$$\frac{1}{\|h\|}\|q(x_0)h\|\to 0\quad(\|h\|\to 0).$$

算子 T 在 x_0 处 G 可微不能保证算子 T 在 x_0 处的连续性，而 F 可微分却能保证这一点．

命题 7.4　设 X,Y 为实线性赋范空间，$T:\mathscr{D}(T)\subset X\to Y$ 在 $x_0\in\mathscr{D}(T)$ 处 F 可微分，则 T 在 x_0 处连续．

证明　由定理 7.6，有

$$\|T(x_0+h)-Tx_0\|\leqslant\|DT(x_0)\|\|h\|+\|R(x_0)h\|\to 0\quad(\|h\|\to 0).$$

定理 7.8(链锁规则)　设 X,Y,Z 为实线性赋范空间，$T_1:\mathscr{D}(T_1)\subset X\to Y$ 在 x_0 处 G 可微分且 $T_1x_0\in\mathscr{D}(T_2)$，$T_2:\mathscr{D}(T_2)\subset Y\to Z$ 在 T_1x_0 处 F 可微分，则

$$T_3=T_2T_1:\mathscr{D}(T_3)\subset\mathscr{D}(T_1)\to Z$$

在 x_0 处 G 可微分且
$$\mathrm{d}T_3(x_0) = DT_2(T_1x_0) \circ \mathrm{d}T_1(x_0),$$
此外,若 T_1 是 F 可微的,则 T_3 也 F 可微分的,且
$$DT_3(x_0) = DT_2(T_1x_0) \circ DT_1(x_0).$$

证明　设 $h \in X, h \neq \theta$ 及 $x_0 + h \in \mathscr{D}(T_1)$,由于 x_0 是 $\mathscr{D}(T_1)$ 的内点,T_1x_0 是 $\mathscr{D}(T_2)$ 的内点并由命题 7.1 的(2),存在 $\alpha = \alpha(h) > 0$,当 $|t| < \alpha$ 时,有 $x_0 + th \in \mathscr{D}(T_1)$ 且 $T_1(x_0 + th) \in \mathscr{D}(T_2)$.

对于 $0 < |t| < \alpha$,根据算子 $DT_2(T_1x_0)$ 的线性有界性,有

$$\frac{1}{|t|} \| T_3(x_0 + th) - T_3x_0 - tDT_2(T_1x_0) \circ \mathrm{d}T_1(x_0)h \|$$

$$\leqslant \frac{1}{|t|} \| T_2(T_1(x_0 + th)) - T_2(T_1x_0) - DT_2(T_1x_0)(T_1(x_0 + th) - T_1x_0) \|$$

$$+ \frac{1}{|t|} \| DT_2(T_1x_0) \| \| T_1(x_0 + th) - T_1x_0 - t\mathrm{d}T_1(x_0)h \|.$$

由于 T_1 在 x_0 处 G 可微分,当 $t \to 0$ 时,上式不等号后第二项趋于零. 对适合 $T_1(x_0 + th) - T_1x_0 = \theta$ 的一切 t,上式不等号后第一项是零. 对 $T_1(x_0 + th) - T_1x_0 \neq \theta$ 的 t,上式不等号后第一项可写成

$$\frac{\| T_2(T_1(x_0 + th)) - T_2(T_1x_0) - DT_2(T_1x_0)(T_1(x_0 + th) - T_1x_0) \|}{\| T_1(x_0 + th) - T_1x_0 \|}$$

$$\cdot \frac{\| T_1(x_0 + th) - T_1x_0 \|}{|t|}.$$

由命题 7.1 中的(2),$\| T_1(x_0 + th) - T_1x_0 \| \to 0 (t \to 0)$. 因为 T_2 在 T_1x_0 处 F 可微分,当 $t \to 0$ 时,上式第一个因子趋近于零,而第二个因子保持有界,因此,当 $t \to 0$ 时,上式趋近于零.

至于当 T_1 是 F 可微分时,只要在上述推导中去掉 t,令 $\|h\| \to 0$ 即得证.

4. 性质与实例

由定义可直接推出求导运算的下列性质.

命题 7.5　设 X, Y 是实线性赋范空间.

(1) 设 $U \subset X$ 是开集,$x_0 \in U, T, S: U \to Y$ 在 x_0 处 F 可微(G 可微),则对任何实数 $a, b, aT + bS$ 在 x_0 处 F 可微(G 可微),且
$$D(aT + bS)(x_0) = aDT(x_0) + bDS(x_0)$$
或
$$\mathrm{d}(aT + bS)(x_0) = a\mathrm{d}T(x_0) + b\mathrm{d}S(x_0).$$

(2) 常值映射的导映射是 θ,即 $\forall x \in X$,有 $Tx = y_0$,这里 $y_0 \in Y$,则 $\mathrm{d}T(x) = \theta$.

(3) 若 $A \in \mathcal{B}(X,Y)$，则 A 在 X 上 F 可微且 $DA(x)=A$ 或 DA 是取值为 A 的常值映射.

从定理 7.8(链锁规则)可直接推出

$$D(A \circ T)(x_0) = A \circ DT(x_0).$$

下面举出几个实例,以利于熟悉求导运算.

例 7.3　设 $\mathbf{R}^n$ 与 $\mathbf{R}^m$ 分别为 n 维和 m 维实线性赋范空间,Ω 为 $\mathbf{R}^m$ 中的开集,映射 $f:\Omega \subset \mathbf{R}^m \to \mathbf{R}^n$. 设 $x_0=(\xi_1^{(0)},\xi_2^{(0)},\cdots,\xi_m^{(0)}) \in \Omega, x=(\xi_1,\xi_2,\cdots,\xi_m) \in \mathbf{R}^m, y=f(x)=(\eta_1,\eta_2,\cdots,\eta_n) \in \mathbf{R}^n$ 及 $f=(f_1,f_2,\cdots,f_n)$,这样

$$\eta_i = f_i(\xi_1,\xi_2,\cdots,\xi_m) \quad (i=1,2,\cdots,n).$$

假设映射 f 在 x_0 处存在 G 导算子 $f'(x_0)$,则它是从 $\mathbf{R}^m$ 到 $\mathbf{R}^n$ 的线性算子.由线性代数知,$f'(x_0)$ 是 $n \times m$ 矩阵. 这样

$$f'(x_0) = \begin{pmatrix} c_{11} & c_{12} & \cdots & c_{1m} \\ c_{21} & c_{22} & \cdots & c_{2m} \\ \vdots & \vdots & & \vdots \\ c_{n1} & c_{n2} & \cdots & c_{nm} \end{pmatrix} = (c_{ij}). \tag{7.4}$$

由于

$$\lim_{t \to 0} \frac{f(x_0+tx)-f(x_0)}{t} = (c_{ij})x$$

及(7.4)式得

$$\lim_{t \to 0} \frac{f_i(\xi_1^{(0)}+t\xi_1,\cdots,\xi_m^{(0)}+t\xi_m)-f_i(\xi_1^{(0)},\cdots,\xi_m^{(0)})}{t}$$

$$= (c_{i1},\cdots,c_{im}) \begin{pmatrix} \xi_1 \\ \vdots \\ \xi_m \end{pmatrix} \quad (i=1,\cdots,n). \tag{7.5}$$

因为对任何 $x \in \mathbf{R}^m$,上列诸式都成立,取特殊的 $x_k = (\overbrace{0,\cdots,0,1,0,\cdots,0}^{k})(k=1,2,\cdots,m)$,代入(7.5)式就有

$$\frac{\partial f_i(\xi_1^{(0)},\xi_2^{(0)},\cdots,\xi_m^{(0)})}{\partial \xi_k} = c_{ik} \quad (i=1,\cdots,n;k=1,2,\cdots,m).$$

所以,f 的 G 导算子是 Jacobi 矩阵

$$f'(x_0) = \begin{pmatrix} \dfrac{\partial f_1(x_0)}{\partial \xi_1} & \cdots & \dfrac{\partial f_1(x_0)}{\partial \xi_m} \\ \vdots & & \vdots \\ \dfrac{\partial f_n(x_0)}{\partial \xi_1} & \cdots & \dfrac{\partial f_n(x_0)}{\partial \xi_m} \end{pmatrix} \tag{7.6}$$

注　我们能够举例说明,如果每个函数的各个一阶偏导数都存在,可以构造相应的 Jacobi 矩阵,但由这些函数构成的映射可能不存在 G 导算子,如例 7.2.

例 7.4　考虑 Hammerstein 积分算子

$$(Tx)(t) = \int_a^b k(t,s) g(s,x(s)) \mathrm{d}s,$$

其中核函数 $k(t,s)$ 在正方形 $a \leqslant t, s \leqslant b$ 上连续,$g(u,v)$ 在 $a \leqslant u \leqslant b, -\infty < v < -\infty$ 上连续,$g'_v(u,v)$ 在这一区域上一致连续. 设 $C[a,b]$ 是 $[a,b]$ 上的连续函数空间,可以验证 $T:C[a,b] \rightarrow C[a,b]$. 证明 T 在全空间上是 F 可微分的.

证明　事实上,对任何 $h \in C[a,b]$,有

$$(T(x+h) - Tx)(t) = \int_a^b k(t,s) g(s,x(s)+h(s)) \mathrm{d}s$$

$$- \int_a^b k(t,s) g(s,x(s)) \mathrm{d}s$$

$$= \int_a^b k(t,s) [g(s,x(s)+h(s)) - g(s,x(s))] \mathrm{d}s.$$

由 Lagrange 公式

$$g(s,x(s)+h(s)) - g(s,x(s))$$

$$= g'_v(s,x(s)+\theta(s)h(s))h(s) \quad (0 \leqslant \theta(s) \leqslant 1),$$

其次由条件,有

$$g'_v(s,x(s)+\theta(s)h(s)) = g'_v(s,x(s)) + \alpha(s,x(s),\theta(s)h(s)),$$

当 $\|h\| \rightarrow 0$ 时,即 $h(s)$ 在 $[a,b]$ 上一致趋于零时,由于 $g'_v(u,v)$ 一致连续,从而 $\alpha(s,x(s),\theta(s)h(s))$ 在 $[a,b]$ 上一致趋于零. 因而

$$T(x+h) - Tx = \int_a^b k(t,s) g'_v(s,x(s))h(s) \mathrm{d}s + \int_a^b k(t,s) \alpha(s,x(s),\theta(s)h(s))h(s) \mathrm{d}s$$

$$= Ah + R(x,h),$$

其中 $Ah = \int_a^b k(t,s) g'_v(s,x(s))h(s) \mathrm{d}s$,$A$ 是 $C[a,b]$ 上的有界线性算子,而

$$R(x,h) = \int_a^b k(t,s) \alpha(s,x(s),\theta(s)h(s))h(s) \mathrm{d}s.$$

因为

$$\|R(x,h)\| = \max_t \left| \int_a^b k(t,s) \alpha(s,x(s),\theta(s)h(s))h(s) \mathrm{d}s \right|$$

$$\leqslant \max_{t,s} |k(t,s)| \|\alpha(s,x(s),\theta(s)h(s))(b-a)\| \|h\|.$$

因此,当 $\|h\| \rightarrow 0$ 时,

$$\frac{\|R(x,h)\|}{\|h\|} \leqslant c \|\alpha(s,x(s),\theta(s)h(s))\| \rightarrow 0.$$

所以, T 是 F 可微分的, 且

$$DT(x)h = \int_a^b k(t,s)g_v'(s,x(s))h(s)ds.$$

例 7.5　设 X 为实自反 Banach 空间, $A \in \mathscr{B}(X, X^*)$ 且 A 是正算子, 即 $(Ax, x) \geqslant 0$, 考虑泛函 $\varphi(x) = (Ax, x)$ 的可微性.

解　显然算子 A 的共轭算子 $A^* \in \mathscr{B}(X, X^*)$.

$$\varphi(x+th) - \varphi(x) = (Ax + tAh, x + th) - (Ax, x)$$
$$= t(Ax, h) + t(A^*x, h) + t^2(Ah, h),$$

因而 $\mathrm{grad}\varphi(x) = (A + A^*)x$.

当 X 为 Hilbert 空间, 如果用 $\langle, \rangle$ 表示内积, A 为恒等算子时, 有

$$\mathrm{grad}\langle x, x \rangle = 2x, \quad \mathrm{grad}\|x\| = \frac{x}{\|x\|} (x \neq 0).$$

例 7.6　设 Ω 是 $\mathbf{R}^n$ 中的 Lebesgue 可测集. 计算 $L^p(\Omega)(p > 1)$ 中 $\|\cdot\|$ 的梯度.

解　当 $p = 2$ 时, 例 7.5 已解决.

当 $1 < p < 2$ 时, 考虑 $\mathbf{R}$ 上的实函数

$$\varphi(\lambda) = (|1 + \lambda|^p - 1 - p\lambda)|\lambda|^{-p}.$$

易验证

$$\lim_{\lambda \to \pm\infty} \varphi(\lambda) = 1, \lim_{\lambda \to 0} \varphi(\lambda) = 0.$$

由此知 φ 在 $\mathbf{R}$ 上有界, 故存在 $c_1, c_2 > 0$, 使得

$$c_1|\lambda|^p \leqslant |1 + \lambda|^p - 1 - p\lambda \leqslant c_2|\lambda|^p, \lambda \in \mathbf{R}.$$

当 $h, x \in L^p(\Omega)$, $x \neq \theta$ 时, 在上式中代入 $\lambda = th(s)/x(s)$, 积分, 得

$$c_1\|th\|^p \leqslant \|x + th\|^p - \|x\|^p - pt\int_\Omega h(s)|x(s)|^{p-1}\mathrm{sgn}x(s)ds \leqslant c_2\|th\|^p,$$

除以 t, 并令 $t \to 0$, 得

$$\delta(\|x\|^p)h = p\int_\Omega |x(s)|^{p-1}\mathrm{sgn}x(s)h(s)ds. \tag{7.7}$$

由于 $p|x(s)|^{p-1}\mathrm{sgn}x(s) \in L^q(\Omega)$, 知 (7.7) 式右端关于 h 是有界线性的, 所以 $\|x\|^p$ 是 G 可微分的. 因为 $p|x(s)|^{p-1}\mathrm{sgn}x(s) = p|x(s)|^{p-2}x(s)$, 所以

$$\mathrm{grad}\|x\|^p = p|x(s)|^{p-2}x(s) \quad (x \neq \theta). \tag{7.8}$$

当 $p > 2$ 时. 考虑 $\mathbf{R}$ 上的实函数

$$\psi(\lambda) = (|1 + \lambda|^p - 1 - p\lambda)(|\lambda|^p + \lambda^2)^{-1},$$

重复上面的方法, 也得到 (7.8) 式.

记 $g(x) = \|x\|^p$, 则 $\|x\| = (g(x))^{\frac{1}{p}}$, 而 $g^{\frac{1}{p}}$ 是关于实变量 g 的实函数, 当然 F 可微. 前面已证 $g(x)$ 是 G 可微的, 根据定理 7.8, $(g(x))^{\frac{1}{p}}$ 是 G 可微的, 即 $\|x\|$ 是 G 可微的. 按链锁规则

$$\text{grad}\|x\| = \frac{1}{p}(g(x))^{\frac{1}{p}-1}(\text{grad}\|x\|^p) = \frac{1}{p}\|x\|^{1-p}(\text{grad}\|x\|^p),$$

由(7.8)式,

$$\text{grad}\|x\| = \frac{1}{p}\|x\|^{1-p}p\,|x(s)|^{p-2}x(s) \tag{7.9}$$
$$= \|x\|^{1-p}\,|x(s)|^{p-2}x(s) \quad (x\neq\theta).$$

用完全同样的方法,只需在上述推导中将积分换成求和,容易看出,当 $x\neq\theta$ 时,空间 $l^p(p>1)$ 中的范数 $\|\cdot\|$ 是 G 可微的,并有

$$\text{grad}\|x\| = \|x\|^{1-p}z \quad (x\neq\theta), \tag{7.10}$$

其中 $x=(x_1,x_2,x_3,\cdots)\in l^p$, $z=(\,|x_1|^{p-2}x_1,\,|x_2|^{p-2}x_2,\,|x_3|^{p-2}x_3,\cdots)\in l^q$, $\frac{1}{p}+\frac{1}{q}=1$.

7.3　Riemann 积分

定义 7.8　设 X 为线性赋范空间,算子 $x:[a,b]\to X$ 称为抽象函数(即自变量为实数,取值在线性赋范空间 X 中的算子).

仅考虑 X 为实线性赋范空间的情形.

设给定抽象函数 $x:\mathscr{D}(x)\subset\mathbf{R}\to X$,一般来说,$\mathscr{D}(x)$ 是一个区间. 按通常定义,它的导映射

$$\frac{\mathrm{d}x(t)}{\mathrm{d}t} = \lim_{\Delta t\to 0}\frac{x(t+\Delta t)-x(t)}{\Delta t} \in X.$$

另一方面,按定义 7.7,它的 F 导映射

$$x'(t) = \lim_{\Delta t\to 0}\frac{x(t+\Delta t)-x(t)}{\Delta t} \in \mathscr{B}(\mathbf{R},X).$$

由此,很自然地要问:是否成立 $\dfrac{\mathrm{d}x(t)}{\mathrm{d}t}=x'(t)$? 为此,需要讨论空间 X 与空间 $\mathscr{B}(\mathbf{R},X)$ 的关系.

设 $A:\mathbf{R}\to X$ 是有界线性算子,则对一切 $t\in\mathbf{R}$,有

$$A(t) = A(t\cdot 1) = tA(1).$$

当 A 给定后,$A(1)$ 是 X 中一确定元素. 容易证明 $\|A\|=\|A(1)\|$. 可见,算子 A 作用在 t 上是向量 $A(1)$ 乘 t 的结果. 反之,对任一 $x_0\in X$,令 $A(t)=tx_0$. 如此定义的算子 $A\in\mathscr{B}(\mathbf{R},X)$,且 $\|A\|=\|x_0\|$. 因而 X 与 $\mathscr{B}(\mathbf{R},X)$ 是等距同构的.

下面讨论抽象函数的 Riemann 积分,它是数学分析中 Riemann 积分的推广.

设 X 为实线性赋范空间,$x:I=[a,b]\to X$ 为一抽象函数,作区间 I 上的划分 $T:a=t_0<t_1<\cdots<t_n=b$. 任取 $\xi_i\in[t_{i-1},t_i]$,构造和 $S(T) = \sum_{i=1}^{n}x(\xi_i)(t_i-t_{i-1})$,

称 $S(T)$ 是 Riemann 和.

记 $\omega(T)=\max\limits_{1\leqslant i\leqslant n}|t_i-t_{i-1}|$,若 $\lim\limits_{\omega(T)\to 0}S(T)=\lim\limits_{\omega(T)\to 0}\sum\limits_{i=1}^{n}x(\xi_i)(t_i-t_{i-1})=J$,则称 $x(t)$ 在区间 I 上 Riemann 可积,简称(R)可积,而 J 称为 $x(t)$ 在 $[a,b]$ 上的(R)积分,记为 $J=\int_a^b x(t)\mathrm{d}t$.

也可用"ε-δ"的语言描述:若存在 $J\in X$,对任意的 $\varepsilon>0$,存在 $\delta>0$,对 I 上的任一分法 T,当 $\omega(T)<\delta$ 时,不论 ξ_i 怎样取法,总有 $\|S(T)-J\|<\varepsilon$,则称 $x(t)$ 在 I 上(R)可积.

容易证明,这种积分具有通常实函数定积分的有关性质,此处不再详述.

定理 7.9　设 X 为实 Banach 空间,$x(t)$ 在 $[a,b]$ 上连续,则 $x(t)$ 在 $[a,b]$ 上(R)可积.

证明　因 $x(t)$ 在 $[a,b]$ 上连续,类似于数学分析中的证明,$x(t)$ 在 $[a,b]$ 上必一致连续,即对任意给定的 $\varepsilon>0$,存在 $\delta=\delta(\varepsilon)>0$,当 $t',t''\in[a,b]$ 且 $|t'-t''|<\delta$ 时,有 $\|x(t')-x(t'')\|<\dfrac{\varepsilon}{3(b-a)}$.

设 T 是 $[a,b]$ 的一个划分且 $\omega(T)<\delta(\varepsilon)$,$T'$ 是 T 的加细,则 $\omega(T')<\delta(\varepsilon)$,由上式有

$$\|S(T)-S(T')\|<\frac{\varepsilon}{3}.\tag{7.11}$$

现取 $[a,b]$ 的一列划分 $\{T_n\}_{n=1}^{\infty}$,其中 T_{n+1} 是 T_n 的加细且 $\omega(T_n)\to 0(n\to\infty)$. 依(7.11)式,$\{S(T_n)\}_{n=1}^{\infty}$ 是 X 中的 Cauchy 序列. 由 X 的完备性,存在 $J\in X$,使得 $S(T_n)\to J(n\to\infty)$. 即存在 $N=N(\varepsilon)$,当 $n\geqslant N$ 时,有

$$\omega(T_n)<\delta(\varepsilon),\quad \|S(T_n)-J\|<\frac{\varepsilon}{3}.\tag{7.12}$$

设 T 是 $[a,b]$ 上的任一分划且 $\omega(T)<\delta(\varepsilon)$,记 T' 是 T 与 T_N 合成的 $[a,b]$ 的划分,则由(7.11)与(7.12)两式,有

$\|S(P)-J\|\leqslant\|S(T)-S(T')\|+\|S(T')-S(T_N)\|+\|S(T_N)-J\|<\varepsilon.$

因此 $x(t)$ 在 $[a,b]$ 上(R)可积.

以下设 X 是实 Banach 空间,$I=[a,b]$,$C(I,X)$ 是 I 到 X 的连续抽象函数的全体.

命题 7.6　设 $x\in C(I,X)$,则

$$\left\|\int_a^b x(t)\mathrm{d}t\right\|\leqslant\int_a^b\|x(t)\|\mathrm{d}t\leqslant(b-a)\max\limits_{t\in I}\|x(t)\|.$$

证明　因 $x(t)\in C(I,X)$,所以 $\|x(t)\|\in C[a,b]$,从而积分 $\int_a^b\|x(t)\|\mathrm{d}t$ 与 $\max\limits_{t\in I}\|x(t)\|$ 皆有意义. 设 $T:a=t_0<t_1<\cdots<t_n=b$,则有

$$\|S(T)\| = \Big\| \sum_{i=1}^{n} x(\xi_i)(t_i - t_{i-1}) \Big\| \leqslant \sum_{i=1}^{n} \| x(\xi_i) \| (t_i - t_{i-1}).$$

令 $\omega(T) \to 0$,则有

$$\Big\| \int_a^b x(t) \mathrm{d}t \Big\| \leqslant \int_a^b \| x(t) \| \mathrm{d}t \leqslant (b-a) \max_{t \in I} \| x(t) \|.$$

命题 7.7　设 $x_n \in C(I,X), x_n(t)$ 在 I 上一致收敛于 $x(t)$,则 $x(t) \in C(I,X)$ 且

$$\lim_{n \to \infty} \int_a^b x_n(t) \mathrm{d}t = \int_a^b x(t) \mathrm{d}t.$$

证明　显然 $x(t) \in C(I,X)$. 根据命题 7.6,

$$\Big\| \int_a^b [x_n(t) - x(t)] \mathrm{d}t \Big\| \leqslant (b-a) \max_{t \in I} \| x_n(t) - x(t) \| \to 0 \quad (n \to \infty).$$

即 $\lim\limits_{n \to \infty} \int_a^b x_n(t) \mathrm{d}t = \int_a^b x(t) \mathrm{d}t.$

命题 7.8　设 $x \in C(I,X)$,记 $y(t) = \int_a^t x(s) \mathrm{d}s (t \in I)$,则 $y(t)$ 在 I 上 F 可微分且 $\dfrac{\mathrm{d}}{\mathrm{d}t} y(t) = x(t)$.

注意,在 $[a,b]$ 端点的 F 导算子,类似于数学分析中左导数和右导数的定义.

证明　设 $t_0 \in I, \Delta t > 0$ 且 $t_0 + \Delta t \in I$,则有

$$\Big\| \frac{1}{\Delta t} [y(t_0 + \Delta t) - y(t_0)] - x(t_0) \Big\|$$

$$= \Big\| \frac{1}{\Delta t} \int_{t_0}^{t_0 + \Delta t} x(t) \mathrm{d}t - x(t_0) \Big\|$$

$$= \frac{1}{\Delta t} \Big\| \int_{t_0}^{t_0 + \Delta t} [x(t) - x(t_0)] \mathrm{d}t \Big\|$$

$$\leqslant \max_{t_0 \leqslant t \leqslant t_0 + \Delta t} \| x(t) - x(t_0) \| \to 0 \quad (\Delta t \to 0).$$

对于 $\Delta t < 0$,可类似证明. 故 $y(t)$ 在 I 上 F 可微分且 $\dfrac{\mathrm{d}}{\mathrm{d}t} y(t) = x(t)$.

下列结论是关于抽象函数微积分的基本定理.

定理 7.10　设 X 是实 Banach 空间,$x: (a,b) \subset \mathbf{R} \to X$ 在 (a,b) 上具有连续的 F 导映射,则

$$\int_c^d x'(s) \mathrm{d}s = x(d) - x(c),$$

其中 $[c,d] \subset (a,b)$ 且 $d-c < \infty$.

证明　设 $f \in X^*$,则由 f 的线性和连续性以及 f' 的性质,有

$$f\Big(\int_c^d x'(s) \mathrm{d}s \Big) = \int_c^d f(x'(s)) \mathrm{d}s = \int_c^d f'(x(s)) \mathrm{d}s$$

$$= f(x(d)) - f(x(c)) = f(x(d) - x(c)).$$

由 f 的任意性知,

$$\int_c^d x'(s)\mathrm{d}s = x(d) - x(c).$$

下面介绍基本定理的一个应用.

设 X 是 Banach 空间,考虑 X 中的常微分方程初值问题

$$\begin{cases} \dfrac{\mathrm{d}x}{\mathrm{d}t} = f(t,x), \\ x(a) = x_0, \end{cases} \tag{7.13}$$

其中 $x\in C(I,X), I=[a,b], x_0\in X, D$ 是 X 中的有界开集,$f\in C(I\times D,X)$. 利用基本定理,容易验证问题(7.13)等价于下述积分方程

$$x(t) = x_0 + \int_a^t f(s,x(s))\mathrm{d}s. \tag{7.14}$$

将问题(7.13)转化成(7.14)式的好处是便于求近似解.

7.4　高　阶　微　分

1. n 线性算子

设 $X_1,X_2,\cdots,X_n,Y$ 是 $n+1$ 个实线性赋范空间.

定义 7.9　设 $A: X_1\times\cdots\times X_n\to Y$,如果对任意给定的 $(x_1,\cdots,x_{i-1},x_{i+1},\cdots,x_n)$, $A_i x=A(x_1,\cdots,x_{i-1},x,x_{i+1},\cdots,x_n)$ 是 X_i 到 Y 的线性算子 $(i=1,2,3,\cdots,n)$, 则称 A 为 n 线性算子.

此外,若存在 $M>0$,满足

$$\|A(x_1,\cdots,x_n)\| \leqslant M\|x_1\|\cdots\|x_n\|, \tag{7.15}$$

则称 A 是有界 n 线性算子. 满足(7.15)式的最小数 M 称为算子 A 的范数,记为 $\|A\|$. 容易证明 $\|A\| = \sup\limits_{\|x_1\|\leqslant 1,\cdots,\|x_n\|\leqslant 1}\|A(x_1,\cdots,x_n)\|$.

记 $\mathscr{B}(X_1,\cdots,X_n;Y)$ 是从 $X_1\times\cdots\times X_n$ 到 Y 的全体有界 n 线性算子,按通常的算子加法,数乘及上述算子范数,也构成实线性赋范空间. 若 Y 是 Banach 空间,则 $\mathscr{B}(X_1,\cdots,X_n;Y)$ 也为 Banach 空间. 特别地,当 $X_1=\cdots=X_n=X$ 时,记

$$\mathscr{B}_1(X,Y) = \mathscr{B}(X,Y), \mathscr{B}_2(X,Y) = \mathscr{B}(X,\mathscr{B}_1(X,Y)),\cdots,$$

$$\mathscr{B}_n(X,Y) = \mathscr{B}(X,\mathscr{B}_{n-1}(X,Y)).$$

下面讨论 $\mathscr{B}(X_1,\cdots,X_n;Y)$ 与 $\mathscr{B}_n(X,Y)$ 的关系.

定理 7.11　空间 $\mathscr{B}(\overbrace{X,\cdots,X}^{n};Y)$ 与空间 $\mathscr{B}_n(X,Y)$ 等距同构.

证明　仅证 $n=2$ 的情形. 一般情形可由归纳法得到.

首先建立 $\mathscr{B}(X,X;Y)$ 到 $\mathscr{B}_2(X,Y)$ 之间的一个一一对应. 任取 $A\in\mathscr{B}(X,X;Y)$,对任意的 $x\in X$,记 $(\cdot,x)$,则 $A_x\in\mathscr{B}(X,Y)(x\in X)$. 令 $Bx=A_x(x\in X)$. 因

$A(x_1,x_2)$是双线性的,所以 B 是 X 到 $\mathscr{B}(X,Y)$ 的线性算子. 由

$$\|Bx\| = \|A_x\| = \sup_{\|y\|=1}\|A(x,y)\| \leqslant \|A\|\|x\|,$$

得 $B \in \mathscr{B}_2(X,Y)$ 且

$$\|B\| \leqslant \|A\|. \tag{7.16}$$

定义 A 对应 B,则不难验证 $\mathscr{B}(X,X;Y)$ 到 $\mathscr{B}_2(X,Y)$ 的这种对应是一对一的. 下面证明这种对应是满对应.

任取 $B \in \mathscr{B}_2(X,Y) = \mathscr{B}(X,\mathscr{B}(X,Y))$. 令

$$A(x,y) = (Bx)y \quad (x,y \in X),$$

则 A 是双线性算子且

$$\|A(x,y)\| = \|(Bx)y\| \leqslant \|Bx\|\|y\| \leqslant \|B\|\|x\|\|y\|,$$

即 $A \in \mathscr{B}(X,X;Y)$ 且

$$\|A\| \leqslant \|B\|. \tag{7.17}$$

此时,$(Bx)(\cdot) = A(x,\cdot)$,即在上述对应下,A 对应于 B.

其次,不难验证这种对应是线性的.

最后,由(7.16),(7.17)两式知,这种对应是等距的. 因此,$\mathscr{B}(X,X;Y)$ 与 $\mathscr{B}_n(X,Y)$ 等距同构.

2. 高阶微分

定义 7.10 设 X,Y 为实线性赋范空间,Ω 是开集,$T:\Omega \subset X \to Y$. T 在 Ω 上 F 可微分(G 可微分),$x_0 \in \Omega$. 如果 T 的 F 导映射 DT(G 导映射 dT)在 x_0 处仍 F 可微分(G 可微分). 则称 T 在 x_0 处二阶 F 可微分(二阶 G 可微分),我们把 $D^2T = D(DT)$ 记为 T 的二阶 F 导映射,$d^2T = d(dT)$ 记为 T 的二阶 G 导映射.

符号 $D^2T(x_0)(h_1,h_2)$ 表示 $D[(DT)(x_0)h_1]h_2$,$d^2T(x_0)(h_1,h_2)$ 表示 $d[(dT)(x_0)h_1]h_2$. 不难看出:

(1) $D^2T(x_0)(h_1,h_2)$ 关于 (h_1,h_2) 是有界双线性的;

(2) $D^2T(x_0):X \times X \to Y$,$D^2T:D(D^2T) \subset \Omega \subset X \to \mathscr{B}(X,X;Y)$.

同样,可归纳地定义 n 阶微分 $D^nT(x_0)(h_1,\cdots,h_n) = D[D^{n-1}T(x_0)(h_1,\cdots,h_{n-1})]h_n$,且 $D^nT(x_0)(h_1,\cdots,h_n)$ 关于 $(h_1,\cdots,h_n)$ 是有界 n 线性的,即

$$D^nT(x_0) \in \mathscr{B}(\overbrace{X,\cdots,X}^{n};Y), \quad D^nT:X \to \mathscr{B}(\overbrace{X,\cdots,X}^{n};Y).$$

类似地 $d^nT(x_0)(h_1,\cdots,h_n) = d[d^{n-1}T(x_0)(h_1,\cdots,h_{n-1})]h_n$.

例 7.7 考虑 Hammerstein 积分算子

$$(Tx)(t) = \int_a^b k(t,s)g(s,x(s))\mathrm{d}s,$$

其中核函数 $k(t,s)$ 在正方形 $a \leqslant t,s \leqslant b$ 上连续,$g(u,v)$ 在 $a \leqslant u \leqslant b$, $-\infty < v < -\infty$

上连续，$g''_{vv}(u,v)$ 在这一区域上一致连续. 证明 T 在全空间上二阶 F 可微分.

证明　事实上，由例 7.4 知，对任意给定的 $h\in C[a,b]$，有

$$DT(x)h = \int_a^b k(t,s)g'_v(s,x(s))h(s)\mathrm{d}s.$$

如果记 $k_1(t,s)=k(t,s)h(s)$，则 $k_1(t,s)$ 满足例 7.4 中 $k(t,s)$ 的条件，再由已知条件，$g''_{vv}(s,x(s))$ 在所给区域上一致连续，因此

$$D(DT(x)h)k = \int_a^b k(t,s)g''_{vv}(s,x(s))h(s)k(s)\mathrm{d}s,$$

即

$$D^2T(x)(h,k) = \int_a^b k(t,s)g''_{vv}(s,x(s))h(s)k(s)\mathrm{d}s.$$

对高阶微分，应该注意到 $D^nT(x_0)(h_1,\cdots,h_n)$ 关于 $(h_1,\cdots,h_n)$ 有一个次序问题. 我们仅考虑 F 微分情形.

定理 7.12　设 X,Y 为实线性赋范空间，Ω 是开集，$T:\Omega\subset X\to Y$，$x_0\in\Omega$，T 在 x_0 处 n 阶 F 可微分，则

$$D^nT(x_0)(h_1,\cdots,h_n) = D^nT(x_0)(h_{p(1)},\cdots,h_{p(n)}),$$

其中 $(p(1),\cdots,p(n))$ 是 $(1,\cdots,n)$ 的任一排列.

证明　仅证 $n=2$ 的情形，即证明 $D^2T(x_0)(h,k)=D^2T(x_0)(k,h)$.

由 $D^2T(x_0)(h,k)$ 的双齐次性，即 $D^2T(x_0)(th,sk)=tsD^2T(x_0)(h,k)$，不失一般性，假定存在 $r>0$，$\|h\|=\|k\|\leqslant r$ 且 $x_0+sh+tk\in\Omega(0\leqslant s,t\leqslant1)$. 令

$$\varphi(t) = T(x_0+th+k)-T(x_0+th),$$
$$\psi(t) = T(x_0+h+tk)-T(x_0+tk).$$

则 $\varphi,\psi:[0,1]\to Y$. 经计算得

$$\varphi(1)-\varphi(0) = \psi(1)-\psi(0)$$
$$= T(x_0+h+k)-T(x_0+h)-T(x_0+k)+T(x_0),$$
$$\varphi'(t) = [DT(x_0+th+k)-DT(x_0+th)]h$$
$$= [DT(x_0+th+k)-DT(x_0)]h-[DT(x_0+th)-DT(x_0)]h,$$
$$\psi'(t) = [DT(x_0+h+tk)-DT(x_0+tk)]k$$
$$= [DT(x_0+h+tk)-DT(x_0)]k-[DT(x_0+tk)-DT(x_0)]k.$$

而

$$DT(x_0+th+k)-DT(x_0) = D^2T(x_0)(th+k)+o(th+k),$$
$$DT(x_0+th)-DT(x_0) = D^2T(x_0)(th)+o(th).$$

所以

$$\varphi'(t) = D^2T(x_0)(h,k)+[o(th+k)+o(th)]h,$$

其中 $o(h)$ 表示 $\dfrac{1}{\|h\|}\|o(h)\|\to0(\|h\|\to0)$.

类似地,可得
$$\psi'(t) = D^2T(x_0)(k,h) + [o(h+tk) + o(tk)]k.$$
对任意给定的 $e \in Y^*$,由 Lagrange 公式,分别存在 $\tau_1, \tau_2 \in (0,1)$,使
$$(e, \varphi(1) - \varphi(0)) = (e, \varphi'(\tau_1)),$$
$$(e, \psi(1) - \psi(0)) = (e, \psi'(\tau_2)).$$
因 $\varphi(1) - \varphi(0) = \psi(1) - \psi(0)$,所以有
$$(e, D^2T(x_0)(k,h)) + (e, [o(\tau_1 h + k) + o(\tau_1 h)]h)$$
$$= (e, D^2T(x_0)(h,k)) + (e, [o(h + \tau_2 k) + o(\tau_2 k)]k),$$
用 $\lambda h, \lambda k$ 分别代替 h, k,则有
$$(e, D^2T(x_0)(k,h)) - (e, D^2T(x_0)(h,k))$$
$$= \frac{1}{\lambda}(e, o(\lambda h + \lambda \tau_2 k)k + o(\lambda \tau_1 h + \lambda k)h + o(\lambda \tau_1 h)h + o(\lambda \tau_2 k)k) \to 0 \quad (\lambda \to 0),$$
故
$$(e, D^2T(x_0)(k,h)) - (e, D^2T(x_0)(h,k)) = 0,$$
由 e 的任意性,$D^2T(x_0)(k,h) = D^2T(x_0)(h,k)$.

G 可微分的算子一般与次序有关,此处不再深入讨论.

由定理 7.12,记 $D^nT(x)(h, \cdots, h) = D^nT(x)h^n$. 下列结果是数学分析中 Taylor 公式的推广.

定理 7.13(Taylor 公式)　设 X, Y 为实线性赋范空间,$T \in C^{n+1}(\Omega, Y)$,即 T 有连续的 $n+1$ 阶 F 导映射,其中 Ω 是 X 中的凸开集. 则对于任意的 $x_0 \in \Omega$ 及 $h \in X$,当 $x_0 + h \in \Omega$ 时,有
$$T(x_0 + h) = Tx_0 + DT(x_0)h + \cdots + \frac{1}{n!}D^nT(x_0)h^n$$
$$+ \frac{1}{n!}\int_0^1 (1-t)^n D^{n+1}T(x_0 + th)h^{n+1}dt.$$

证明　作抽象函数
$$V(t) = T(x_0 + th) + (1-t)DT(x_0 + th)h + \cdots + \frac{(1-t)^n}{n!}D^nT(x_0 + th)h^n,$$
对给定的 x_0 与 h,因 Ω 是 X 中的凸开集,所以存在 $\alpha_h > 0$,使得 V 在 $(-\alpha_h, 1+\alpha_h)$ 上有定义. 这样,$V \in C^1([0,1], Y)$,因此,
$$V(1) - V(0) = \int_0^1 \frac{dV}{dt}dt = \frac{1}{n!}\int_0^1 (1-t)^n D^{n+1}T(x_0 + th)h^{n+1}dt.$$

7.5　隐函数定理与反函数定理

数学分析中,反函数定理在讨论非线性函数方程解的存在性、唯一性、解的连

续性及可微性等方面具有重要作用. 数学物理中的一些非线性问题,常常需要研究隐式方程 $F(x,\lambda)=0$ 的分歧理论,隐函数定理是研究分歧理论的重要工具. 本节将把隐函数定理推广到 Banach 空间的算子方程,特别地,得到反函数定理.

设 X,Y,Z 是 Banach 空间. Ω 是乘积空间 $X\times Y$ 中的开集. $F:\Omega\to Z$. 考察方程

$$F(x,y)=0. \tag{7.18}$$

如果 $(x_0,y_0)\in\Omega$,使

$$F(x_0,y_0)=0, \tag{7.19}$$

那么在什么条件下,在初值 (x_0,y_0) 附近,由方程(7.18)可唯一确定算子 T,使得 $y=Tx$,且 $y_0=Tx_0$? 换句话说,求定义在 x_0 的某个邻域内的算子 T,它满足方程 $F(x,Tx)\equiv0$,且 $y_0=Tx_0$.

定理 7.14(隐函数定理)　设 X,Y,Z 是 Banach 空间,Ω 是乘积空间 $X\times Y$ 中的开集,$F(x,y)$ 在点 $(x_0,y_0)\in X\times Y$ 的某邻域内连续,对固定的 $x,F(x,y)$ 关于 y 的导算子(Fréchet 导算子)$F_y'(x,y)$ 存在,且 $F_y'(x,y)$ 在点 (x_0,y_0) 连续. 如果 $F_y'(x_0,y_0):Y\to Z$ 具有有界的逆($F_y'(x_0,y_0)$ 是 Y 与 Z 间的同胚映射),则存在 $r>0$,$\tau>0$,使得当 $\|x-x_0\|<r$ 时,方程(7.18)在 $\|y-y_0\|<\tau$ 内有唯一解 $y=Tx$,$y_0=Tx_0$,且 Tx 在球 $\|x-x_0\|<r$ 内连续.

证明　由假定,存在 $\delta>0,\tau>0$,使当 $\|x-x_0\|<\delta,\|y-y_0\|<\tau$ 时,$F(x,y)$ 连续,且有

$$\|F_y'(x,y)-F_y'(x_0,y_0)\|<\frac{1}{2M}, \tag{7.20}$$

其中 $M=\|[F_y'(x_0,y_0)]^{-1}\|$. 又由 $F(x,y_0)$ 的连续性,存在 $0<r\leqslant\delta$,使当 $\|x-x_0\|<r$ 时,有

$$\|F(x,y_0)\|=\|F(x,y_0)-F(x_0,y_0)\|<\frac{\tau}{2M}. \tag{7.21}$$

设 x 满足 $\|x-x_0\|<r$,并把 x 固定,令

$$\Phi(x,y)=y-[F_y'(x_0,y_0)]^{-1}F(x,y).$$

显然,方程(7.18)的解 y 等价于 Φ 在 Y 中的不动点. 因此,只需证明 Φ 在球 $\|y-y_0\|<\tau$ 中有唯一不动点.

由(7.20)式和(7.21)式,当 $\|y-y_0\|\leqslant\tau$ 时,

$$\begin{aligned}\|\Phi_y'(x,y)\|&=\|I-[F_y'(x_0,y_0)]^{-1}F_y'(x,y)\|\\&\leqslant\|[F_y'(x_0,y_0)]^{-1}\|\|F_y'(x_0,y_0)-F_y'(x,y)\|\\&<M\frac{1}{2M}=\frac{1}{2}.\end{aligned} \tag{7.22}$$

于是,利用定理 7.5,当 $\|y_1-y_0\|\leqslant\tau,\|y_2-y_0\|\leqslant\tau$ 时,有

$$\|\varPhi(x,y_2)-\varPhi(x,y_1)\| \leqslant \|\varPhi'_y(x,y_1+\theta(y_2-y_1))(y_2-y_1)\|$$

$$\leqslant \|\varPhi'_y(x,y_1+\theta(y_2-y_1))\|\|y_2-y_1\| \tag{7.23}$$

$$\leqslant \frac{1}{2}\|y_2-y_1\|,$$

其中 $0<\theta<1$. 故 $\varPhi$ 是压缩映射.

由(7.21)式,(7.22)式和(7.23)式,当 $\|y-y_0\|\leqslant\tau$ 时,有

$$\|\varPhi(x,y)-y_0\| \leqslant \|\varPhi(x,y)-\varPhi(x,y_0)\|+\|\varPhi(x,y_0)-y_0\|$$

$$= \|\varPhi(x,y)-\varPhi(x,y_0)\|+\|[F'_y(x_0,y_0)]^{-1}F(x,y_0)\|$$

$$< \frac{1}{2}\|y-y_0\|+M\frac{\tau}{2M}\leqslant\tau.$$

因此,映射 $\varPhi$ 将闭球 $\|y-y_0\|\leqslant\tau$ 映入开球 $\|y-y_0\|<\tau$;根据压缩映像原理,$\varPhi$ 在 $\|y-y_0\|\leqslant\tau$ 中有唯一不动点 $y=Tx$,此不动点属于开球 $\|y-y_0\|<\tau$,且明显有 $y_0=Tx_0$.

最后证明 $y=Tx$ 在 $\|x-x_0\|<r$ 连续. 设 $\|x_1-x_0\|<r$,$\|x_2-x_0\|<r$,令 $y_1=Tx_1$,$y_2=Tx_2$,则由(7.23)式知

$$\|y_1-y_2\| = \|\varPhi(x_2,y_2)-\varPhi(x_1,y_1)\|$$

$$\leqslant \|\varPhi(x_2,y_2)-\varPhi(x_2,y_1)\|+\|\varPhi(x_2,y_1)-\varPhi(x_1,y_1)\|$$

$$\leqslant \frac{1}{2}\|y_1-y_2\|+\|[F'_y(x_0,y_0)]^{-1}[F(x_1,y_1)-F(x_2,y_1)]\|,$$

故

$$\|Tx_2-Tx_1\| = \|y_2-y_1\|\leqslant 2M\|F(x_1,y_1)-F(x_2,y_1)\|. \tag{7.24}$$

根据 $F(x,y)$ 的连续性知,当 $x_2\to x_1$ 时,有 $Tx_2\to Tx_1$.

为了证明隐函数的可微性定理,给出 $I-T$ 逆算子的范数估计式.

引理　设 X 为 Banach 空间,$T\in B(X)$ 且 $\|T\|<1$,则 $I-T$ 有有界的逆算子且

$$\|(I-T)^{-1}\|\leqslant\frac{1}{1-\|T\|}.$$

引理的证明见《实变函数与泛函分析概要》(郑维行,王声望　1989).

定理 7.15　在定理 7.14 的条件下,进一步假设在 (x_0,y_0) 的某邻域内,F 导算子 $F'_x(x,y)$ 与 $F'_y(x,y)$ 都存在且连续,则可取 $r>0$,$\tau>0$,使定理7.14结论中的 $y=Tx$ 在 $\|x-x_0\|<r$ 中具有连续的 F 导算子 $T'(x)$,且成立

$$T'(x) = -[F'_y(x,Tx)]^{-1}F'_x(x,Tx). \tag{7.25}$$

证明　由定理 7.14,存在连续映射 $T:B(x_0,r)\to B(y_0,\tau)$,当 $x\in B(x_0,r)$ 时,

$$F(x,Tx)=\theta. \tag{7.26}$$

设 $x, x+h \in B(x_0, r)$，则 $Tx, T(x+h) \in B(y_0, \tau)$，于是
$$F(x+h, T(x+h)) = \theta. \tag{7.27}$$
记 $t = T(x+h) - Tx$，由 (7.26) 式、(7.27) 式及导算子的定义，有

$$\theta = F(x+h, Tx+t) - F(x, Tx)$$

$$= F(x+h, Tx+t) - F(x, Tx+t) + F(x, Tx+t) - F(x, Tx)$$

$$= F'_x(x, Tx+t)h + F'_y(x, Tx)t + o(\|h\|) + o(\|t\|).$$

由于 $F'_x(x, y)$ 和 Tx 都连续，当 $\|h\| \to 0$ 时，$\|t\| \to 0$，因此
$$F'_x(x, Tx+t)h = F'_x(x, Tx)h + o(\|h\|),$$
由此，得到
$$F'_x(x, Tx)h + F'_y(x, Tx)t = o(\|h\|) + o(\|t\|).$$

对任意给定的 $x \in B(x_0, r)$ 和任意给定的 $\varepsilon > 0$，存在 $\eta > 0$，当 $\|h\| < \eta$ 时，有
$$\|F'_x(x, Tx)h + F'_y(x, Tx)t\| \leqslant \varepsilon(\|h\| + \|t\|). \tag{7.28}$$

令 $G(x, y) = y - [F'_y(x_0, y_0)]^{-1} F(x, y)$，则对 $x \in B(x_0, r)$，$y \in B(y_0, \tau)$，根据 (7.22) 式，
$$\|I - [F'_y(x_0, y_0)]^{-1} F'_y(x, y)\| < 1, \tag{7.29}$$
所以由引理可知，$[F'_y(x_0, y_0)]^{-1} F'_y(x, y)$ 存在有界逆，从而 $[F'_y(x, Tx)]^{-1}$ 存在且有界线性，由 (7.28) 式，有
$$\|t + [F'_y(x, Tx)]^{-1} F'_x(x, Tx)h\| \leqslant \varepsilon \|[F'_y(x, Tx)]^{-1}\| (\|h\| + \|t\|). \tag{7.30}$$

取 ε 足够小，使得 $\varepsilon [F'_y(x, Tx)]^{-1} \leqslant \dfrac{1}{2}$，记 $M = 2\|[F'_y(x, Tx)]^{-1} F'_x(x, Tx)\| + 1$，则由 (7.30) 式，得

$$\|t\| - \frac{M-1}{2}\|h\| \leqslant \frac{1}{2}(\|t\| + \|h\|),$$

即 $\|t\| \leqslant M\|h\|$，在 (7.30) 式中，代入 $t = T(x+h) - Tx$，当 $\|h\| < \eta$ 时，有

$$\|T(x+h) - Tx + [F'_y(x, Tx)]^{-1} F'_x(x, Tx)h\|$$

$$\leqslant \varepsilon(M+1)\|[F'_y(x, Tx)]^{-1}\| \|h\|.$$

由此可知，Tx 在 $\|x - x_0\| < r$ 中有导算子 $T'(x)$，且成立
$$T'(x) = -[F'_y(x, Tx)]^{-1} F'_x(x, Tx), \tag{7.31}$$
由定理假设及 (7.31) 式得，$T'(x)$ 连续.

注　若 $X = \mathbf{R}^n, Y = \mathbf{R}^m, Z = \mathbf{R}^m, x = (x_1, \cdots, x_n), y = (y_1, \cdots, y_m), F(x, y) = (F_1, F_2, \cdots, F_m)$. 则方程 (7.18) 相当于函数方程组

$$F_i(x_1,\cdots,x_n,y_1,\cdots,y_m)=0 \quad (i=1,2,\cdots,m). \tag{7.32}$$

初始条件(7.19)式相当于

$$F_i(x_1^{(0)},\cdots,x_n^{(0)},y_1^{(0)},\cdots,y_m^{(0)})=0 \quad (i=1,2,\cdots,m),$$

这里 $x_0=(x_1^{(0)},\cdots,x_n^{(0)}), y_0=(y_1^{(0)},\cdots,y_m^{(0)})$.

由例 7.3 知,导算子 $F_y'(x_0,y_0)$ 相当于从 $h=(h_1,\cdots,h_m)$ 到 $z=(z_1,\cdots,z_m)$ 的线性变换

$$\begin{bmatrix} z_1 \\ \vdots \\ z_m \end{bmatrix} = \begin{bmatrix} \dfrac{\partial F_1}{\partial y_1}\Big|_{(x_0,y_0)} & \cdots & \dfrac{\partial F_1}{\partial y_m}\Big|_{(x_0,y_0)} \\ \vdots & & \vdots \\ \dfrac{\partial F_m}{\partial y_1}\Big|_{(x_0,y_0)} & \cdots & \dfrac{\partial F_m}{\partial y_m}\Big|_{(x_0,y_0)} \end{bmatrix} \begin{bmatrix} h_1 \\ \vdots \\ h_m \end{bmatrix}.$$

因此 $F_y'(x_0,y_0)$ 具有有界逆,相当于在点 $(x_1^{(0)},\cdots,x_n^{(0)},y_1^{(0)},\cdots,y_m^{(0)})$ 的函数行列式

$$\frac{D(F_1,F_2,\cdots,F_m)}{D(y_1,\cdots,y_m)} = \begin{vmatrix} \dfrac{\partial F_1}{\partial y_1} & \cdots & \dfrac{\partial F_1}{\partial y_m} \\ \vdots & & \vdots \\ \dfrac{\partial F_m}{\partial y_1} & \cdots & \dfrac{\partial F_m}{\partial y_m} \end{vmatrix}$$

不等于零.

这时定理 7.14 与定理 7.15 就是数学分析中的隐函数定理. 因此,定理 7.14 与定理 7.15 是数学分析中的隐函数定理在一般 Banach 空间中算子方程的推广.

作为隐函数定理的特例,给出下面的反函数定理.

定理 7.16(反函数定理)　设 X,Y 是 Banach 空间,设 $x_0 \in D, D$ 是 X 中的开集. $T:D \to Y$ Fréchet 可微,$T'(x)$ 在点 x_0 处连续且 $T'(x_0)$ 具有有界逆(即 $T'(x_0)$ 是 X 与 Y 的同胚映像),则 T 在点 x_0 处局部同胚(即存在 x_0 的邻域 $U(x_0)$ 及 $y_0=Tx_0$ 的邻域 $V(y_0)$,使 T 在 $U(x_0)$ 上的限制是 $U(x_0)$ 到 $V(y_0)$ 的同胚映像).

证明　令 $F(x,y)=Tx-y$,则 $F:D \times Y \to Y$ 连续,$F_x'(x,y)=T'(x)$,且对任意 $(x,y) \in D \times Y, F_y'(x,y)=-I$. 由假定 $F_x'(x_0,y_0)=T'(x_0)$ 具有有界逆. 于是根据定理 7.14,存在 $r>0, \tau>0$,使得当 $\|y-y_0\|<r$ 时,方程 $F(x,y)=0$(即方程 $Tx=y$)在 $\|x-x_0\|<\tau$ 中具有唯一的解 $x=\varphi(y)$,且 $\varphi(y)$ 在 $\|y-y_0\|<r$ 内连续. 用 $B(y_0,r)$ 表示球 $\|y-y_0\|<r, B(x_0,\tau)$ 表示球 $\|x-x_0\|<\tau$,令 $U(x_0)=\varphi(B(y_0,r))$. 显然 $U(x_0)=T^{-1}(B(y_0,r)) \bigcap B(x_0,\tau)$,由于 T 是 Fréchet 可微的,必连续,从而开集 $B(y_0,r)$ 的逆映像 $T^{-1}(B(y_0,r))$ 是 D 中的开集,即是 X 中的开集,从而 $U(x_0)$ 是 X 中的开集,即是 x_0 的一个邻域. 显然 T 在 $U(x_0)$ 上的限制使 $U(x_0)$ 与 $B(y_0,r)$ 一一对应,并且 T 在 $U(x_0)$ 上连续,$T^{-1}=\varphi$ 在 $B(y_0,r)$ 上连续,即 T 是

$U(x_0)$ 与 $B(y_0,r)$ 间的同胚映像,记 $V(g_0)=B(y_0,r)$.

推论　在定理 7.16 的条件下,若再设 $T'(x)$ 在 D 中连续,那么 $T(x)$ 在 x_0 处局部微分同胚(即存在 x_0 的邻域 $U(x_0)$ 及 $y_0=T(x_0)$ 的邻域 $V(y_0)$,使 T 在 $U(x_0)$ 上的限制是 $U(x_0)$ 与 $V(y_0)$ 间的同胚映像,并且 T 在 $U(x_0)$ 具有连续的 F 导算子,T^{-1} 在 $V(y_0)$ 上也具有连续的 F 导算子).

例 7.8　考察非线性 Hammerstein 积分方程

$$x(t)=\lambda\int_a^b k(t,s)g(s,x(s))\mathrm{d}s, \tag{7.33}$$

其中核函数 $k(t,s)$ 在正方形 $a\leqslant t,s\leqslant b$ 上连续,$g(u,v),g_v'(u,v)$ 在 $a\leqslant u\leqslant b,-r<v<-r$ 上连续,r 表示某正数,λ 是参数,又 $\forall u\in[a,b],g(u,0)\equiv 0$. 显然对任何 $\lambda,x(t)\equiv 0$ 都是(7.33)式的解. 下面证明:若 $\lambda_0\neq 0$ 不是线性积分方程

$$x(t)=\lambda\int_a^b k(t,s)g_v'(s,0)x(s)\mathrm{d}s \tag{7.34}$$

的特征值,那么必存在 $\sigma>0,\tau>0(\tau<r)$,使得当 $|\lambda-\lambda_0|<\sigma$ 时,方程(7.33)式除零解($x(t)\equiv 0$)外没有满足 $|x(t)|<\tau(\forall t\in[a,b])$ 的其他连续解.

证明　定义算子 A 为

$$(Ax)(t)=\int_a^b k(t,s)g(s,x(s))\mathrm{d}s. \tag{7.35}$$

取 $0<s<r$,用 D 表示 $C[a,b]$ 中的球 $\{x\mid\|x\|<s\}$. 由例 7.4 知 $A:D\to C[a,b]$ 在 D 中每一点 x_0 处 F 可微,并且

$$A'(x_0)h=\int_a^b k(t,s)g_v'(s,x_0(s))h(s)\mathrm{d}s. \tag{7.36}$$

由函数 $g_v'(u,v)$ 在闭矩形区域上连续,则当 $\|x-x_0\|\to 0$ 时,有

$$\|A'(x)-A'(x_0)\|\to 0,$$

即 $A'(x)$ 在 D 内连续. 令 $F(\lambda,x)=x-\lambda Ax$,显然方程(7.33)的解相当于方程

$$F(\lambda,\varphi)=0 \tag{7.37}$$

的解. 显然 $F:\mathbf{R}\times D\to C[a,b]$ 连续,F 可微(关于 x)且 $F_x'(\lambda,x)=I-\lambda A'(x)$ 连续. 由假定,λ_0 不是线性积分方程(7.34)的特征值,即 $F_x'(\lambda_0,\theta)=I-\lambda_0 A'(\theta)$ 具有有界逆 $[F_x'(\lambda_0,\theta)]^{-1}=[I-\lambda_0 A'(\theta)]^{-1}$. 于是根据隐函数定理 7.14,存在 $\sigma>0,\tau>0$ ($\tau<r$),使当 $|\lambda-\lambda_0|<\sigma$ 时,方程(7.37)在 $\|x\|<\tau$ 内具有唯一解. 但已知 $\varphi=\theta$ 恒是解,故此唯一解就是零解 $\varphi=\theta$.

例 7.9　考察方程组

$$y_i=f_i(x_1,\cdots,x_n)\quad(i=1,2,\cdots,n), \tag{7.38}$$

其中多元函数 f_i 在点 $x_0=(x_1^{(0)},\cdots,x_n^{(0)})$ 的某邻域内具有连续的一阶偏导数. 记 $y=(y_1,\cdots,y_n),x=(x_1,\cdots,x_n),f=(f_1,\cdots,f_n)$. 将方程组(7.38)写成 $y=f(x)$,

若在点 $x_0 = (x_1^{(0)}, \cdots, x_n^{(0)})$ 的 Jacobi 行列式

$$\frac{D(f_1, \cdots, f_n)}{D(x_1, \cdots, x_n)} = \begin{vmatrix} \dfrac{\partial f_1}{\partial x_1} & \cdots & \dfrac{\partial f_1}{\partial x_n} \\ \vdots & & \vdots \\ \dfrac{\partial f_n}{\partial x_1} & \cdots & \dfrac{\partial f_n}{\partial x_n} \end{vmatrix} \neq 0,$$

则 $f(x)$ 在点 x_0 处局部微分同胚.

事实上,由例 7.3 知,f 在 x_0 的某邻域中 Fréchet 可微,并且 $z = f'(x)h$ 相当于

$$\begin{pmatrix} z_1 \\ \vdots \\ z_n \end{pmatrix} = \begin{pmatrix} \dfrac{\partial f_1}{\partial x_1} & \cdots & \dfrac{\partial f_1}{\partial x_n} \\ \vdots & & \vdots \\ \dfrac{\partial f_n}{\partial x_1} & \cdots & \dfrac{\partial f_n}{\partial x_n} \end{pmatrix} \begin{pmatrix} h_1 \\ \vdots \\ h_n \end{pmatrix}. \tag{7.39}$$

由假设,各偏导数 $\dfrac{\partial f_i}{\partial x_j}$ 在 x_0 的某邻域内连续,则 $f'(x)$ 在 x_0 的某邻域内连续. 又 f 在 x_0 处的 Jacobi 行列式不为零,(7.39)式具有逆变换,即 $f'(x_0): \mathbf{R}^n \to \mathbf{R}^n$ 具有有界逆 $[f'(x_0)]^{-1}$. 于是由定理 7.16 的推论知,$f(x)$ 在点 x_0 处局部微分同胚.

习 题 7

1. 设算子 $T: l^2 \to l^2$ 定义如下:$\forall (x_1, x_2, x_3, \cdots) \in l^2$,
$$T(x_1, x_2, x_3, \cdots) = (x_1, x_2^2, x_3^3, \cdots),$$
证明对任何 $r > 1$,T 在 $\overline{B}(x_0, r)$ 上连续,但无界.

2. 证明空间 $C[a, b]$ 上的范数
$$\varphi(x) = \| x \| = \max_{a \leqslant t \leqslant b} | x(t) |$$
在 x 处 G 可微分当且仅当存在 $t_0 \in [a, b]$,使得 $| x(t_0) | = \| x \|$.

3. 设 X, Y 为实 Banach 空间,G 是 X 中的开集. 又设 $f: [a, b] \times G \to Y$ 连续且 F 偏导映射 $D_x f(t, x)$ 连续. 记
$$g(x) = \int_a^b f(t, x) \mathrm{d}t,$$
证明 g 在 G 上 F 可微且 $Dg(x) = \int_a^b D_x f(t, x) \mathrm{d}t$.

4. 设 X 为 Banach 空间,T 在 X 上具有连续的 F 微分且对任何 $t \in \mathbf{R}$ 和 $x \in X$,有 $T(tx) = tTx$. 证明 T 是线性的(实际上,$Tx = T'(\theta)x$).

5. 设 $X = \{u \mid u \in C[a, b], u(a) = u(b) = 0\}$,$k: [a, b] \times [a, b] \to \mathbf{R}$ 连续,且对称(即 $k(s, t) = k(t, s)$),定义积分算子
$$(Ku)(s) = u(s) \int_a^b k(s, t) u(t) \mathrm{d}t \quad (a \leqslant s \leqslant b, u \in X),$$

证明 $(Ku)(s)$ 在 X 上 F 可微,并写出它的 F 微分.

6. 设 $X=\{u \mid u$ 在 $[0,1]$ 上连续可微且 $u(a)=0,u(1)=0\}$. 讨论泛函

$$\varphi(x) = \int_0^1 ((x(t))^3 + (x'(t))^4)\mathrm{d}t \quad (x \in X)$$

高阶微分的存在性.

7. 设 X 为实 Banach 空间,算子 $T:\overline{B}(\theta,r) \to X$ 满足

(1) $\|Tx-Ty\| \leqslant L\|x-y\| (0 < L < 1)$;

(2) $\|T\theta\| \leqslant r(1-L)$.

证明存在唯一一点 $x \in \overline{B}(\theta,r)$,使得 $Tx=x$.

8. 设 X,Y 和 Z 为实线性赋范空间,U 是 $X \times Y$ 中的开集,算子 $T:U \to Z$ 在 $(x_0,y_0)(\in U)$ 处 F 可微分. 证明 T 在 (x_0,y_0) 处对 x 和 y 的偏导算子都存在且

$$DT(x_0,y_0)(x,y) = D_x T(x_0,y_0)x + D_y T(x_0,y_0)y.$$

9. 证明 Taylor 公式可写成下列形式

$$T(x_0 + h) = Tx_0 + DT(x_0)h + \cdots + \frac{1}{n!}D^n T(x_0)h^n + R(h),$$

其中余项有估计式

$$\|R(h)\| \leqslant \sup_{0 \leqslant t \leqslant 1} \frac{1}{n!} \|D^n T(x_0 + th) - D^n T(x_0)\| \|h\|^n,$$

且

$$R(h) = o(\|h\|^n).$$

第8章 泛函的极值

在自然科学和工程技术中,许多问题都归结为泛函的极值问题. 例如,早期的变分问题,主要把泛函的极值问题归于等价的微分方程求解. 随着变分方法的发展,逐步形成并发展成为变分学. 计算机技术的发展大大促进了泛函极值问题的研究. 很多复杂微分方程问题的求解又返回来由与它等价的变分问题作为出发点,通过离散,再用计算机求近似解,最典型的就是有限元方法. 对于优化问题,其基本内容是从各种可能解决问题的方案中选出最优的一种,这在科学技术的各个领域中具有重要的意义,例如,对于信号的数字特征,它们都是在信号空间中定义的各种泛函,信号或系统的优化问题,往往就是求这些泛函的极值问题.

在数学分析中已研究过函数的极值问题,泛函极值的概念与此类似.

8.1 泛函极值问题的引入

1. 两个泛函极值问题的经典例子

1) 捷线问题

在铅直平面中的不同高度上给定两个点 A 和 B,A 高于 B,设一质点在初速为零且仅受重力作用的情况下,沿光滑曲线由点 A 无摩擦地滑行到点 B,问光滑曲线具有什么样的形状,能使质点滑行的时间最短. 该问题在历史上被称为捷线问题.

为方便,在 A,B 两点所在平面上构建直角坐标系 (x,y),A 位于坐标系的原点,B 点的坐标为 (a,b),设所求的曲线用函数 $y(x)$ 表示,则 $y(x)$ 满足

$$y(x) = \begin{cases} 0, & x = 0, \\ b, & x = a. \end{cases} \tag{8.1}$$

设 $P(x,y)$ 为曲线上的任一点,质点在 P 点的速度为 v,质量为 m,则由能量守恒定理可得

$$\frac{1}{2}mv^2 = mgy.$$

由此求得 $v = \sqrt{2gy}$.

用 $\mathrm{d}s$ 表示曲线弧长的微分,由于 y 具有至少一阶连续导数,则

$$\mathrm{d}s = \sqrt{1 + y'^2}\,\mathrm{d}x.$$

因为 $v = \dfrac{\mathrm{d}s}{\mathrm{d}t}$，则通过 $\mathrm{d}x$ 所对应的弧长所需的时间可表示为

$$\mathrm{d}t = \frac{\sqrt{1 + y'^2}}{\sqrt{2gy}}\mathrm{d}x,$$

这样，质点从点 A 沿 $y(x)$ 滑到点 B 所需的总时间为

$$T[y] = \int_0^a \frac{\sqrt{1 + y'^2}}{\sqrt{2gy}}\mathrm{d}x. \tag{8.2}$$

由此可知，所需时间是 y 的函数. 所谓捷线问题，就是在所有满足条件 (8.1) 式的 $y(x)$ 中，寻找使 (8.2) 式中 T 取极小值的函数 $y(x)$，我们把所有满足条件 (8.1) 式的 $y(x)$ 所构成的集合记为 M，则

$$M = \{y(x)\,|\,y \in C^1[a,b], y(0) = 0, y(a) = b\},$$

于是 T 就是定义在 M 上的泛函. 因此，捷线问题归结为，在集合 M 中找一个函数 $y = y^*(x)$，使得泛函 T 在 $y = y^*(x)$ 取极小值，这可表示为

$$T[y^*] = \min T[y]. \tag{8.3}$$

2) 等周问题

在平面上，从长度为 l 的所有闭光滑曲线中求一条曲线，使该曲线所围区域的面积最大.

为此，构建直角坐标系 (x, y)，并设所求曲线的参数方程为

$$\begin{cases} x = x(t), \\ y = y(t) \end{cases} \quad (t_1 \leqslant t \leqslant t_2),$$

$x(t_1) = x(t_2), y(t_1) = y(t_2)$，并满足条件

$$\int_{t_1}^{t_2} \sqrt{x'^2 + y'^2}\,\mathrm{d}t = l. \tag{8.4}$$

由 Green 公式，曲线所围成的面积为

$$A = \frac{1}{2}\oint x\mathrm{d}y - y\mathrm{d}x = \frac{1}{2}\int_{t_1}^{t_2}(xy' - yx')\mathrm{d}t,$$

于是问题归结为求泛函

$$\begin{cases} J = \dfrac{1}{2}\displaystyle\int_{t_1}^{t_2}(xy' - yx')\mathrm{d}t, \\ x(t_1) = x(t_2), y(t_1) = y(t_2). \end{cases} \tag{8.5}$$

在等周条件

$$\int_{t_1}^{t_2}\sqrt{x'^2 + y'^2}\,\mathrm{d}t = l$$

下的极大值.

泛函的定义域是光滑的闭曲线，而求极大值的函数范围，则限制在其长度等于

l 的那一类函数中.

2. 泛函极值问题的提法

上面的两个例子是典型的两类泛函极值问题:捷线问题是无约束极值问题,等周问题则是约束极值问题.

下面我们给出泛函极值问题的一般提法.

设 X 是线性赋范空间,$D \subset X$,$f: D \to \mathbf{R}$ 为一实泛函. 求 $x^* \in D$,使得对任意 $x \in D$,有

$$f(x^*) \leqslant f(x) \tag{8.6}$$

或

$$f(x^*) = \min_{x \in D} f(x), \tag{8.7}$$

则称为泛函 f 在约束集合 D 中求极小值的问题,$f(x^*)$ 称为 f 在 D 上的极小值,x^* 称为 D 上的极小值点. 若将(8.6)式中的等号去掉,就称为严格极小值. 当 $D = X$ 时,就称为泛函的无约束极值问题.

类似地,也可以定义为求泛函 f 的极大值问题,它等价于求泛函 $-f$ 的极小值问题.

若有 $x^* \in D$,存在 $\varepsilon > 0$,使得对任意 $x \in B(x^*, \varepsilon) \bigcap D$,有

$$f(x^*) \leqslant f(x), \tag{8.8}$$

则称泛函 f 在 x^* 取局部极小值,x^* 称为 f 的局部极小点. 寻找这类极小值就称为泛函 f 的局部极小值问题.

由上述可知,泛函的极值问题与多元函数的极值问题类似.

8.2 泛函的无约束极值

如果泛函的变量只受容许函数空间和满足的边界条件限制,仍称为无约束极值问题. 这种泛函极值的理论比较简单和完整,下面给出简单表述.

1. 泛函极值及其必要条件

首先给出泛函取极值的必要条件.

定理 8.1 设 X 是实线性赋范空间,泛函 $f: \Omega \subset X \to \mathbf{R}$ 在点 $x_0 \in \Omega$ 处有 G 变分,且 f 在 x_0 处取局部极值,则对一切 $h \in X$,有 $\delta f(x_0)h = 0$.

证明 不妨设 f 在 x_0 处取极小值,于是,存在 x_0 的邻域 $U(x_0)$,使得当 $x \in U(x_0) \bigcap \Omega$ 时,有 $f(x_0) \leqslant f(x)$.

对任意 $h \in X$,由于 x_0 是 $U(x_0) \bigcap \Omega$ 的内点,存在 $\alpha > 0$,当 $|t| < \alpha$ 时,有 $x_0 + th \in U(x_0) \bigcap \Omega$,令

$$f_h(t) = f(x_0 + th), \quad |t| < \alpha,$$

则 $f_h(t) \geqslant f_h(0), |t| < \alpha.$ 即:实变量的实函数 $f_h(t)$ 在 $t=0$ 处取局部极小值. 因此,如果 $f'_h(0)$ 存在,必有 $f'_h(0)=0$. 注意到泛函 f 在点 $x_0 \in \Omega$ 处有 G 变分,即 $\delta f(x_0)h$ 存在,因此

$$f'_h(0) = \lim_{t \to 0} \frac{f_h(t) - f_h(0)}{t} = \lim_{t \to 0} \frac{f(x_0 + th) - f(x_0)}{t}$$
$$= \delta f(x_0)h,$$

即 $\delta f(x_0)h = f'_h(0) = 0$.

推论 假设泛函 f 在实线性赋范空间 X 上除满足定理 8.1 的条件外,f 在 x_0 处 G 可微,则 $\mathrm{d}f(x_0)=0$.

定义 8.1 设 f 是定义在实线性赋范空间 X 中子集 $D \subset X$ 上的泛函,若存在点 $x \in D$,对一切 $h \in X$,f 有 G 变分,且 $\delta f(x)h = 0$,则称 x 是 f 在 D 上的驻点.

由定理 8.1 可知,局部极值点必然是驻点.

2. Euler-Lagrange 方程

下面用上述理论讨论古典变分法中泛函取极值的必要条件的表达形式:Euler-Lagrange 方程,它把泛函取极值与微分方程密切联系起来,从而把求泛函的极值问题转化为解相应的微分方程问题. 为此,先给出一条著名的变分学基本引理.

定理 8.2(变分学基本引理) 设 $x(t)$ 是 $[t_1, t_2]$ 上的连续函数,若对每个 $h \in C^1[t_1, t_2]$ 且 $h(t_1) = h(t_2) = 0$,有 $\int_{t_1}^{t_2} x(t)h(t)\mathrm{d}t = 0$,则对任意 $t \in [t_1, t_2]$,有 $x(t) \equiv 0$.

证明 用反证法. 设 $x(t)$ 在某点 $t' \in [t_1, t_2]$ 处不为零,不妨设 $x(t')=a>0$. 由 $x(t)$ 的连续性,可在 $[t_1, t_2]$ 内选出 t' 的邻域 $[t', t'']$,当 $t \in [t', t'']$ 时,有 $x(t) \geqslant \frac{a}{2}$,再取

$$h(t) = \begin{cases} (t-t')^2(t-t'')^2, & t \in [t', t''], \\ 0, & \text{其他.} \end{cases}$$

则有

$$\int_{t_1}^{t_2} x(t)h(t)\mathrm{d}t = \int_{t'}^{t''} x(t)h(t)\mathrm{d}t \geqslant \frac{a}{2}\int_{t'}^{t''} (t-t')^2(t-t'')^2\mathrm{d}t > 0.$$

这与假设矛盾,因而必有 $x(t) \equiv 0$.

定理 8.3 设 $x(t)$ 是 $[t_1, t_2]$ 上的连续函数,若对每个 $h \in C^1[t_1, t_2]$ 以及 $h(t_1) = h(t_2) = 0$,有 $\int_{t_1}^{t_2} x(t)h'(t)\mathrm{d}t = 0$,则在 $[t_1, t_2]$ 内,有 $x(t) = C$(常数).

证明 取常数 C,使 $\int_{t_1}^{t_2} [x(t) - C]\mathrm{d}t = 0$,再取 $h(t) = \int_{t_1}^{t} [x(\tau) - C]\mathrm{d}\tau$,则

$h(t)$ 满足定理 8.3 中规定的条件,亦即

$$h \in C^1[t_1, t_2], \quad h(t_1) = h(t_2) = 0,$$

由于对这样的 h 应具有 $\int_{t_1}^{t_2} x(t) h'(t) \mathrm{d}t = 0$. 再由 $h'(t) = x(t) - C$,可得

$$\int_{t_1}^{t_2} [x(t) - C]^2 \mathrm{d}t = \int_{t_1}^{t_2} [x(t) - C] h'(t) \mathrm{d}t$$
$$= \int_{t_1}^{t_2} x(t) h'(t) \mathrm{d}t - C[h(t_2) - h(t_1)] = 0,$$

因此,在 $[t_1, t_2]$ 上,有 $x(t) \equiv C$.

定理 8.4 若 $x(t), y(t)$ 是 $[t_1, t_2]$ 上的连续函数,且对每个 $h \in C^1[t_1, t_2]$ 及 $h(t_1) = h(t_2) = 0$,都有

$$\int_{t_1}^{t_2} [x(t) h(t) - y(t) h'(t)] \mathrm{d}t = 0,$$

则 $y(t)$ 在 $[t_1, t_2]$ 上可微,且有 $y'(t) \equiv x(t)$.

证明 定义函数 $A(t) = \int_{t_1}^{t} x(\tau) \mathrm{d}\tau$,则 $\mathrm{d}A = x(t) \mathrm{d}t$,由于每个 $h \in C^1[t_1, t_2]$,且 $h(t_1) = h(t_2) = 0$,则由分部积分法,可得

$$\int_{t_1}^{t_2} x(t) h(t) \mathrm{d}t = \int_{t_1}^{t_2} h(t) \mathrm{d}A(t) = [h(t) A(t)] \Big|_{t_1}^{t_2} - \int_{t_1}^{t_2} A(t) \mathrm{d}h(t)$$
$$= -\int_{t_1}^{t_2} A(t) h'(t) \mathrm{d}t,$$

于是得

$$\int_{t_1}^{t_2} [x(t) h(t) + A(t) h'(t)] \mathrm{d}t = 0,$$

与所给的条件 $\int_{t_1}^{t_2} [x(t) h(t) - y(t) h'(t)] \mathrm{d}t = 0$ 相减,便得

$$\int_{t_1}^{t_2} [A(t) - y(t)] h'(t) \mathrm{d}t = 0.$$

根据定理 8.3,存在常数 C,使得

$$y(t) = A(t) + C.$$

两边关于 t 微商,并根据 $A(t)$ 的定义,有

$$y'(t) \equiv x(t).$$

上述结果可以推广到 n 重积分的情形,留给读者练习.

下面讨论在空间 $C_0^1[t_1, t_2]$ 中泛函 $J(x)$ 取极值的问题,其中

$$J(x) = \int_{t_1}^{t_2} f(t, x(t), x'(t)) \mathrm{d}t. \tag{8.9}$$

$C_0^1[t_1, t_2]$ 为 $C^1[t_1, t_2]$ 的一个子空间,$C_0^1[t_1, t_2]$ 中的元素 $h(t)$ 满足 $h(t_1) = h(t_2) = 0$.

利用必要条件及变分基本定理,可以导出所需要的 Euler-Lagrange 方程.

首先指出,泛函 $J(x)$ 在 $C_0^1[t_1,t_2]$ 上 G 可微. 事实上,容易看出

$$\delta J(x)h = \frac{\mathrm{d}}{\mathrm{d}\alpha}\int_{t_1}^{t_2} f(t,x+\alpha h,x'+\alpha h')\mathrm{d}t\big|_{\alpha=0}$$

$$= \int_{t_1}^{t_2} f_x(t,x,x')h\mathrm{d}t + \int_{t_1}^{t_2} f_{x'}(t,x,x')h'\mathrm{d}t. \tag{8.10}$$

由于泛函 $J(x)$ 在 x 处取得极值的必要条件是,对于所有 $h\in C_0^1[t_1,t_2]$,有 $\delta J(x)h=0$. 即

$$\delta J(x)h = \int_{t_1}^{t_2}(f_x h + f_{x'}h')\mathrm{d}t = 0.$$

利用定理 8.4,可得

$$f_x(t,x,x') - \frac{\mathrm{d}}{\mathrm{d}t}f_{x'}(t,x,x') = 0. \tag{8.11}$$

这就是 Euler-Lagrange 方程,通常简称为 Euler 方程. 该方程由泛函 $J[x]$ 取极值的必要条件 $\delta J(x)h=0$ 导出,这说明,求泛函的极值问题转变成为求解微分方程的问题.

上面讨论了最简单的情况,即一个单变量函数的情况. 如果是多个单变量函数的泛函,则相应的 Euler 方程为方程组;若是多变量函数的泛函,则 Euler 方程是偏微分方程.

例如,设 Ω 是 $\mathbf{R}^n$ 中的区域,具有分片光滑的边界 $\partial\Omega$,$C^1(\overline{\Omega})$ 表示 $\overline{\Omega}$ 上具有一阶连续偏导数的函数全体,定义 $C^1(\overline{\Omega})$ 上的泛函

$$J(u) = \int_\Omega F\Big(x_1,\cdots,x_n,u,\frac{\partial u}{\partial x_1},\cdots,\frac{\partial u}{\partial x_n}\Big)\mathrm{d}x_1\cdots\mathrm{d}x_n,$$

其中 $F:\overline{\Omega}\times\mathbf{R}^{n+1}\to\mathbf{R}$ 具有连续的二阶偏导数.

设 $\Gamma\subset\partial\Omega$,记

$$X = \{u\,|\,u\in C^1(\overline{\Omega}),u(x)\,|_{x\in\Gamma}=0\},$$

$$\|u\| = \max\Big\{\max_{x\in\Omega}|u(x)|,\max_{x\in\Omega}\Big|\frac{\partial u}{\partial x_1}\Big|,\cdots,\max_{x\in\Omega}\Big|\frac{\partial u}{\partial x_n}\Big|\Big\},$$

则 $(X,\|\cdot\|)$ 构成实线性赋范空间,$J(u)$ 在 X 上 G 可微,且

$$\delta J(u)h = \int_\Omega\Big(\frac{\partial F}{\partial u} - \sum_{k=1}^n\frac{\partial}{\partial x_k}\frac{\partial F}{\partial u_k}\Big)h\,\mathrm{d}x_1\cdots\mathrm{d}x_n + \int_{\partial\Omega\backslash\Gamma}\Big(\sum_{k=1}^n\frac{\partial F}{\partial u_k}\alpha_k h\Big)\mathrm{d}S,$$

其中 $\alpha=(\alpha_1,\alpha_2,\cdots,\alpha_n)$ 是 $\partial\Omega$ 上外单位法向量,由必要条件,得

$$\int_\Omega\Big(\frac{\partial F}{\partial u} - \sum_{k=1}^n\frac{\partial}{\partial x_k}\frac{\partial F}{\partial u_k}\Big)h\,\mathrm{d}x_1\cdots\mathrm{d}x_n + \int_{\partial\Omega\backslash\Gamma}\Big(\sum_{k=1}^n\frac{\partial F}{\partial u_k}\alpha_k h\Big)\mathrm{d}S = 0. \tag{8.12}$$

对于满足 $h\,|_{\partial\Omega}=0$ 的任何 $h\in X$,(8.12)式中的第二项为零,从而

$$\int_\Omega\Big(\frac{\partial F}{\partial u} - \sum_{k=1}^n\frac{\partial}{\partial x_k}\frac{\partial F}{\partial u_k}\Big)h\,\mathrm{d}x_1\cdots\mathrm{d}x_n = 0.$$

由变分学引理,得到 Euler-Lagrange 方程

$$\frac{\partial F}{\partial u} - \sum_{k=1}^{n} \frac{\partial}{\partial x_k} \frac{\partial F}{\partial u_k} = 0.$$

3. 捷线问题的解

通过 Euler-Lagrange 方程可以求解泛函的极值问题,但微分方程一般不易求解析解,捷线问题是能够求解析解的极少数的情况.

由 8.1 节中的讨论,捷线问题所导出的泛函具有如下的形式:

$$T[y] = \int_0^a \frac{\sqrt{1+y'^2}}{\sqrt{2gy}} dx = \int_0^a f(y, y') dx, \tag{8.13}$$

其中 $f(y, y') = \sqrt{1+y'^2} / \sqrt{2gy}$.

泛函 $T[y]$ 的 Euler 方程为

$$f_y(y, y') - \frac{\mathrm{d}}{\mathrm{d}x} f_{y'}(y, y') = 0, \tag{8.14}$$

求导,得

$$f_y(y, y') - f_{y'y}y' - f_{y'y'}y'' = 0, \tag{8.15}$$

考虑到

$$\frac{\mathrm{d}}{\mathrm{d}x}(f - f_{y'}y') = (f_y - f_{y'y}y' - f_{y'y'}y'')y', \tag{8.16}$$

利用(8.15)式,可得

$$\frac{\mathrm{d}}{\mathrm{d}x}(f - f_{y'}y') = 0,$$

于是,得到与(8.14)式的等价方程

$$f - f_{y'}y' = B \quad (B \text{ 为任意常数}), \tag{8.17}$$

对捷线问题,把(8.16)式用于(8.11)式,可得

$$\frac{1}{\sqrt{y(1+y'^2)}} = \sqrt{B}.$$

该式等价于微分方程

$$y(1 + y'^2) = C. \tag{8.18}$$

令 $y' = \cot\varphi$,代入上式,得

$$y = \frac{C}{1 + \cot^2\varphi} = C \sin^2\varphi = \frac{C}{2}(1 - \cos2\varphi),$$

而且

$$\mathrm{d}x = \frac{\mathrm{d}y}{\cot\varphi} = \frac{2C\sin\varphi\cos\varphi\mathrm{d}\varphi}{\cot\varphi} = C(1 - \cos2\varphi)\mathrm{d}\varphi,$$

积分后得到

$$x = C\left(\varphi - \frac{\sin 2\varphi}{2}\right) + D = \frac{C}{2}(2\varphi - \sin 2\varphi) + D,$$

由初始条件 $y(0)=0$ 知，$D=0$，再令 $\theta=2\varphi$，$R=\dfrac{C}{2}$，就可得到

$$\begin{cases} x = R(\theta - \sin\theta), \\ y = R(1 - \cos\theta). \end{cases} \tag{8.19}$$

这是以 R 为半径的圆滚动时的摆线方程，R 由另一边界条件 $x=a$ 时，$y=b$ 决定，由此可知，所求得下降捷线是摆线的一部分.

4. 自由边界和自然边界条件

在导出 Euler-Lagrange 方程时，已假定边界固定，使容许函数在边界上有固定的值，这类问题称为固定边界问题. 例如，前面所讨论的捷线问题. 但是，许多问题的边界值是待定的. 下面讨论自由边界的泛函极值问题，设所讨论的泛函仍有形式

$$J[x] = \int_{t_1}^{t_2} f(x, x', t)\,\mathrm{d}t,$$

只是 x 在 t_1，t_2 的值 $x(t_1)$，$x(t_2)$ 并没有任何假定，而使曲线 $x(t)$ 的两端分别在直线 $t=t_1$ 和 $t=t_2$ 上滑动，上面已指出，泛函取极值的必要条件由 (8.10) 式给出，即

$$\delta J(x, h) = \int_{t_1}^{t_2} \left(f_x - \frac{\mathrm{d}}{\mathrm{d}t} f_{x'}\right) h\,\mathrm{d}t + [f_{x'}h]_{t_1}^{t_2} = 0.$$

对固定边界问题，因为 $h(t_1)=h(t_2)=0$，所以 $[f_{x'}h]_{t_1}^{t_2}=0$；对自由边界问题，由于没有条件 $h(t_1)=h(t_2)=0$，因此不能直接导出 $[f_{x'}h]_{t_1}^{t_2}=0$. 但是，对自由边界而言，仍然要求极值点 $x(t)$ 满足 Euler-Lagrange 方程，或者说，$x(t)$ 是自由边界条件下的极值点，设 $x(t_1)=\alpha$，$x(t_2)=\beta$，则 α 和 β 就是两个固定常数，该边界条件也必使 $x(t)$ 为该泛函的极值点，要使 $x(t)$ 满足 Euler-Lagrange 方程，就必然有

$$[f_{x'}h]_{t_1}^{t_2} = 0, \tag{8.20}$$

但是，在自由边界情况 $h(t_1)$ 和 $h(t_2)$ 都是任意的情况下，为了满足条件 (8.20)，就要求有

$$f_{x'}\big|_{t=t_1} = 0, \quad f_{x'}\big|_{t=t_2} = 0. \tag{8.21}$$

这种边界条件称为自然边界条件，由这些条件来确定 Euler-Lagrange 方程通解中的待定常数.

实际情况可能还要更复杂，例如，边界条件可以使一端固定，而另一端自由，在这种情况下边界条件是两者的结合，对固定端用固定条件，而自由端则用自然边界条件.

8.3　泛函的约束极值问题

在许多泛函的极值问题中,往往要求极值点满足某些特定的条件,这种条件称为约束条件. 这种泛函极值问题称为约束极值问题. 约束条件可以有各种类型,有的可用等式表示,称为等式约束问题. 有的则用不等式表示,称为不等式约束问题. 这里我们仅研究等式约束泛函极值问题,并分为有限维约束和无限维约束两种情况讨论.

1. 有限维约束问题

有限维约束问题中的约束条件可表示为 n 个泛函方程

$$\varphi_i(x) = 0 \quad (i = 1, 2, \cdots, n), \tag{8.22}$$

其中 φ_i 是线性赋范空间 X 上的泛函. 假设 M 是满足等式约束条件(8.22)的 $x \in X$ 的全体组成的集合,则在 M 中泛函 $f: X \to \mathbf{R}$ 的极值问题就称为泛函 f 的有限维约束极值问题.

假定 f 和 φ_i 在 M 中都连续可微. 首先讨论等式约束条件(8.22)下,泛函 f 取极值的必要条件. 为简单起见,把 f 和 φ_i 定义在 Hilbert 空间 H 中.

定义 8.2　如果 $x_0 \in H$ 满足等式约束条件(8.22),且 $\varphi_i(x)$ 的导数 $\varphi_i'(x_0)$ $(i=1,2,\cdots,n)$ 是 n 个线性无关的有界线性泛函,则称 x_0 是约束条件(8.22)的正则点.

引理 8.1　设 $\{\varphi_i\}(i=1,2,\cdots,n)$ 是 Hilbert 空间 H 中的 n 个线性无关的有界线性泛函,则必存在线性无关的 $\{x_k\}(k=1,2,\cdots,n)$,使得

$$\varphi_i(x_k) = \delta_{ik} \quad (i, k = 1, 2, \cdots, n), \tag{8.23}$$

其中 δ_{ik} 是 Kronecker 符号.

证明　根据 Riesz 表示定理,对于每个 $\varphi_i(i=1,2,\cdots,n)$,存在 $u_i \in H$,使对任意的 $x \in H$ 有

$$\varphi_i(x) = \langle x, u_i \rangle \quad (i = 1, 2, \cdots, n).$$

令 $M_k = \mathrm{span}\{u_i \mid i=1,2,\cdots,n; i \neq k\}(k=1,2,\cdots,n)$,即 M_k 为由除 u_k 以外的其他 u_i 所张成的线性子空间. 由于 $\{\varphi_i\}(i=1,2,\cdots,n)$ 线性无关,所以 $\{u_i\}(i=1,2,\cdots,n)$ 也线性无关. 由于 M_k 是有限维子空间,它必是闭子空间,u_k 不属于 M_k,由 Hilbert 空间的正交分解定理知,u_k 可表示为

$$u_k = u_k' + u_k'',$$

其中 $u_k' \in M_k$,而 $u_k'' \in M_k^\perp$. 令

$$x_k = \frac{u_k''}{\langle u_k'', u_k'' \rangle} \quad (k = 1, 2, \cdots, n).$$

这样得到的 $\{x_k\}(k=1,2,\cdots,n)$ 能满足引理的要求. 事实上,当 $i=k$ 时,由于 $u'_k\perp u''_k$,就有

$$\varphi_k(x_k)=\langle x_k,u_k\rangle=\left\langle\frac{u''_k}{\langle u''_k,u''_k\rangle},u'_k+u''_k\right\rangle=1,$$

当 $i\neq k$ 时,注意到 $u''_k\in M_k^\perp$,而 $u_i\in M_k(i\neq k)$,故 $u''_k\perp u_i$. 此外,由于 x_k 与 u''_k 为线性关系,因此又有 $x_k\perp u_i$,从而

$$\varphi_i(x_k)=\langle x_k,u_i\rangle=0\quad(i\neq k),$$

而 $\{x_k\}(k=1,2,\cdots,n)$ 是一线性无关组,否则可设 x_1 由 $\{x_k\}(k=2,3,\cdots,n)$ 线性表示,但由于 φ_1 是有界线性泛函以及

$$\varphi_1(x_k)=\langle x_k,u_1\rangle=0\quad(k=2,3,\cdots,n),$$

$$x_1=\sum_{k=2}^n\alpha_k x_k,$$

则

$$\varphi_1(x_1)=\varphi_1\Big(\sum_{k=2}^n\alpha_k x_k\Big)=\sum_{k=2}^n\alpha_k\langle x_k,u_1\rangle=0,$$

从而有

$$\varphi_1(x_1)=0.$$

这与 $\varphi_k(x_k)=\langle x_k,u_k\rangle=1$ 相矛盾,故 $\{x_k\}$ 只能是线性无关组.

定理 8.5(约束极值的必要条件)　设 x_0 是泛函 f 满足约束条件 $\varphi_i(x)=0$ $(i=1,2,\cdots,n)$ 的正则极值点,则对一切满足

$$\varphi'_i(x_0)h=0\quad(i=1,2,\cdots,n)\tag{8.24}$$

的 $h\in H$,必有

$$f'(x_0)h=0.\tag{8.25}$$

证明　x_0 是约束条件的正则点,即有界线性泛函组 $\varphi'_i(x_0)(i=1,2,\cdots,n)$ 是线性无关的,根据引理 8.1 知,存在线性无关的元素 $h_i\in H(i=1,2,\cdots,n)$,使得 n 阶矩阵

$$[\varphi'_i(x_0)h_k]=[\delta_{ik}]\quad(i,k=1,2,\cdots,n)\tag{8.26}$$

为单位矩阵.

设 $h\in H$ 满足 (8.24) 式,引进实值参数 $\varepsilon,\alpha_i(i=1,2,\cdots,n)$,考虑

$$\varphi_i(x_0+\varepsilon h+\alpha_1 h_1+\alpha_2 h_2+\cdots+\alpha_n h_n)=0\quad(i=1,2,\cdots,n).\tag{8.27}$$

显然,这个方程组关于变量 $\alpha_i(i=1,2,\cdots,n)$ 的 Jacobi 行列式在 $\varepsilon=0,\alpha_i=0$ $(i=1,2,\cdots,n)$ 的值正好是矩阵 (8.26). 根据隐函数存在定理,必有唯一的一组定义在 $\varepsilon=0$ 某邻域的函数 $\alpha_i(\varepsilon)(i=1,2,\cdots,n)$ 满足方程组 (8.27),且 $\alpha_i(0)=0(i=1,2,\cdots,n)$.

若记 $h_0(\varepsilon)=\alpha_1(\varepsilon)h_1+\alpha_2(\varepsilon)h_2+\cdots+\alpha_n(\varepsilon)h_n$,则有 $h_0(0)=\theta$.

把方程(8.27)作 Taylor 展开,并注意(8.24)式及 x_0 为正则点 $\varphi_i(x_0)=0$, 可得

$$
\begin{aligned}
\varphi_i(x_0+\varepsilon h+h_0\varepsilon) &= \varphi_i(x_0)+\varphi'_i(x_0)(\varepsilon h)+\varphi'_i(x_0)h_0(\varepsilon)+o(\varepsilon)+o(\|h_0(\varepsilon)\|) \\
&= \varphi'_i(x_0)h_0(\varepsilon)+o(\varepsilon)+o(\|h_0(\varepsilon)\|) \\
&= \sum \alpha_k(\varepsilon)\varphi'_k(x_0)h_k+o(\varepsilon)+o(\|h_0(\varepsilon)\|) \\
&= 0 \quad (i=1,2,\cdots,n).
\end{aligned}
$$

$$(8.28)$$

再考虑到 $\varphi'_i(x_0)h_k=\delta_{ik}$,就有

$$\alpha_i(\varepsilon)+o(\varepsilon)+o(\|h_0(\varepsilon)\|)=0 \quad (i=1,2,\cdots,n). \tag{8.29}$$

再令 $\alpha(\varepsilon)=(\alpha_1(\varepsilon),\alpha_2(\varepsilon),\cdots,\alpha_n(\varepsilon))$,则(8.29)式可表示为

$$\|\alpha(\varepsilon)\|+o(\varepsilon)+o(\|h_0(\varepsilon)\|)=0. \tag{8.30}$$

由于 $\{h_i\}(i=1,2,\cdots,n)$ 是线性无关组,$h_0(\varepsilon)$ 是 $\mathrm{span}\{h_i\}$ 中的 n 维向量,所以 $h_0(\varepsilon)$ 的范数与其在 $\{h_i\}$ 上的坐标向量 $\alpha(\varepsilon)$ 的范数等价,即存在常数 $d_2>d_1>0$, 使得

$$d_1\|h_0(\varepsilon)\| \leqslant |\alpha(\varepsilon)| \leqslant d_2\|h_0(\varepsilon)\|$$

恒成立. 因此,当 $\varepsilon\rightarrow 0$ 时,$\|h_0(\varepsilon)\|$ 与 $\alpha(\varepsilon)$ 是同价无穷小,这样由(8.30)式知,当 $\varepsilon\rightarrow 0$时,有

$$\|h_0(\varepsilon)\|=o(\varepsilon). \tag{8.31}$$

由假设 x_0 是约束条件(8.22)式的极值点,而(8.28)式说明 $x_0+\varepsilon h+h_0(\varepsilon)$ 也满足该条件,作为 ε 的一元函数

$$\phi(\varepsilon)=f(x_0+\varepsilon h+h_0(\varepsilon)),$$

在 $\varepsilon=0$ 点达到极值的必要条件为

$$\phi'(0)=\frac{\mathrm{d}}{\mathrm{d}\varepsilon}f(x_0+\varepsilon h+h_0(\varepsilon))|_{\varepsilon=0}=0,$$

由(8.31)式,当 $\varepsilon\rightarrow 0$ 时,$\|h_0(\varepsilon)\|$ 是 ε 的高阶无穷小量,故

$$\phi'(0)=\delta f(x_0,h)=0, \tag{8.32}$$

于是有

$$\delta f(x_0,h)=f'(x_0)h=0.$$

即证明了约束泛函取极值的必要条件.

利用定理 8.2,可以导出 Lagrange 乘子法.

定理 8.6(Lagrange 乘子) 设 x_0 是约束条件

$$\varphi_i(x)=0 \quad (i=1,2,\cdots,n)$$

的正则点. 若 x_0 是定义在 H 空间上的泛函 f 在约束条件下的极值点,则存在 n 个常数 $\lambda_i(i=1,2,\cdots,n)$,使得泛函

$$L(x,\lambda) = f(x) + \sum_{i=1}^{n} \lambda_i \varphi_i(x_0) \tag{8.33}$$

以 x_0 为驻点,亦即有

$$f'(x_0) + \sum_{i=1}^{n} \lambda_i \varphi'_i(x_0) = \theta, \tag{8.34}$$

其中 $\lambda = (\lambda_1, \lambda_2, \cdots, \lambda_n)$.

证明 由定理 8.2,对一切满足

$$\varphi'_i(x_0)h = 0 \quad (i = 1, 2, \cdots, n)$$

的 $h \in X$,必有

$$f'(x_0)h = 0.$$

由于 $\{\varphi'_i(x_0)\}(i=1,2,\cdots,n)$ 是线性无关组,则向量组

$$\{\varphi'_1(x_0), \varphi'_2(x_0), \cdots, \varphi'_n(x_0), f'(x_0)\} \tag{8.35}$$

必线性相关. 否则由引理 8.1,必存在 $h \in X$,使得

$$f'(x_0)h = 1, \quad \varphi'_i(x_0) = 0 \quad (i = 1, 2, \cdots, n).$$

这与定理 8.2 矛盾.

既然向量组(8.35)线性相关,则 $f'(x_0)$ 可由 $\{\varphi'_i(x_0)\}(i=1,2,\cdots,n)$ 线性表示,于是,存在 n 个常数 $\lambda_i(i=1,2,\cdots,n)$,使得

$$f'(x_0) + \sum_{i=1}^{n} \lambda_i \varphi'_i(x_0) = \theta.$$

这就是泛函(8.33)式的驻点 x_0 所应满足的方程.

2. 无穷维约束问题

如果约束条件为

$$\varphi(x) = \theta, \tag{8.36}$$

其中 φ 是由 X 到无穷维线性赋范空间 Y 的线性算子,$\varphi: X \to Y$,当 Y 为有限维空间时,约束条件(8.36)式可表示为有限个泛函方程,于是就化为有限维约束条件. 现在我们讨论更一般的情况.

定义 8.3 设 X、Y 为 Banach 空间,算子 $\varphi: X \to Y$ 在 x_0 的邻域中有定义,且 F 可微. 如果 x_0 满足约束条件(8.36)式,且 $\varphi'(x_0)$ 是满射的有界线性算子,则称 x_0 是算子 φ 的正则点.

为了讨论问题方便,假定所论空间为 Hilbert 空间.

定理 8.7(可微泛函正则极值点的必要条件) 设泛函 f 在 x_0 的邻域内连续可微,如果 x_0 是泛函 f 在约束条件(8.36)式下的正则极值点,则对所有满足 $\varphi'(x_0)h = \theta$ 的 h 均有

$$f'(x_0)h = 0.$$

证明　首先定义一个辅助算子. 对任意的 $x \in H$, 令

$$F(x) = \{f(x), \varphi(x)\}. \tag{8.37}$$

下面用反证法来证明. 为明确起见, 设 x_0 是极小值点. 如果定理不成立, 则有满足条件 $\varphi'(x_0)h = \theta$ 的 $h \in H$, 使 $f'(x_0)h \neq 0$.

由(8.37)式, $F'(x_0) = \{f'(x_0), \varphi'(x_0)\}$, 又由假设, $\varphi'(x_0)$ 是满射的, 而 $f'(x_0)$ 为非零有界线性泛函, 也是满射, 故 $F'(x_0)$ 有界线性且满射. 这样根据反函数定理, 只要正数 δ 充分小, 位于点 $\{f(x_0), \theta\}$ 邻域内的一切 $\{f(x_0)-\delta, \theta\}$, 方程

$$F(x) = \{f(x_0) - \delta, \theta\}$$

有解 x, 且满足 $\|x-x_0\| \leqslant a\delta$, a 为常数. 由此得, 对任意的 $\varepsilon > 0$, 当 δ 足够小时, 必有 $x \in X$ 及 $\delta > 0$, 使得 $F(x) = \{f(x_0)-\delta, \theta\}$, 而且 $\|x-x_0\| < \varepsilon$. 即在 x_0 的任意邻域内都有 x, 满足

$$f(x) = f(x_0) - \delta.$$

由于 $\delta > 0$, 这就表明 x_0 不可能是泛函 f 在约束条件(8.36)式下的正则极值点, 这与假设矛盾, 故定理成立.

为了证明 Lagrange 乘子法, 下面不加证明地引入线性泛函分析中的 Fredholm 定理.

引理 8.2(Fredholm)　设 $T: X \to Y$ 为有界线性算子, 如果 T 的值域是闭的, 则算子方程 $Tx = y$ 有解的充分必要条件是其自由项 y 与其伴随齐次方程 $T^*h = 0$ 的解空间正交.

定理 8.8(Lagrange 乘子法)　设泛函 f 在 x_0 的邻域连续且 F 可微, x_0 是泛函 f 在约束条件(8.36)式下的正则极值点, 则必有有界线性泛函 $g \in Y^*$, 使得 Lagrange 泛函

$$L(x, g) = f(x) + g[\varphi(x)] \tag{8.38}$$

以 x_0 为驻点, 且满足

$$f'(x_0) + g\varphi'(x_0) = \theta, \tag{8.39}$$

其中 θ 为定义在 X 上的零泛函.

证明　考虑算子方程

$$\varphi'(x_0)^* g = -f'(x_0), \tag{8.40}$$

它的伴随齐次方程为

$$\varphi'(x_0)h = \theta. \tag{8.41}$$

由于 $\varphi'(x_0)$ 与 $\varphi'(x_0)^*$ 都是 $X = Y = H$ 中的有界线性算子. 由定理条件及定理 8.7 知, 对任意满足 $\varphi'(x_0)h = \theta$ 的 h, 有 $f'(x_0)h = 0$, 故有

$$-f'(x_0)h = 0.$$

即方程(8.40)的自由项 $-f'(x_0)$ 正交于齐次算子方程的解空间, 而且 $\varphi'(x_0)$ 是满射, 因此其值域是闭集 H. 由 Fredholm 定理, 算子方程(8.40)有解, 即存在 $g \in H$

满足方程(8.40). 由伴随算子的定义,对任意的 $x \in H$,有
$$\langle x, [\varphi'(x_0)^* g] \rangle = \langle \varphi'(x_0)x, g \rangle.$$

考虑到方程(8.40),有
$$\langle \varphi'(x_0)x, g \rangle = \langle x, -f'(x_0) \rangle,$$

也即
$$g[\varphi'(x_0)x] = [g\varphi'(x_0)](x) = [-f'(x_0)](x)$$

对任意的 $x \in H$ 成立. 从而有
$$g\varphi'(x_0) = -f'(x_0).$$

这就证明了方程(8.39).

下面把这一定理应用到经典变分学中的泛函的约束极值问题中去. 为此,记 $C_n^1[a,b]$ 表示区间 $[a,b]$ 上具有连续导数的 n 维向量函数 $x(t) = (x_1(t), x_2(t), \cdots, x_n(t))$ 所构成的函数空间. 考虑定义在 $C_n^1[a,b]$ 中的泛函
$$J(x) = \int_a^b f(x, x', t) \mathrm{d}t, \tag{8.42}$$

其中 $x'(t) = (x_1'(t), x_2'(t), \cdots, x_n'(t))$,求 $x(t)$ 具有固定端点
$$x_i(a) = \alpha_i, x_i(b) = \beta_i \quad (i = 1, 2, \cdots, n) \tag{8.43}$$

且满足约束条件
$$\varphi(x, t) = 0 \tag{8.44}$$

的极值,其中 f 和 φ 都具有二阶连续偏导数. 因 $x(t)$ 具有固定端点 a 和 b,所以只考虑在 a,b 处取零值的增量 $h(t) = (h_1(t), h_2(t), \cdots, h_n(t)) \in C_n^1[a,b]$,使 $h_i(a) = h_i(b) = \theta (i = 1, 2, \cdots, n)$. 记 $g_x' = (g_{x_1}', g_{x_2}', \cdots, g_{x_n}'), g_{x'}' = (g_{x_1'}', g_{x_2'}', \cdots, g_{x_n'}')$,则泛函 $J(x)$ 的 F 微分则可表示为
$$\mathrm{d}J(x, h) = \int_a^b \langle g_x', h \rangle \mathrm{d}t + \int_a^b \langle g_{x'}', h' \rangle \mathrm{d}t.$$

对右侧第二项实施分部积分,并考虑 $h(t)$ 的端点固定条件 $h_i(a) = h_i(b) = \theta (i = 1, 2, \cdots, n)$,则有
$$\mathrm{d}J(x, h) = \int_a^b \left\langle \left[g_x' - \frac{\mathrm{d}}{\mathrm{d}t} g_{x'}' \right], h \right\rangle \mathrm{d}t. \tag{8.45}$$

函数 φ 可视为从空间 $X = \{x \in C_n^1[a,b]; x(a) = x(b) = \theta\}$ 到空间 $Y = \{y \in C[a,b]; y(a) = y(b) = \theta\}$ 的算子 Φ,它的 F 微分为
$$D\Phi(x, h) = \sum_{i=1}^n \varphi_{x_i}' h_i(t) = \langle h, \varphi_x' \rangle. \tag{8.46}$$

假定当 $t \in [a,b]$ 时,各偏导数 $\varphi_{x_i}' (i = 1, 2, \cdots, n)$ 在极值点处不同时为零时,在极值点处 Φ 的 F 导数 $\Phi'(x)$ 是满射,这是因为对任意的 $y \in Y$ 可取
$$h(t) = \frac{y(t)\varphi_x'}{\sum_{i=1}^n (\varphi_{x_i}')^2},$$

则 $h \in X$,而且满足 $\varphi'(x)h = y(t)$. 于是,应用定理 8.8,即存在有界线性泛函 $g \in Y^*$,一般地表示为

$$\langle y, g \rangle = \int_a^b y(t) \mathrm{d}g(t),$$

其中 $g(t)$ 为 $[a,b]$ 上的有界变差函数. 在通常情况下,上式可写为

$$\langle y, g \rangle = \int_a^b y(t) \lambda(t) \mathrm{d}t, \tag{8.47}$$

其中 $\lambda(t)$ 表示 g 的微分.

由(8.40)式,(8.45)式,(8.46)式和(8.47)式,极值点 $x(t)$ 应满足

$$\int_a^b \left\langle \left[f'_x - \frac{\mathrm{d}}{\mathrm{d}t} f'_{x'} + \lambda(t) \varphi'_x \right], h \right\rangle \mathrm{d}t = 0,$$

由于 $h(t)$ 的任意性,必有

$$f'_x - \frac{\mathrm{d}}{\mathrm{d}t} f'_{x'} + \lambda(t) \varphi'_x = 0. \tag{8.48}$$

若写成分量的形式,可得到 n 个微分方程

$$f'_{x_i} - \frac{\mathrm{d}}{\mathrm{d}t} f'_{x'_i} + \lambda(t) \varphi'_{x_i} = 0 \quad (i = 1, 2, \cdots, n). \tag{8.49}$$

这就是极值点 $x(t) = (x_1(t), x_2(t), \cdots, x_n(t))$ 所满足的微分方程.

3. 约束极值问题举例

我们以经典变分法中的两个著名例子说明以上理论的实际应用.

1) 等周问题

8.1 节中引出了等周问题泛函的表示及该极值问题所应满足的条件,下面应用本节的理论进行求解.

在平面上长度为 l 的所有光滑闭合曲线中求一条曲线,使它围成的区域面积最大,如用参数方程

$$\begin{cases} x = x(t), \\ y = y(t), \end{cases} \quad (t_1 \leqslant t \leqslant t_2)$$

来描述所求曲线,则所解问题就归结为求泛函

$$\begin{cases} J = \dfrac{1}{2} \int_{t_1}^{t_2} (xy' - yx') \mathrm{d}t, \\ x(t_1) = x(t_2), y(t_1) = y(t_2), \\ \int_{t_1}^{t_2} \sqrt{x'^2 + y'^2} \, \mathrm{d}t = l \end{cases}$$

的约束极值问题.

利用 Lagrange 乘子法,把这一问题化作泛函

$$L = \int_{t_1}^{t_2} \left[xy' - yx' + \lambda \sqrt{x'^2 + y'^2} \right] \mathrm{d}t$$

的无约束极值问题. 令

$$F = xy' - yx' + \lambda \sqrt{x'^2 + y'^2},$$

则由 8.2 节中所述原理, 可导出类似的 Euler-Lagrange 方程

$$\begin{cases} F_x - \dfrac{\mathrm{d}}{\mathrm{d}t} F_{x'} = 0, \\ F_y - \dfrac{\mathrm{d}}{\mathrm{d}t} F_{y'} = 0. \end{cases}$$

由此可得

$$y' - \frac{\mathrm{d}}{\mathrm{d}t} \left[-y + \frac{\lambda x'}{\sqrt{x'^2 + y'^2}} \right] = 0,$$

$$-x' - \frac{\mathrm{d}}{\mathrm{d}t} \left[x + \frac{\lambda y'}{\sqrt{x'^2 + y'^2}} \right] = 0.$$

经整理后, 得

$$(x - C_1)^2 + (y - C_2)^2 = \frac{\lambda^2}{4}.$$

这说明所求的曲线是以 (C_1, C_2) 为圆心, $\dfrac{\lambda}{2}$ 为半径的圆周, 由于曲线长度为 l, 故必

须有 $l = 2\pi \dfrac{\lambda}{2}$, 故 $\lambda = \dfrac{l}{\pi}$. 因此, 所求的曲线为

$$(x - C_1)^2 + (y - C_2)^2 = \left(\frac{l}{2\pi} \right)^2,$$

其中的 C_1, C_2 可由边界条件定出. 由此, 长度一定的闭曲线中, 以圆周在平面上所围区域的面积最大.

2) 测地线问题

在三维空间中, 由方程

$$\varphi(x, y, z) = 0$$

确定一个光滑曲面, 设 A, B 为此曲面上两个定点, 在此曲面上连接 A, B 两点且具有最短长度的曲线称为这两点的测地线. 试确定测地线所满足的方程.

设连接 A, B 两点曲线的参数方程为

$$\begin{cases} x = x(t), \\ y = y(t), \qquad a \leqslant t \leqslant b. \\ z = z(t), \end{cases}$$

$t = a$ 时, 对应 A 点; $t = b$ 时, 对应 B 点, 于是有

$$A = (x(a), y(a), z(a)), B = (x(b), y(b), z(b)).$$

这样问题就归结为求泛函

$$J(x,y,z) = \int_a^b \sqrt{x'^2 + y'^2 + z'^2}\, \mathrm{d}t$$

在约束条件 $\varphi(x,y,z)=0$ 下的极小值. 如果沿测地线时, $\varphi_x', \varphi_y', \varphi_z'$ 不同时为零, 则利用 (8.49) 式可得

$$\lambda(t)\varphi_x' = \frac{\mathrm{d}}{\mathrm{d}t} \frac{x'}{\sqrt{x'^2 + y'^2 + z'^2}},$$

$$\lambda(t)\varphi_y' = \frac{\mathrm{d}}{\mathrm{d}t} \frac{y'}{\sqrt{x'^2 + y'^2 + z'^2}}, \qquad (8.50)$$

$$\lambda(t)\varphi_z' = \frac{\mathrm{d}}{\mathrm{d}t} \frac{z'}{\sqrt{x'^2 + y'^2 + z'^2}}.$$

这三个方程和约束条件 $\varphi(x,y,z)=0$ 一起, 便可决定测地线.

作为特例, 如果在球面上求测地线, 则约束条件为

$$\varphi(x,y,z) = x^2 + y^2 + z^2 - r^2 = 0.$$

于是

$$\varphi_x' = 2x, \quad \varphi_y' = 2y, \quad \varphi_z' = 2z. \qquad (8.51)$$

过球心作平面通过 A, B 两点, 即选择常数 C_1, C_2 和 C_3, 使

$$\begin{cases} C_1 x + C_2 y + C_3 z = 0, \\ C_1 x(a) + C_2 y(a) + C_3 z(a) = 0, \\ C_1 x(b) + C_2 y(b) + C_3 z(b) = 0. \end{cases} \qquad (8.52)$$

令

$$u(t) = C_1 x(t) + C_2 y(t) + C_3 z(t),$$

则由 (4.64) 式和 (4.65) 式可知, $u(t)$ 满足方程

$$\frac{\mathrm{d}}{\mathrm{d}t} \frac{u'}{\sqrt{x'^2 + y'^2 + z'^2}} = 2\lambda(t)u(t),$$

而且 $u(a) = u(b) = 0$.

显然 $u(t) \equiv 0$ 满足此方程. 这说明, 测地线位于满足 (8.52) 式的平面上的连接 A, B 两点的一段大圆弧.

8.4　算子方程的变分原理

在讨论泛函极值问题时, 我们把极值的必要条件通过 Euler-Lagrange 方程表示出来, 这时把一个泛函的极值问题转化成为一个等价的微分方程求解问题. 实际上, 这样的转化并不使问题变得容易解决. 在计算机技术高度发展的今天, 直接求泛函极值问题的近似解反而变得更加方便. 这样, 把算子方程的求解转化为等

价的泛函极值问题称作算子方程的变分原理,它具有更重要的意义,这里我们主要讨论微分算子的变分原理.

1. 自伴算子方程的等价极值问题

设 A 是 Hilbert 空间 H 中的自伴线性算子,其定义域为 $\mathscr{D}(A)\subset H$,值域为 $\mathscr{R}(A)\subset H$,对给定的函数 $f\in\mathscr{R}(A)$,

$$Au = f \tag{8.53}$$

为算子方程. 若 A 为正算子,则方程(8.53)与泛函

$$J[u] = \langle Au, u \rangle - \langle u, f \rangle - \langle f, u \rangle \tag{8.54}$$

的极小值问题等价.

事实上,首先考察泛函(8.54)式的变分.

$$\delta J[u] = \langle A\delta u, u \rangle + \langle Au, \delta u \rangle - \langle \delta u, f \rangle - \langle f, \delta u \rangle,$$

由于 u 满足方程 $Au=f$,于是上式成为

$$\delta J[u] = \langle A\delta u, u \rangle + \langle f, \delta u \rangle - \langle \delta u, Au \rangle - \langle f, \delta u \rangle,$$

再由 A 的自伴性, $\langle A\delta u, u \rangle = \langle \delta u, Au \rangle$,于是 $\delta J[u]=0$. 即满足方程 $Au=f$ 的 u 是 $J[u]$ 的驻点. 由于 A 为正算子,下面证明 $J[u]$ 应取极小值.

令 $v=u+\eta$, $\eta\in\mathscr{D}(A)$,则

$$\begin{aligned}
J[v] &= \langle A(u+\eta), u+\eta \rangle - \langle u+\eta, f \rangle - \langle f, u+\eta \rangle \\
&= \langle Au, u \rangle - \langle u, f \rangle - \langle f, u \rangle + \langle A\eta, \eta \rangle \\
&\quad + \langle Au, \eta \rangle - \langle f, \eta \rangle + \langle A\eta, u \rangle - \langle \eta, f \rangle \\
&= J[u] + \langle A\eta, \eta \rangle + \langle Au-f, \eta \rangle + \langle \eta, Au-f \rangle,
\end{aligned}$$

由于 u 满足方程 $Au=f$,故 $\langle Au-f, \eta \rangle = \langle \eta, Au-f \rangle = 0$,故

$$J[v] - J[u] = \langle A\eta, \eta \rangle \geqslant 0.$$

这说明,只要 A 为正算子,且 u 满足方程 $Au=f$,必使 $J[u]$ 取极小值.

反过来,设 $J[u]$ 在 u 取极小值,则可证明,必有(8.53)式. 为此令 $v=u+\alpha\eta$,其中 α 为一复数,根据上面的计算,只需把 η 换成 $\alpha\eta$,即有

$$\begin{aligned}
I &= J[v] - J[u] \\
&= \langle A\alpha\eta, \alpha\eta \rangle + \langle Au-f, \alpha\eta \rangle + \langle \alpha\eta, Au-f \rangle \geqslant 0,
\end{aligned} \tag{8.55}$$

而且

$$I|_{\alpha=0} = \min I(\alpha). \tag{8.56}$$

如果取 $\alpha=a$ 为实数,则由(8.55)式得

$$\begin{aligned}
I &= a^2 \langle A\eta, \eta \rangle + a\langle Au-f, \eta \rangle + a\langle \eta, Au-f \rangle \\
&= a^2 \langle A\eta, \eta \rangle + 2a\mathrm{Re}\langle Au-f, \eta \rangle,
\end{aligned} \tag{8.57}$$

若取 $\alpha=ia$,则有

$$I = a^2 \langle A\eta, \eta \rangle - ia\langle Au - f, \eta \rangle + ia\langle \eta, Au - f \rangle$$

$$= a^2 \langle A\eta, \eta \rangle + 2a \operatorname{Im}\langle Au - f, \eta \rangle. \tag{8.58}$$

由(8.56)式,即

$$\frac{\partial I}{\partial \alpha}\Big|_{\alpha=0} = 0.$$

于是,对(8.57)和(8.58)求微分,得

$$\frac{\partial I}{\partial \alpha} = 2a\langle A\eta, \eta \rangle + 2\operatorname{Re}\langle Au - f, \eta \rangle \quad (\alpha = a),$$

$$\frac{\partial I}{\partial \alpha} = 2a\langle A\eta, \eta \rangle + 2\operatorname{Im}\langle Au - f, \eta \rangle \quad (\alpha = ia),$$

于是,当 $\alpha = 0$ 时,得

$$\operatorname{Re}\langle Au - f, \eta \rangle = 0,$$
$$\operatorname{Im}\langle Au - f, \eta \rangle = 0,$$

即有

$$\langle Au - f, \eta \rangle = 0.$$

因为 η 为任意,故有 $Au = f$.

下面是微分方程边值问题变分原理的两个例子.

例8.1 常微分算子构成的边值问题

$$\begin{cases} Ly = -\dfrac{\mathrm{d}}{\mathrm{d}x}[p(x)y'(x)] + q(x)y(x) = f(x), \\ \alpha y(x_0) - \beta y'(x_0) = 0, \\ \gamma y(x_1) + \delta y'(x_1) = 0, \end{cases} \tag{8.59}$$

并满足条件:

(1) $p'(x), q(x), f(x) \in C[x_0, x_1]$ 为实函数;

(2) $p(x) > 0, q(x) \geqslant 0, x \in [x_0, x_1]$;

(3) $\alpha, \beta, \gamma, \delta$ 非负且 $\alpha^2 + \beta^2 \neq 0, \gamma^2 + \delta^2 \neq 0$.

又当 $\alpha \neq 0, \gamma \neq 0$ 时,$\beta^2 + \delta^2 \neq 0$. 显然,$L$ 的定义域 $\mathscr{D}(L)$ 是二次可微的实函数集.

下面证明,形如(8.59)式的算子及所满足的条件构成自伴的边值问题. 设 $y, z \in \mathscr{D}(L)$,则

$$\langle Ly, z \rangle = \int_{x_0}^{x_1} [-(py')' + qy]z\,\mathrm{d}x$$

$$= \int_{x_0}^{x_1} (py'z' + qyz)\,\mathrm{d}x - [zpy']_{x_0}^{x_1}$$

$$= \int_{x_0}^{x_1} (py'z' + qyz)\,\mathrm{d}x + \frac{\beta}{\alpha}pyz\Big|_{x_0} + \frac{\delta}{\gamma}pyz\Big|_{x_1},$$

由于上式右端 yz 可以交换,因此有

$$\langle Ly, z \rangle = \langle y, Lz \rangle.$$

即 L 是自伴的.

在上式中令 $y=z$,可得

$$\langle Ly, y \rangle = \int_{x_0}^{x_1} (py'^2 + qy^2) \mathrm{d}x + \frac{\beta}{\alpha} p(x_0) y^2(x_0) + \frac{\delta}{\gamma} p(x_1) y^2(x_1),$$

而 $\langle Ly, y \rangle = 0 \Leftrightarrow y(x) = 0, y \in \mathscr{D}(L)$. 由此知,$L$ 为正算子.

这样 $Ly(x) = f(x)$ 等价的变分问题是下述泛函

$$J[y] = \langle Ly, y \rangle - 2\langle y, f \rangle$$
$$= \int_{x_0}^{x_1} (py'^2 + qy^2 - 2yf) \mathrm{d}x + \frac{\beta}{\alpha} p(x_0) y^2(x_0) + \frac{\delta}{\gamma} p(x_1) y^2(x_1) \tag{8.60}$$

取极小值.

对于第一类和第二类边界条件,(8.60)式简化为

$$J[y] = \int_{x_0}^{x_1} (py'^2 + qy^2 + 2yf) \mathrm{d}x. \tag{8.61}$$

例 8.2 偏微分算子构成的边值问题.

$$\begin{cases} Lu = -\nabla^2 u = f, & u \in C^2(\Omega), \\ u|_{\Sigma} = 0, \end{cases} \tag{8.62}$$

其中 u 为实函数,Ω 为二维空间的一个区域,Σ 为 Ω 的边界. 容易证明,算子 $L = -\nabla^2$ 与第一类齐次边界条件构成自伴算子,应用 Green 公式

$$\iint_{\Omega} (\nabla v \cdot \Delta u + u \nabla^2 v) \mathrm{d}\sigma = \oint_{\Sigma} u \nabla v \cdot \mathrm{d}l = \oint_{\Sigma} u \frac{\partial v}{\partial n} \mathrm{d}l,$$

可得

$$\langle Lu, u \rangle = -\iint_{\Omega} u \nabla^2 u \mathrm{d}\sigma = \iint_{\Omega} (\nabla u)^2 \mathrm{d}\sigma - \oint_{\Sigma} u \frac{\partial u}{\partial n} \mathrm{d}l,$$

这说明对第一和第二类齐次边界条件,上式右端最后一项为零,故 L 为正算子,根据已证明的一般原理,边值问题(8.62)式的解 u 使泛函

$$J[u] = -\iint_{\Omega} (u \nabla^2 u + 2fu) \mathrm{d}\sigma \tag{8.63}$$

取极小值. 应用 Green 公式,有

$$J[u] = -\oint_{\Sigma} u \frac{\partial u}{\partial n} \mathrm{d}l + \iint_{\Omega} [(\nabla u)^2 - 2fu] \mathrm{d}\sigma,$$

考虑到 u 满足边界条件,上式右侧第一项为零. 于是对 $J[u]$ 取变分得

$$\delta J[u] = \iint_{\Omega} (2\nabla u \cdot \nabla \delta u - 2f \delta u) \mathrm{d}\sigma,$$

再应用 Green 公式,有

$$\delta J[u] = 2\oint_{\Sigma} \frac{\partial u}{\partial n}\delta u\,\mathrm{d}l - 2\iint_{\Omega}(\nabla^2 u + f)\delta u\,\mathrm{d}\sigma,$$

由边界条件可得 $\delta u|_{\Sigma}=0$,上式右侧的第一项为零,因此

$$\delta J[u] = -2\iint_{\Omega}(\nabla^2 u + f)\delta u\,\mathrm{d}\sigma.$$

由于 u 使 J 取极小值,故 $\delta J[u]=0$,于是 u 满足

$$-\nabla^2 u = f.$$

这样,使 $J[u]$ 取极小值的 u 也是边值问题(8.62)式的解.

2. 非自伴算子方程的等价极值问题

若算子 A 为非自伴的,则存在伴随算子 A^*,为了求得与算子方程

$$Au = f, \quad u \in \mathcal{D}(A) \subset H \tag{8.64}$$

等价的泛函的极值问题,借用一个辅助方程

$$A^* v = g, \quad v \in \mathcal{D}(A^*) \subset H, \tag{8.65}$$

g 为已知,则有二元泛函

$$J[u,v] = \langle Au,v\rangle - \langle u,g\rangle - \langle f,v\rangle \tag{8.66}$$

满足方程(8.64)与(8.65)的解是 $J(u,v)$ 的驻点,即

$$\delta J[u,v] = 0.$$

事实上,对 $J[u,v]$ 的变分,得

$$\begin{aligned}
\delta J[u,v] &= \langle A\delta u,v\rangle + \langle Au,\delta v\rangle - \langle \delta u,g\rangle - \langle f,\delta v\rangle \\
&= \langle \delta u,A^*v\rangle - \langle \delta u,g\rangle + \langle Au,\delta v\rangle - \langle f,\delta v\rangle \\
&= \langle \delta u,A^*v - g\rangle + \langle Au - f,\delta v\rangle.
\end{aligned}$$

由此可知,若 u,v 为方程 $Au=f$ 和 $A^*v=g$ 的解,则它们使 $\delta J[u,v]=0$,即是 $J[u,v]$ 的驻点.

另一方面,由于 δu 和 δv 的任意性,为使 $\delta J[u,v]=0$,必有 $Au=f$ 和 $A^*v=g$ 成立.

由于非自伴边值问题,未知函数 u 还必须满足表示为算子方程 $Bu=0$ 的边界条件,这样 u 被限定在 $\mathcal{D}(A)\bigcap\mathcal{D}(B)$ 中. 类似地,对辅助方程也有相应的边界条件 $B^*v=0$,于是 $v\in\mathcal{D}(A^*)\bigcap\mathcal{D}(B^*)$. 所以,等价的泛函极值问题就要由泛函方程(8.66)和外加的边界条件构成.

表面上,辅助方程使问题复杂化了,但实际上 A^* 并不出现在泛函 $J[u,v]$ 中,且 v 完全不用解出. 此外,g 的选择很灵活,可以很方便地选择为 $g=f$.

注 对于自伴算子 $A^*=A$,当选 $g=f$ 时,就有 $v=u$,于是 $J[u,v]=J[u]$,即退化为自伴算子的问题.

习 题 8

1. 写出下列极值问题且满足边界条件或约束条件的数学表达式:

(1) 设 A,B 为坐标平面 xOy 上位于 Ox 轴上方的两个定点,在连接 A,B 的所有光滑曲线中求出一条曲线,使它绕 Ox 轴旋转所成之曲面的面积最小;

(2) 设 $\varphi(x,y,z)=0$ 是一曲面, $A(x_1,y_1,z_1)$ 和 $B(x_2,y_2,z_2)$ 是曲面上的两个定点,试在该曲面上过 A,B 两点的所有曲线中,求出长度最短的一条曲线.

2. 求下列泛函的一阶变分:

(1) $J[x]=\displaystyle\int_0^1(tx+x^2-2x^2x')\mathrm{d}t$;

(2) $J[x]=\displaystyle\int_{t_0}^{t_1}(x^2-x'^2-2xcht)\mathrm{d}t$;

(3) $J[x]=\displaystyle\int_{t_0}^{t_1}(t^2x'+3tx'^2+5)\mathrm{d}t$.

3. 求下列泛函的极值曲线:

(1) $J[x]=\displaystyle\int_0^1(x'^2+12xt)\mathrm{d}t$;   (2) $J[x]=\displaystyle\int_0^1 x'(1+t^2x')\mathrm{d}t$;

(3) $J[x]=\displaystyle\int_{t_0}^{t_1}\dfrac{\sqrt{1+x'^2}}{x}\mathrm{d}t$.

4. 求下列问题的极值曲线:

(1) $J[x]=\displaystyle\int_0^1(x'^2+t)\mathrm{d}t, \quad x(0)=x(1)=0, \quad \int_0^1 x^2\mathrm{d}t=2$;

(2) $J=\displaystyle\int_0^1(x'^2+y'^2-4ty'-4y)\mathrm{d}t, x(1)=y(1)=1, x(0)=y(0)=0, \int_0^1(x'^2-tx-y'^2)\mathrm{d}t$ $=2$;

(3) $J[x]=\displaystyle\int_0^1 x'^2\mathrm{d}t, x(0)=0, x(1)=8, \int_0^1 x\mathrm{d}t=5$.

5. 给出泛函

$$J[x]=\int_{t_0}^{t_1}[p(t)x'^2+q(t)x^2]\mathrm{d}t$$

在条件

$$x(t_0)=0, \quad x(t_1)=0, \quad \int_{t_0}^{t_1}r(t)x^2\mathrm{d}t=1$$

下的极值曲线应满足的微分方程.

6. 试从 $\delta J=0$ 导出泛函 $J[x]$ 的极值曲线所应满足的微分方程

(1) $J[x]=\dfrac{\displaystyle\int_{t_0}^{t_1}[p(t)x'^2-q(t)x^2]\mathrm{d}t}{\displaystyle\int_{t_0}^{t_1}r(t)x^2\mathrm{d}t}, \quad \delta x(t_0)=\delta x(t_1)=0$;

(2) $J[x]=\dfrac{\displaystyle\int_{t_0}^{t_1}[p(t)x'^2-q(t)x^2-s(t)x''^2]\mathrm{d}t}{\displaystyle\int_{t_0}^{t_1}r(t)x^2\mathrm{d}t}$,

$$\delta x(t_0) = \delta x(t_1) = \delta x'(t_0) = \delta x'(t_1) = 0.$$

7. 求泛函

$$J[u] = \iint_D \left[\left(\frac{\partial u}{\partial x} \right)^2 - \left(\frac{\partial u}{\partial y} \right)^2 \right] dxdy$$

的 Euler 方程.

8. 给出与下述边值问题等价的变分问题:

(1) $\begin{cases} t^3 \dfrac{d^2 x}{dt^2} + 3t^2 \dfrac{dx}{dt} + x - t = 0, \\ x(0) = x(1) = 0; \end{cases}$

(2) $-\left[\dfrac{\partial}{\partial x} \left(p \dfrac{\partial u}{\partial x} \right) + \dfrac{\partial}{\partial y} \left(p \dfrac{\partial u}{\partial y} \right) \right] + qu = f(x, y)$, $\quad (x, y) \in D$, $\left(p \dfrac{\partial u}{\partial n} + \sigma u \right) \Big|_\Gamma = 0$, 其中 $\dfrac{\partial p}{\partial x}, \dfrac{\partial p}{\partial y}, p, q, f$ 和 σ 均属于 $C(\overline{D})$, 且 $p > 0, q \geqslant 0, \sigma \geqslant 0$.

参 考 文 献

程其襄等. 1983. 实变函数论与泛函分析基础. 北京:高等教育出版社

郭大钧. 2003. 非线性泛函分析. 第 2 版. 济南:山东科学技术出版社

郭大钧等. 1986. 实变函数与泛函分析. 济南:山东大学出版社

胡适耕. 1999. 实变函数. 北京:高等教育出版社

胡适耕. 2001. 泛函分析. 北京:高等教育出版社

江泽坚, 孙善利. 1994. 泛函分析. 北京:高等教育出版社

江泽坚, 吴智泉. 1994. 实变函数论. 第 2 版. 北京:高等教育出版社

那汤松. 1958. 实变函数论. 徐瑞云译. 北京:高等教育出版社

夏道行等. 1987. 实变函数论与泛函分析. 第 2 版. 北京:高等教育出版社

张恭庆, 林源渠. 1987. 泛函分析讲义. 上册. 北京:北京大学出版社

赵义纯. 1989. 非线性泛函分析及其应用. 北京:高等教育出版社

郑维行, 王声望. 1989. 实变函数与泛函分析概要. 第 2 版. 北京:高等教育出版社

周民强. 1985. 实变函数. 北京:北京大学出版社

周性伟. 2004. 实变函数. 北京:科学出版社

Rudin W. 1974. Real and Complex Analysis. New York:McGraw-Hill

Rudin W. 1991. Functional Analysis. 2nd ed. New York:McGraw-Hill